普通高等教育“十三五”规划教材

化学教育研究方法与案例

张世勇　李勋　主编

中国石化出版社

内容提要

本书介绍了化学教育研究的一般原理、方法及其在化学教育研究中的应用，注重理论与实践的紧密结合，并提供化学教育研究中的成果和典型案例，引导化学师范生学会教育研究课题选定、教育课题申报、个案研究法、观察法、经验总结法、内容分析法、文献法、调查研究法、实验法、行动研究法、数理统计等重要方法，展现教育研究全过程，体现出示范性、应用性、新颖性、时代性和可读性等特点，从而帮助化学职前教师认识到教育研究对教师的重要意义，学会应用教育研究的理论与方法，分析和发现化学教育规律，并学会撰写教育研究论文，以提高教育研究素养和进行化学教育研究的能力。

本书可作为高等院校化学师范专业本科生、化学课程与教学论专业硕士研究生、学科教学（化学）专业硕士研究生等学习相关课程时的教材，也可作为中学化学教师继续教育培训教材。

图书在版编目（CIP）数据

化学教育研究方法与案例 / 张世勇，李勋主编 . —北京：中国石化出版社，2020.5（2024.8 重印）
普通高等教育“十三五”规划教材
ISBN 978-7-5114-5730-1

Ⅰ.①化… Ⅱ.①张…②李… Ⅲ.①化学—高等学校—教材 Ⅳ.① O6

中国版本图书馆 CIP 数据核字（2020）第 047221 号

中国石化出版社出版发行

地址：北京市东城区安定门外大街 58 号
邮编：100011 电话：(010) 57512500
发行部电话：(010) 57512575
http：//www.sinopec-press.com
E-mail：press@sinopec.com
北京捷迅佳彩印刷有限公司印刷
全国各地新华书店经销

*

787×1092 毫米 16 开本 15.75 印张 354 千字
2024 年 8 月第 1 版第 3 次印刷
定价：50.00 元

前　言

专家型教师是教师专业发展的重要方向，而教育研究则是教师成长为专家型教师的必由之路，教育研究不仅是教育理论的生长点，更是促进教学实践不断走向有效的“助推剂”。作为教育研究重要组成部分的化学教育研究，是人们为了揭示化学教育规律、解决化学教育中涌现的各种问题与疑惑而展开的有目的、有计划的理论与实践探索过程。开展化学教育科研活动，可以帮助化学职前职后教师获得有关学生如何有效学习化学、怎样有效实施化学教学、怎样有效提升学生化学核心素养、怎样提升自身能力素质等方面的经验和知识，促进化学教师专业发展。

近二十年来，我国教育学、心理学研究方法的发展取得了很大的进步，目前已有不少这方面的高质量优秀专著、教材出版，但化学学科教育研究的参考书较少，因此，编写一本既有教育研究理论知识，又有教育研究实践操作案例，并突出化学学科教育特色的教材是化学教师教育的重要任务。为了适应基础教育课程改革的需要，我们十多年来立足基础教育化学新课程与教学，从中学化学课程教材、中学化学实验教学、中学化学信息化教学、中学化学考试测评等多方面开展了一系列化学教师教育人才培养改革，也取得了一定成果，而本书就是化学教育研究改革的成果之一。

本书共7章。第1章化学教育研究概述，第2章化学教育研究过程，这两章主要论述了化学教育研究有关的基本概念、研究方法、研究课题的选定以及化学教育研究的基本过程。第3章化学教育研究基本方法，主要介绍了几种常见的研究方法以及应用。第4章化学教育研究数理统计方法，主要阐述了数理统计在化学教育研究中的应用。第5章化学教育研究课题申报，以江西省教育科学规划课题、江西省基础教育研究课题和全国教育科学课题组织申报为例，阐述了在实际研究过程中如何去申报课题并举例说明。第6章化学教育研究论文撰写，主要阐述了化学教育研究的最后步骤即该如何撰写研究论文。第7章化学教育研究专题，主要介绍了各个化学领域研究者做出的成果。

全书由张世勇和李勋策划，制定编写提纲、要求及工作计划，负责编写、修改、统稿和定稿，其中第 1 章、第 2 章、第 5 章、第 6 章、第 7 章由张世勇编写，第 3 章、第 4 章由张世勇、李勋、谢永荣、练萍、王青豪编写，教育硕士研究生张慧玲、尤林颖、卢达梦、高嫚妮、宋红玲、邓敏、吴小勇、李明辉、朱李陈、丁彬等在资料收集、文字校正方面做了部分工作。本书参考了大量的文献资料，引用了较多的教育研究成果案例，在此向被引用资料的作者致以衷心的感谢，对在注释和参考资料中存在的疏漏之处，表示诚挚的歉意。

本书的出版得到了赣南师范大学教材出版基金和江西省化学专业综合改革试点项目资助，在此深表感谢。

近几年来，特别是基础教育新课程改革以来，化学教育研究越来越受到重视，由于化学教育研究涉及面很广，很多问题有待深入研究，再加上编者水平有限，书中错误和不足之处在所难免，恳请读者批评指正。

目　　录

第1章　化学教育研究概述

化学教育研究方法是指用科学的研究方法，来研究化学教育的方法、概念，形成严密的化学教育知识体系，解释化学教育中发生的现象，了解化学特点和解决化学教育问题的方法。化学教育研究方法在化学教育中发挥着不可替代的作用。

1.1　化学教育研究的内涵

1.1.1　化学教育研究的涵义

1. 什么是化学教育研究

化学教育研究是一项创造性的活动，具有实践性和探索性等特点，它是以客观存在的化学教育事实和现象为基础，用科学的研究方法和理论去解决教育过程中存在的问题。它是在前人研究成果的基础上，对教育中一些具有代表性的问题进行研究，从解决问题的过程中得出化学教育学的规律，在化学教育研究的过程中需要重视社会和人对教育方面的影响，即要重视情感、态度与价值观的研究。

研究有两层含义：一是“探求事物的真相、性质、规律等”；二是“考虑或商讨（意见、问题）”。这两者总结起来就是解决问题与解决问题时需要用到的比较好的方法。化学教育研究方法是人在参与化学教育这项活动时所运用的手段和技巧，也是学生获取知识和学习基础技能的主要手段。用对了方法能够让我们的潜能得到更好的发挥，而用错了方法则会使得这方面的才能不能充分地发挥出来。因此，化学教育研究的含义本质上包含两个方面：运用科学方法解决问题；体现教育价值观。

2. 化学教育研究组成要素

研究课题：是指问题的研究与解决。它是研究的一个触发点，它决定了研究所需要的内容和材料，以及需要用什么样的方法和措施去收集这些材料。

研究材料：是指研究者从研究对象的各个不同的角度所收集到的关于事实和表面现象的资料。它主要靠研究者通过各种途径、运用各种必要的手段对客观事物及人的观察、试验而获得，它是研究中最基本的要素。

研究方法：是指在教育研究过程中能运用到的方法和手段。化学教育中的研究方法有文献法、调查研究法、实验法、经验总结法、观察法、个案研究法、行动研究法、数据分析法、内容分析法等。

研究结果：是指研究的最后结果。它是研究后得出的规律和结论。

1.1.2 化学教育研究的作用

1. 解决我国化学教育上存在的问题

化学教育研究的主要目的是解决当下化学教育中存在的比较严重的问题。例如，在化学教育中怎样体现核心素养？我国的化学课程和教材应该如何改革，才能培养对社会有帮助的学生？在化学教育中如何挖掘学生的潜力？

2. 丰富和发展教育理论

科学的化学教育理论是以教育实践为基础，但是它反过来对教育实践又有指导作用。化学教育研究就是使丰富的教育实践经验上升为科学理论，并对今后的教育有指导作用。

3. 进行教育改革的前提

教育研究是进行教育改革的一个前提。对化学课程、教材、教法等进行改革，不仅仅需要经验和感觉，更需要经过大量的科学研究，才能够得到更加科学、合理的理论依据，才能够提高教育质量，优化教育改革。

4. 提高教育质量的有效路径

化学教育研究是化学教育质量提高的有效路径。教师只有通过不断的化学教育研究，才能够研究出适合化学教育的教学原理和方法，才能够提高化学教学质量和效果。

5. 提高化学教师素质的必需之路

教学是化学教师的基础，而化学教育研究具有促进的功能，它能够使化学教学进程加快。只有教师意识到化学教育研究的重要性，才能够着手去提高自身的教育研究能力；与此同时，也可以提高教师的教学技能。这样不仅有利于提高教师的教学能力，还有助于提升教师的素质。

进行化学教育研究具有什么作用？由于每个人理解的过程不一样，文献综述也有不一样的描述。但是单从文字的理解明显是不够的，还要经过实践和思考，例如教师的自我评价及教师职称的提高，这样一来化学教育研究的现实价值也就更加明显，再结合以上的观点，对于化学教育研究的作用，提出了以下两种观点。

第一是教师的自我发展需要教育研究的支持。教育教学的过程是一个非常复杂的过程，在教学实践中总是不断地变化和发展的。教师是教学过程发展的一个重要因素，作为教师要积极主动地研究情境的变化，这一研究过程就是创造性的研究过程，是教师自身价值不断提高的过程，这就体现出教师是教育研究的实践者。化学教师要积极地投身到化学教育研究中，对于化学教育实践中出现的具体问题，合理地运用相关的理论知识分析解决问题，把教育理论和教学实际相结合，这样不但提高了教育研究成果对教学实际的影响力，而且加强了教师的教育观念，不断地优化教师的教学行为，最终形成可持续发展的教学能力。

第二是化学课程的改革和发展得助于化学教育研究。对基础教育课程改革必定会引出许多的新事物和新问题，化学教师不仅仅是教育改革的推进者，更是教育改革的研究者，化学教育研究通过探索化学教育内在的规律，能够帮助人们改变观念，确保化学教育改革能够顺利进行。教育改革是为了提高教育质量，教师在教育、教学过程中要融合教育思想，因此教师在实现教育目标的过程中具有重要的作用。获得科学而有效的教学方法，同样也离不开化学教育科研。实践证明，通过教育科研可以揭示影响学生化学学习的各变量之间的关系，从而选择恰当的教学方法和教学策略，对促进学生的学习更加有效。

1.1.3　化学教育研究的主要特征

1. 创造性

化学教育研究是一种创造性的活动，主要体现在技术和方法上的创新，内容包括教育观念、教学内容、教学方法和手段的更新及化学实验的改进等。

2. 实践性

教育实践是研究课题的主要来源，也是收集资料的主要来源，其研究结果又必须经过实践的检验，因此化学教育研究具有很强的实践性和较大的工作量。

3. 科学性

化学教育研究的科学性是指研究过程和结果都必须客观、准确、系统，即在研究的过程中必须以事实为依据，保证研究的可靠性和准确性，并运用系统的思想去认识化学教育的现象与规律，形成科学的结论。

4. 复杂性

化学教育的复杂性体现在研究过程的复杂性。人是化学教育主要的研究对象，化学教育研究与环境和社会有密切的联系，化学教育研究的变化和发展有一定的难度和不稳定性。所以要熟练地掌握化学教育研究，研究者必须要有独特的思维方式和开阔的视野以便能够选择正确的研究方法。

要正确、有效地进行化学教育研究必须要掌握化学教育的研究特征，在研究过程中这些特征都可以体现和表达。总而言之，完整的化学教育研究必然会包括以上四个主要特征。

1.1.4　化学教育研究的原则

1. 继承与创新相结合

研究者从事化学教育研究是在继承优秀研究成果的基础上，摒弃它过时和消极的一面，传承和发展对现在和未来有利的一面。在这些基础上提出自己的新想法，使以前的知识体系更加完整，形成完整的方法论。继承与创新的有机结合是高效率地形成化学教育研究成果的必经之路。

2. 基础与应用相结合

化学教育的基本理论、教学基本原理的研究就是化学教育研究的基础研究。化学教育研究的目的在于总结化学教育教学的规律，发展和完善理论体系，并且能够提出对教育实践具有指导意义的理论基础。

化学教育研究中的应用是对基础研究成果的应用，这也是化学教育研究应用的重心，其目的是把基础研究的理论成果转化为教育实践方案或解决问题的程序、方法等实际应用形式，这是化学教育研究的最终目的。基础研究与应用研究二者是辩证统一的。在进行基础教育研究时，必须要在书本的基础上，与社会、学生相联系，研究化学教育教学中存在的问题，弄清楚基础研究和应用研究的关系。

3. 实证与思辨相结合

实证方法是化学教育研究的基础。化学教育研究是在事实的基础上了解特殊的认识过程，再运用观察法、调查法、实验法等研究方法取得事实材料，通过数据分析，探索化学教育中问题存在的本质，得出规律和理论，然后在实践中运用这些规律和理论，检验这些规律和理论是否符合教育实践，反复检验，最后修订、改进和完善它们。在研究的过程中只靠实证是远远不够的，还需要运用辩证思维的形式（概述、判断、推理等）和方法（分析、综合、比较等），对获得的事实材料进行后期处理，增强化学教育研究的质量。总体来说，在实证的过程中离不开思辨，而思辨的基础是实证，当只进行实证时，所获得的规律和理论只停留在知识的基础上；当只进行思辨时，没有从事实和历史的方向实证，得到的结论就不靠谱。只有把实证与思辨二者相结合，才能够使研究的过程完整。

4. 定性与定量相结合

定性研究是对研究对象的性质特征进行思辨分析和文字描述（在自然情景中了解事实，阐明看法，通常采用引证的方法，比较关注思维策略和事件发生的过程，并用专业术语进行归纳分析和描述）。定量研究是指从教育资料（或实验）中抽取样本，对收集的资料进行加工整理（采用数学方法、借助计算机等）以进行定量分析，然后深入地探究教育现象的本质，客观地评价教育质量。与此同时，对教育现象中存在的若干问题，通过定量分析描述它的状态、过程和倾向，建立数学模型，能够使有些研究工作在实验室中展开，提高研究的效率。当然，教育的主体是人，人的复杂性很强，有些因素是不可测的，因此定性研究在教育研究中占有重要的地位。只有这二者综合应用，才能发挥最大的作用，提升教育研究的质量。

1.1.5　化学教育研究方法学科的研究对象和理论体系

作为一门独立的研究方法，它拥有自己独立的研究对象，有自己的成熟的概念体系和理论框架，而概念体系和理论框架的形成决定权在研究对象。那么，化学教育研究对象究竟是什么呢?

从化学教育研究方法来看，化学教育研究对象可以分为两大类：第一，教育研究方法学；第二，教育研究方法论。

什么是化学教育研究方法学呢？化学教育研究方法学是研究化学教育现象和在教学过程中使用的一般方法和知识体系，是将观察问题、分析和解决问题的具体手段、形式、方式加以理论化、系统化。而教育研究方法论则是从哲学观、世界观的应用中概括出来的一般方法原则，是方法的理论表现形态。正如列宁所讲的“认识工具”，毛泽东指出的“唯物辩证法是马克思主义的科学方法论，是认识的方法，是论理的方法，然而它就是世界观”，指的都是以方法为研究对象的科学方法论。教育研究方法论，正是以建立一套理论以及相应的方法体系来研究教育发生、发展的规律，而各种具体的教育研究方法，正是方法论在实际研究工作中的具体应用和转化形态。

方法学、方法论两个层次的区分和界定，其意义在于明确教育研究方法学科的研究对象，并且防止其绝对化和片面性。其中一种片面是以哲学观取代具体方法的研究，不懂得马克思主义科学世界观提供的是进一步研究的出发点而不是教条。另一种片面则是忽视方法论指导，陷入就具体方法论具体方法，繁琐、机械，看不到该研究在运用各种方法时表现出来的高度的主动性、创造性。

1.2　化学教育研究方法分类

怎样对化学教育研究方法分类，研究者们有不同的见解。现在使用较多的教育研究方法分类方式有以下两种。

1.2.1　按研究目的、功能、作用分类

1. 基础研究

基础研究主要是为了发展和完善理论。通过研究，寻找新的事实，阐明新的理论或重新评价原有理论，它回答的是“为什么”的问题，与建立教育科学的一般原理有关。例如，关于教育本质、教学过程规律（揭示内在系列关系）、德育过程、教育目的论等的研究及化学课程改革的研究等，宗旨在于如何建立符合中国实际的现代教育科学理论体系。

2. 应用研究

应用于分析和解决教育实践过程中遇到的问题，其意义在于应用和检验理论的真实性。应用研究有直接的现实应用价值，为解决某些问题提供能够应用的知识，解决“是什么”的问题。就目前而言，所应用的大部分化学教育研究都是应用型研究。例如，微课在高中化学教学中的案例设计与应用研究。微课具有获取便捷、短小精悍、动态多元、操作简便等特点，因此迅速在教育领域发展，受到广大学生的追捧和喜爱。

基础研究与应用研究的划分有时是相对的，常常互为补充。基础研究提供解决教育问题的理论，应用研究提供事实材料去支持和完善理论，或促进新理论的产生。在应用研究过程中，往往需要基础理论研究补充现有知识的缺陷。如果应用研究只限于解决当前具体问题，而不企图从基础研究角度探究其根本原理，则所得到的结果只能解决局部问题，而不能得到广泛应用。

3. 发展研究

发展研究的主要目的在于发展学校应用的有效的策略，回答的问题是“如何改进”。例如，教育法问题、教育发展战略规划问题、教育经费问题、教师培训问题、教材建设问

题、教学管理问题、社会力量办学问题、贫困地区义务教育实施策略问题等。

4. 评价研究

评价研究是通过收集和分析资料数据，对一定教育目标和教育活动的相关价值作出判断的过程，回答的问题是“怎么样”。例如，对中小学课程改革实验成效的评价，某个新的实验教材与原传统教材的比较分析，两种教学方法的对比研究，一项具体计划的价值判断等。

5. 预测研究

预测研究的主要目的在于分析事物未来发展的前景和趋势，回答“将会怎么样”的问题。例如，关于面向21世纪教育的若干思考，未来的学习化社会与当今的师范教育改革，21世纪的教育目标以及未来十年教育教学改革政策的展望等。

1.2.2 按研究方法分类

1. 历史研究

历史研究是研究过去发生事情的原因、结果或趋势对现在和未来的发展起到促进的作用。例如，研究我国化学教育家的教育思想著作，研究他们对现代教育观的影响；研究传统文化的消极因素对当前教育思想的影响；研究健康人格教育思想与重建中国文化精神；研究杜威教育思想对我国20世纪80年代教育改革的影响；研究从我国古代的科举考试制度考察教育评价的历史等。

2. 描述研究

描述研究是通过问卷、调查、访谈、观察以及测验等手段收集资料以提出假设或猜想。例如，二年级教师如何支配他们的教学时间？通过一段时期的观察、调查，可能是得出这样的资料：60%时间用于讲授，20%时间回答问题，15%时间学生练习，5%时间用于执行管理职责（如通知有关事项、维持纪律等）。又例如，学生性格对学习的影响，大学生学习动机兴趣调查，中学化学实验教学现状调查、化学新课程实施情况调查等。

3. 相关研究

相关研究是对两个或更多数量的变量间是否存在相关以及相关程度进行判定，研究的目的在于建立相关或用于预测。例如，关于中小学生学习兴趣与学习成绩之间关系的研究。

比较研究是按一定标准对彼此有联系的事物加以对照分析，以确定它们的共同点和差异点，共同规律和特殊本质，从而得出符合客观实际的结论。例如，集中识字与分散识字的比较研究，探究学习与接受学习的比较研究，不同教材编排体系的比较研究，自学辅导教学与常规教学在解应用题中的分析能力的比较研究，不同国家或东西方教育制度、社区文化等比较研究等。

4. 实验研究

实验研究的主要目的在于：根据一定的假设在教育活动中创造能验证实验假设的系统和环境，主动控制研究对象，排除无关因素的干扰，从而探索事物的因果联系。例如，上海育才学校着眼于学生“学”，改革教法的实验；马芯兰的改进知识结构，加强能力培养的小学数学教材教法改革实验；上海师大教科所的中小学教育体系整体改革实验（探索常态儿童超常发展的途径）；卢仲衡的中学数学自学辅导实验；赵宋光的综合构建教育体系的实验；唐力、闫立泽等程序启发教学实验的研究；苏联教育家赞可夫“教学与发展”关系的教学实验等。

5. 理论研究

理论研究是对复杂的教育问题的性质和相互关系，从理论上加以分析和综合，抽象和概括，以发现其内在规律或一般性结论。

关于教育研究方法的分类问题，有两点必须明确：一是如何对方法进行分类，其标准在于是否有助于我们对研究方法的理解应用，分类不是目的，分类的目的在于探索每一类方法的基本特点、适用条件和范围；二是随着教育研究和方法论的发展，很难设计出一个单一的分类方案来囊括全部方法，而一项研究往往是多方面的和综合的，可以归入好几种一般方法。

1.3 化学教育研究的意义

从教育发展历史来看，研究方法论的进展促进了教育事业的发展。通过探讨人类自身发展的规律，讨论教育本身的原理、原则、方法体系及其发展的内在机制，从而促进教育的不断发展。如果说没有教育研究就不会有今天的教育，那么现代教育的发展就更需要教育研究。我们必须立足于现代社会，站在现代教育发展的高度来讨论教育科学研究及其方法意义。具体而言，化学教育研究在化学教育发展中的意义和作用主要表现在以下三个方面。

1.3.1 通过化学教育研究，转变化学教育观念

通过观念的转变，为教育改革和教育理论研究提供良好的发展环境。例如研究教育本质问题时，重点是研究教育的本质在社会中的作用是什么，为什么服务的问题。现今化学教育发展迅速，但是化学教育的发展不能脱离社会、经济、科技的发展，要用新的观念、思想指导化学教育的发展。从近年来的化学教育研究来看，逐渐确立了以下观念：一是增强化学教育的科技意识，明确化学教育必须以社会服务为中心；二是确立了新的人才观，根据现代社会、现代科技发展对人才的规格、层次、数量、质量提出的要求及时调整教育体制结构，高质量地培养能适应 21 世纪挑战的人才；三是全面发展教育观，使学生在德、智、体、美、劳等方面生动活泼主动地发展。当然，观念的转变是要经过一个过程的，随着改革实践的深入，新情况、新问题还会大量涌现，观念的变革将始终伴随着教育改革的进程而不断赋予新的内容。

1.3.2 发展和完善化学教育研究理论的基础

所谓化学教育研究的理论，是指具有某种化学逻辑结构的理论经过化学教育实践检验的化学教育概念系统。这一概念系统的核心是化学教育规律，它是经验事实的本质概括。化学教育研究理论发展的过程表现为一个逻辑的上升过程，认识的发展过程，同时也是一个研究方法的应用过程，如图 1–1 所示。

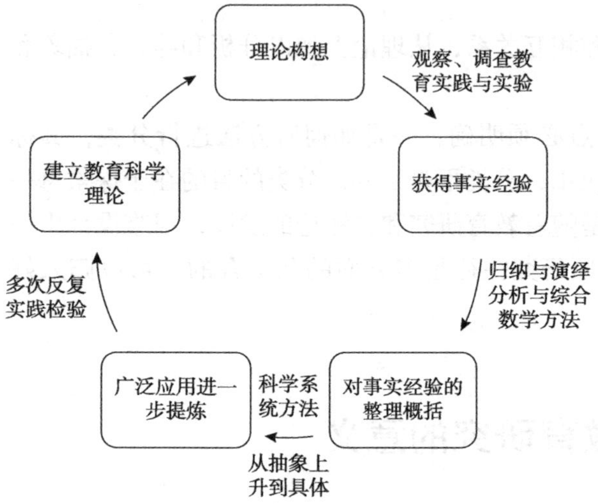

图 1–1 化学教育研究的过程

化学教育研究理论的产生，经过下面这样的一个基本过程：首先提出一定理论构思，通过观察、调查和实验研究，对化学教育实践经验进行分析和综合，抽象和概括，类比和推理，从而发现规律，得出结论。教育研究，促使人类的认识从具体到抽象，再到思维的具体，最终达到对事物本质的把握。因此，要建立化学教育研究理论体系，相应地必须建立一套科学的化学教育研究方法体系。

1.3.3 为未来培养化学教育改革家

为了教育与经济共同发展，我们必须快速地培养优质的化学教育改革家。他们不仅要拥有科学家的从事科学研究的实践能力，可以进行教学实验，具有超前的意识，具有独立思考能力，具有科学态度与创新精神，而且要具有哲学家的思维。化学教育研究是造就未来化学教育改革家的重要方法。

教育研究过程是教师知识不断增长的过程，在实践的过程中不断地学习新知识。近些年来，我国大量的化学教育工作者在化学教育实践中敢于探索，从单纯的理论知识，转变为知识、技能、方法规律的运用，提高化学教育的质量，掌握化学教育研究的方法，成为能够做好研究的教育者。正是因为教育研究，成就了一批学科带头人，既可以填补教师队伍的不足，又可以凭借他们活力四射、知识新颖、善于研究来提高整个教师团队的质量。近年来各个高校为了培养未来的教育改革家，先后开设了教育研究方法课，让他们能够在学校的时候就获得研究方法和相应的能力，在从事工作后就能直接运用。

掌握正确的研究方法论指导，有利于自身学科素养的提高、能力的提高、研究水平的增长，能够跟上教育发展的主流和趋势，能够抓住教育前沿的课题，进行有效的研究并获得成果。正如恩格斯指出的：“从歪曲的、片面的、错误的前提出发，循着错误的、弯曲的、不可靠的途径前进，往往当真理碰到鼻尖上的时候还是没有得到真理”。许多著名科学家和学者，从自己治学科研的经历中深感方法论的重要性。法国生理学家贝尔纳强调：

“良好的方法能使我们更好地发挥运用天赋的才能，而拙劣的方法则可能阻拦才能的发挥。因此，科学中难能可贵的创造性才华，由于方法拙劣可能被削弱，甚至被扼杀；而良好的方法则会增长、促进各种才华”。正因于此，笛卡儿得出“最有价值的知识是方法的知识”的结论。

而且，在化学教育研究的过程中我们可以科学地总结自身和优秀教师的化学教育经验，让它成为行之有效的理论，来丰富自己的知识和发展教育的道路，并且帮助我们去鉴别自己或他人成果的正确与谬误、价值和水平。

对于经验少的教育工作者来说，有系统的教育研究方法来指导研究，可以减少失误、避免意外、更快地得出成果，成为一名成熟的教育研究者。英国剑桥大学动物病理学教授威廉·贝弗里奇指出：“对于一个科学家来说，姑且假定他迟早会懂得怎样最好地进行研究工作，但如果完全靠自己摸索，到他学会这种方法时，他最富有创造力的年华或许已经逝去。因此，如果在实践中有可能通过研究方法的指导来缩短科学工作者不出成果的学习阶段，那么，不仅可以节省训练的时间，而且科学家做出的成果也会比一个用较慢方法培养出的科学家所能做的多。”

参考文献

[1] 杨丽珠 . 教育科学研究方法 [M] . 大连：辽宁师范大学出版社，1995.
[2] 毕华林 . 化学教育科研方法 [M] . 济南：山东教育出版社，2001.
[3] 林崇德，沈继亮，辛涛 . 教师素质的构成及其培养途径 [J] . 中国教育学刊，1996（6）：16.
[4] 兰觉明 . 化学教育研究方法 [M] . 成都：四川大学出版社，2000.
[5] 黄秀兰，黄循伟 . 学习教育研究方法 [M] . 海口：海南出版社，2002.
[6] 孙邦正 . 教育研究法 [M] . 台北：台湾商务印书馆股份有限公司，1983.
[7] 陈震东 . 教育科学研究方法 [M] . 北京：人民教育出版社，1980.
[8] 李秉德 . 教育科学研究方法 [M] . 北京：人民教育出版社，1986.
[9] 王文科 . 教育研究法 [M] . 台北：五南图书公司，1986.
[10] 裴娣娜 . 教育研究方法导论 [M] . 合肥：安徽教育出版社，1995.
[11] 陈选善 . 教育研究法 [M] . 上海：上海世界书局，1947.
[12] 任琴会 . 微课在高中化学教学中的案例设计与应用研究 [D] . 贵阳：贵州师范大学，2016：7-8.

第 2 章　化学教育研究过程

2.1　化学教育研究课题的选定

课题的选定是一个不断探索、分析的过程，是一个构建的过程，是进行化学教育研究的起始环节，同时也是非常困难的一个环节。课题的选定是指经过选择来确定研究的中心问题，从广义上来说，包括两方面含义，一是确定科学研究的方向，二是选择进行研究的问题。因此，在决定研究什么课题时，要考虑以下几个问题：①从哪里去探索题目；②题目的命题叙述的构成，包含哪些概念、因素及其之间的关系；③研究题目应具有哪些特性，根据研究题目进行适当的取舍；④如何为题目建构理论框架；⑤如何提出研究假设，使题目便于研究。

选择和确定研究课题决定了研究者现在和今后科研工作的目标、主攻方向和内容，而且在一定程度上规定了科学研究应采取的方法与途径，因此，选择正确的研究课题具有非常重要的意义。任何一项科学研究活动，都是从发现和提出有意义的问题开始的，化学教育研究也不例外。问题的提出，不仅是进行科学研究的关键，而且确定了研究的价值，甚至直接决定了研究的成功与否。当前很多研究失败的最主要原因就是选题不当。正因如此，爱因斯坦认为，“提出一个问题往往比解决一个问题更重要，因为解决一个问题也许是数学上或实验上的技能而已，而提出新的问题，新的可能性，从新的角度去看待旧的问题，却需要有创造性的想象力，而且标志着科学的真正进步”。

2.1.1　选题的原则

教育研究始于问题的发现，止于问题的解决。但并不是说所有问题都值得去研究，在教育理论与实践活动中需要解决的问题层出不穷，但是由于时间、人力、物力、财力的限制以及问题本身的主次、轻重、缓急之别，我们不可能也没有必要对所有现存问题一一进行详细而透彻的研究，只需结合自己的研究兴趣与现实条件选择具有一定价值和创新的问题作为课题来进行研究。具体而言，一个好的选题需要注意以下几个原则。

1. 价值性原则

在教育研究中，价值性原则主要包括以下两个方面的内容：

1）学术价值

所谓学术价值是指该课题的研究能够发现和完善化学教育的理论体系，通俗地来讲就是该研究能够在一定程度上增加人们关于化学教育的知识。这方面的课题一般比较具有深度，能够为解决现实问题提供理论支持。例如，“中学化学教科书插图中的隐性知识研究”就揭示了中学化学教科书插图中所隐含的知识内容，能够为教师教学策略的选择、为课程标准与教材的编制提供强有力的理论基础。

2）应用价值

所谓应用价值是指所选择的研究课题能满足社会与教育事业发展的需要，即能够为教育实践提供有效的措施或者能够为教育出现的某些问题提供解决方法。这种类型的研究有利于提高化学教育的质量与水平，提高化学教师对学生的认识以及促进学生全方位的发展。例如 2016 年沧州市立项课题《任务驱动法在小学科学实验课中的实践研究》，通过实践发现“任务驱动”法有利于激发学生的学习兴趣，培养学生分析问题、解决问题的能力，提高学生自主学习及与他人协作的能力。

2. 可行性原则

所谓可行性原则是指课题研究所必需的条件和要求，最终能够获得解决。恩格斯曾指出，我们的认识程度取决于我们的条件所达到的程度。一般来说，一个可行的课题需要满足以下三个方面的要求。第一，研究所需要的设备、技术、人力、经费、时间等应充足，这是课题可行首先所要具备的客观条件。第二，研究者所掌握的材料（包括知识水平、能力、经验以及理论基础）要符合研究课题的要求。爱因斯坦曾说过，兴趣是最好的老师。因此这里还要强调一下研究者对课题的情感因素，比如说兴趣、态度等，这是课题可行所要具备的主观条件。第三，选题不只是问题的提出，关键是要在恰当的时机发现并提出。要等有关理论、研究工具以及其他的一些必要条件达到一定的成熟程度，这是课题可行所要具备的时机问题。

3. 明确性原则

所谓明确性原则是指选定的问题一定要具体明确，界线清晰，范围不要太大，课题的表述要清晰，不能过于笼统。要明确研究目的、研究对象、研究内容、研究方法以及研究范围。只有陈述具体明确的课题，才能为下一步的研究工作指明行动方向，否则研究者不清楚该去研究什么，不知道该采用什么样的研究方法，研究的效率和结果也就难以得到保证。例如“教师教学个性品质和有效教学行为研究”，这一课题内容就太宽泛了，研究的方向不是很明确，如果分解为“化学教师教学个性品质的行动研究”，研究的问题和范围就比较清楚了。

2.1.2　化学教育研究课题的来源与示例

1. 化学教育研究课题的来源

一般来说，化学教育研究课题是指在化学教育实践、化学教育理论以及化学教学资源中需要解决的一些问题，因此，化学教育研究课题一是来源于化学教育实践领域，二是来源于化学教育理论领域，三是来源于化学教学资源。

1）来源于化学教育实践中遇到的突出问题

很多教师都苦于找不到合适的研究课题来进行教育科研，且一直忽略在教育实践中遇到的突出问题，而这恰好是一线教师要进行教育科研最好的选题。在教育实践过程中，由于实际教学情景复杂多变，使得教学与教育理论之间会存在很多矛盾，产生一系列的问题。这些问题该如何正确地解决，就需要教师进行研究了。例如，初高中化学教学的衔接问题、如何提高化学实验的实验效果以及如何将绿色概念渗透到日常化学课堂当中等等。其实无论从哪个角度确定选题，只要是能为教学实践服务，切实解决教育教学中存在的突出问题，对教育教学质量的提高起到积极促进作用，都可以确定为一项教育科研课题进行研究。

2）来源于化学教育理论的建构与完善

教育理论是在教育实践的发展过程中不断发展与完善的。在这个发展过程中会出现一些与现有理论相矛盾的地方。那如何构建与完善教育理论，这也是进行教育科学研究的较好选题。从教育理论发展方面提出的课题，不仅要揭示已有的理论与经验事实的矛盾，还要揭示理论内部的逻辑矛盾；不仅要包括学科系统规划建设中的若干未知的研究课题，而且要包括对已有教育理论传统观念和结论的批判与怀疑，以及学术争论中提出的问题。教育研究者也可以结合自己的实践经验，验证或者是丰富有关理论，使自己的研究更加具有针对性与实用性。

3）来源于化学教学资源

所谓教学资源是指教科书、教育专著、期刊论文、博硕士论文以及教育信息等资料。就教科书而言，书中的重点、难点以及一些知识出现的空白点，都是研究者可以考虑进行研究的好方向。研究者也可以从阅读过的期刊文献、博硕士论文、教育专著中获得灵感，找到自己所感兴趣的研究方向从而确定课题。就教育信息资料而言，它能比较及时地反映某些教育思想观点、教育科研成果、教育改革的发展等最新动态。对教育信息资料的分析，能解剖出当前教育的热点、难点，从大家都比较关注的角度找出所要研究的课题。

2. 课题示例

1）中国教育学会化学教学专业委员会“十二五”教育科研规划立项课题目录

（1）初中化学有效教学研究与实践

（2）初中、高中化学课程衔接

（3）基于数字技术的中学化学实验改进与创新的实验研究

（4）化学课堂教学结构的研究与实践

（5）新课程背景下高中化学总复习有效教学的研究

（6）化学动漫课程开发及其教学研究

（7）促进化学教师专业发展的研究与实践

（8）中学化学迷思概念的探查及转化策略研究

（9）化学基本概念（理论）的教学研究

（10）化学史在中学化学教学中作用研究
（11）《物质结构与性质》模块教学策略研究
（12）化学高考复习教学有效性策略研究
（13）多种化学教学方式的比较研究
（14）化学教学有效研究与实践
（15）中学生化学认知特点与学习策略
（16）化学课程与提高学生科学素养的研究与实践
（17）初中化学“问题衍生教学法”的实践研究
（18）高中化学校本课程的开发与应用研究
（19）新课程背景下高中化学作业优化设计的研究
（20）新课程理念下高中化学高效习题课教学策略研究
（21）中学化学教学资源的研究与开发
（22）情景化学实验过程教学展示再研究
（23）中学化学教学质量的检测与评价研究
（24）高中化学教室专业发展的 PCK 实践研究

2）全国教育科学“十五”规划各级各类课题部分目录

（1）新基础教育理论及推广性、发展性研究
（2）当代大学生社会心理承受力的现状及教育疏导机制的研究
（3）素质教育中高效率学习的心理机制研究
（4）国家基础教育新课程的研究、实验与推广
（5）在信息化环境下教育技术的发展研究
（6）素质教育中培养学生实践能力的理论研究
（7）青少年心理健康制约因素与辅导策略的研究
（8）中国比较教育理论建设的研究
（9）青少年创造能力培养现状社会调查和对策研究
（10）我国素质教育背景下双语教学的理论与实践研究
（11）文化视野中的数学教学论研究
（12）现代中小学校教育科研评价的理论与实践研究
（13）校本教育发展的理论建构与实践探索研究
（14）以中小学为基地的教师专业发展的理论与实践探索
（15）中学生同伴交往的发展与培养研究
（16）中学生学业压力应对的心理机制研究
（17）学生智能的结构及其发展特点研究
（18）学习策略对中小学生创新素质形成的影响研究
（19）中小学生学习兴趣的结构及其发展的研究
（20）当代中学生价值取向与精神信仰形成关系的实验研究

（21）西北贫困地区初中生学习动机培养与激发的实验研究
（22）“班级为本学校辅导模式”的综合研究
（23）高中生学习策略特征及优化学习策略的养成实验研究
（24）中小学生心理问题调查、评估和干预对策研究
（25）青少年学生生命意义缺失的多重视域解读与生命体教育研究
（26）新世纪教师道德教育与现代教师人格的培养研究
（27）休闲文化对青少年学生思想政治道德的影响及对策研究
（28）小学生“阅读学习”实验研究
（29）生活化游戏化的幼儿园课程研究
（30）叶圣陶教育思想的文化底蕴和当代价值
3）部分化学教育科学研究课题
（1）指导学生进行高中化学自学的策略与研究
（2）基础化学实验教学改革的研究与实践
（3）核心素养视域下中学化学教研课程化、网络化研究
（4）基于探究能力培养的初中化学典型实验的研究
（5）初中化学个性化作业设计研究
（6）提高化学课堂教学有效性策略研究
（7）整合信息技术资源，优化化学课程教学的应用性研究
（8）中学微型化学实验研究与实践
（9）化学探究实验教学方式的研究
（10）对初中化学教材中的“图表语言”的研究
（11）高中化学课程资源的校本开发与利用
（12）高中化学课堂教学生成性资源开发与利用的实践研究
（13）区域教研中高中化学“大集备”活动模式的实践研究
（14）初中理化生实验创新的研究与实践
（15）高中化学诗意课堂创新教学设计研究
（16）初中化学生活化创新能动教育研究
（17）多媒体信息技术与初中化学教学的整合
（18）农村高中化学作业分层布置及评价研究
（19）多元智能理论与化学新课程教学评价
（20）农村中学创造条件改进化学实验教学研究
（21）利用多媒体技术辅助初中化学实验教学研究
（22）初中化学新课程实验设计与创新研究
（23）农村中学创造条件改进实验教学研究

2.2　化学教育研究课题的方案设计

科学而新颖的课题的选定，实际上是经过了一个从产生研究动机到勾画出研究大致轮廓的过程，是对提出的初步研究假设进行不断检验的过程。研究的开始一般都是在阅读文献或者是教学实践过程中，受到某些启发，产生一定的联想，从而形成一个初步的假设，再进一步查阅相关资料，了解人们在这个方面的研究与现状，把基本信息都掌握之后，原本模糊的想法就会变得清晰明了，慢慢地就可以形成如何进行研究的初步思路，这时，课题就可以确立了。教育科学研究设计是引导教育研究进行的计划或策略，在研究设计中要考虑每一研究阶段的技术路线，保证研究的有效性和可靠性，保证研究获得有用的结果，通过研究设计来控制差异。一般包括以下几个步骤：研究问题的提出、研究对象的确定、研究假设的建立、研究方法的选择、研究步骤的制定。

2.2.1　研究问题的提出

研究问题的提出，即研究方向的确定。这里说的研究方向，包括以下三方面的涵义：①总方向；②某学科领域的方向；③研究者个人主攻的方向。比如说教学研究课题，通常来说根据教师对于某一问题的思考并结合自己的兴趣、专业特长以及教学经验而确定。

2.2.2　研究对象的确定

研究对象一般是根据研究问题来确定的，随着研究问题的变化，研究对象也有所不同，如“指导学生进行高中化学自学的策略与研究”是以高中生为研究对象，而“中学化学教师现状调查及成长对策研究”是以中学化学教师为研究对象。要注意的是，并不是所有的研究对象都要进行研究，当然这也不可能做到，我们只需要科学地选取具有代表性的一部分样本进行研究即可。取样时要遵循代表性原则与随机性原则，以使样本研究的结果能较准确地反映总体的形貌特征和规律。

2.2.3　研究假设的建立

研究假设的建立一般是在研究问题及对象都确定后所要考虑的事情。假设是依据已有的事实和教育科学理论与知识，对研究中的问题所提出的假定性看法和说明，是对问题的尝试性回答，是为了验证其有效性而提出的对某些未知事实的假定性解释，是一种理性的设想与预见。一般来说，好的假设具有以下几个特点：科学性、推测性、解释性、可检验性、可推翻性以及可重复性。

1. 教育研究假设的分类

1）归纳式假设

归纳式假设是人们在一定的观察基础上，在特殊情况、个别经验事实中得到启发，从而概括出的经验定律。如行为主义心理学通过对鸽子、猫等动物的研究实验，发现学习是不断尝试错误的过程，从而提出“试误说”的学习假设。

2）演绎式假设

演绎式假设是从一般原理或理论出发，依据这一理论推导出一些具体的结论（假设），然后把这些结论（假设）应用于对具体现象的说明和解释。例如北京师范大学冯忠良教授的“结构－定向教学实验”，依据能力、品德的类化经验说、学习的“接受－构造”说、教育的系统论观点和教育的经验传递说，推论出结构－定向教学实验研究的一系列假设。

3）类比式假设

类比式假设是将一类已经被证明正确的理论，运用于与其相类似的情况中。一般来说，只要具有相似的规律，就可以进行类比式假设研究。但必须要注意的是使用类比式假设需要具备以下两个条件：一是进行类比的两者之间要有同一性、相关性；二是类比推理的结果可能是正确的，也可能是错误的。

2. 假设的形成

一般来说，形成科学的假设需要具备两个条件：一是需要科学的观察和经验的归纳，这是假设形成的基础，要有目的、系统地整理相关资料并参加相关实践活动；二是要掌握科学的思想方法论。

假设的形成是从观察发现到理论发现的中心环节，是从个别特殊的规律中发现普遍规律的方式。它的形成包括以下几个步骤：一是在阅读大量文献资料的基础上结合自身的经验，提出问题；二是提出问题后，找到能够初步解决这个问题的理论基础，形成假设；三是推演出各种相关的理论性陈述，使假设形成较为系统、严谨和稳定的结构。

3. 假设的检验

一个假设形成后，需要对其进行分析，看是否符合实际，在理论上是否站得住脚，以避免不必要的浪费。主要包括两种方法：直接检验法与间接检验法。

1）直接检验法

直接检验法就是直接用观察、实验的方法来验证假设的方法，是一种比较具有说服力的检验方法。例如，当你打开水龙头时，发现没有水流下来，可能就会有几种假设：①停水了；②水龙头坏了。这里所有的假设都是可以直接验证的，这种检验法就叫作直接检验法。

2）间接检验法

间接检验法是在假设涉及范围较广时，有些变量无法直接进行操作，所以要先从一般的假设中分拆出一个或几个特殊的可以直接检测的假设，再分别进行直接检测的检验方法。如果分拆出来的特殊假设都得到了证实，那么原假设成立，反之，则不成立。

2.2.4 研究方法的选择

假设形成之后，下一步就要确定具体研究方法了，其原则主要是从教育科学研究的任务与对象出发，确定最合适的研究方法。这就要求研究者必须要了解教育科学研究的具体方法，以及它们的优缺点。教育科学研究方法可以分为以下几种类型：

（1）收集资料法　包括观察法、实验法、临床法、行动研究法、调查访问法、问卷法、Q 分类技术、语义分析法、内容分析法、口头报告法、投射测验法、测验法、社会测量法等。

（2）定性分析法　包括经验总结法、历史法、文献法、比较法、逻辑分析法等。

（3）定量分析法　主要是统计分析法。

需要注意的是，在一些课题的研究过程中可能会同时运用到两种或两种以上的研究方法，这就需要研究者掌握各种研究方法的利弊，充分发挥它们的优点，将这些研究方法优化组合，找到一个科学的研究方法。

2.2.5　研究步骤的制定

1. 第一阶段：资料收集

收集资料是一个研究实际行动的开始，可以从已有的文献、相关的课题报告、调查问卷、课堂观察等多个方面进行多方位、多角度收集。整个过程必须严格遵循科学性、真实性、全面性、丰富性原则。在收集资料的过程中，还可以对你认为重要的地方做标记、写提要、写评语等，以方便日后的分析。

2. 第二阶段：资料整理，分析与呈现

结合收集好的资料，对研究结果进行整理、分析并以文本或电子的形式呈现出来。在这个阶段中，要求研究者对研究结果进行科学的、真实的分析，不能为了得到想要的结论而制作假的数据，提供假的实验结果，误导后人。若实验结果与假设不一致，在尊重实验结果的基础上，要考虑是不是实验本身出了问题，再进一步深入分析原因，重新假设，重新研究。实验结果经过整理、分析后，可以和前面介绍的实验对象、实验假设以及实验方法等放在一起，以文本或电子的形式呈现出来，有利于保存及交流课题研究成果。

3. 第三阶段：研讨与报告

结果分析出来以后，大家要一起进行研究讨论，毕竟一个人的想法是有限的，大家一起讨论，结论也更准确，必要的时候，也可以做一些相应的报告，在报告的过程中研究者不仅向大家展示了研究成果，而且可以得到专家的修改意见或者是受到启发又有新的想法。

4. 第四阶段：结题与推广

这一阶段是研究成果的推广应用和总课题结题，为了使课题研究成果早日被认可、推广，可以总结出相关研究的报告、论文、论著，力求发表和出版，以扩大影响。

2.2.6　案例

初高中化学衔接教学策略的研究

研究背景：高一年级的化学教学是处于初、高中化学教学承上启下的一个重要阶段。特别是近几年来教育体制的改革，尤其在重点高中，大多将初中、高中分别而设，初、高中教师自然也分开。教师之间缺少交流和沟通，况且一般教研活动也是分年级进行，初、高中教师接触机会较少，再加上初中化学教材变化比高中化学教材快，并且版本比较多，不少高中教师不清楚初中化学教学内容的变动、要求及方法，所以初、高中化学教学脱节现象非常严重。

研究对象：某市部分学校高一年级。

研究假设：初高中化学衔接教学的影响因素主要有：初高中化学教材和内容；初高中教学强度；教学方法；学习方法；学生的心理状态；学生的思维能力。

选择研究方法：

（1）制定调查问卷，采用不记名、统一答卷、统一回收的方式，对该市部分高一年级学生进行问卷调查。问卷调查的内容包括：初高中化学学习难度、方法、兴趣比较；平时的课前预习情况；听课与记笔记情况；作业及课后复习情况；做实验、习题的态度；获取化学知识的主要方式；化学最难学的主要原因；化学学习最有效的学习方式；男、女生学习高中化学的差距等。并在调查的基础上，完成影响初高中化学教学衔接因素的调查报告。

（2）召开高一部分学生座谈会，通过邀请该市部分高一学生参加座谈，让他们谈论初高中化学学习情况的变化及高一化学学习困难的原因所在。

（3）为了解高一化学教师教学的相关情况，对部分高一化学教师进行交流访谈，就教师的高一化学教学情况及高一学生学习化学困难的原因等问题进行探讨。

准备采取的步骤：通过上述的调查、座谈和访谈后，对收集的资料信息进行分析，总结出影响初高中化学教学衔接的因素，再针对这些因素提出相对应的解决对策。从假设的角度出发，可以采取以下对策：首先，做好准备工作，为搞好衔接教学打好基础，其中包括搞好入学教育、关注学生“已知”，开发初高中化学衔接补充材料，以此规划教学。第二，优化课堂教学，搞好初高中知识衔接，其中包括：立足课程标准和教材，尊重学生实际、实行分层次教学；重视新旧知识的联系与区别，建立知识网络。第三，注重能力培养，包括观察能力的培养和实验能力的培养。第四，转变教学观念，加强教法衔接。第五，加强学法指导，培养良好的学习习惯。第六，培养学生兴趣，重视非智力因素，包括协调师生情感、发挥实验作用、创设教学情境、开展心理指导、利用现代化电化教育手段、开展化学课外兴趣小组活动。第七，开展教育实验，选取高一化学教材某一章节开发出适合高一学生特点的案例，进行实证研究。

预期的研究成果：完成对该市高一年级学生教师进行调查、访谈的调查报告；针对化学课堂教学实际，完成高一化学衔接教学的案例开发并开展教育实验；将此研究成果写成论文，撰写初高中化学衔接补充教材。

参考文献

[1] 林生傅. 教育研究法 [M]. 台北：心理出版社，2003.

[2] 苗深花、韩庆奎. 现代化学教育研究方法 [M]. 北京：科学出版社，2009.

[3] 爱因斯坦，利英费尔德，等. 物理学的进化. 周肇威译 [M]. 长沙：湖南教育出版社，1999.

[4] 朱德全 . 教育研究方法［ M ］. 重庆：重庆出版社，2006.
[5] 毕华林 . 化学教育科研法［ M ］. 济南：山东教育出版社，2001.
[6] 闫蒙钢 . 化学教育科学研究方法［ M ］. 合肥：安徽人民出版社，2008.
[7] 裴玲娜 . 教育研究方法导论［ M ］. 合肥：安徽教育出版社，1995.
[8] 谢春风，时俊卿 . 新课程下的教育研究方法与策略［ M ］. 北京：首都师范大学出版社，2004.
[9] 沈理明 . 化学教学研究［ M ］. 镇江：江苏大学出版社，2010.
[10] 刘电芝 . 教育与心理研究方法［ M ］. 重庆：西南师范大学出版社，1997.
[11] 冯忠良 . 结构－定向教学的理论与实践［ M ］. 北京：北京师范大学出版社，1992.
[12] 杨丽珠 . 教育科学研究方法［ M ］. 大连：辽宁师范大学出版社，1995.

第3章　化学教育研究基本方法

3.1　个案研究法

3.1.1　个案研究法的概念及特点

1. 个案研究法的概念

个案研究法是最常用的科学研究方法之一。在19世纪中叶，其使用方法逐渐系统化。由于个案研究法的针对性强、操作方法灵活多样，因此其在科学研究中得到广泛的承认和应用，20世纪20年代以来，它的使用领域遍及律法、心理学、教育学、经济学、政治学、企业管理及各种咨询与指导等的研究之中，尤其在社会现象、心理现象和教育现象等方面的科学研究贡献突出。

个案研究是对具体呈现的现象或心理问题进行诊断，解释现象产生的原因并对研究对象提出系列矫正和发展的对策。早期个案研究通常局限于对适应不良儿童的研究，如对学习成绩滞后、品行异常的这类学生的行为产生原因予以诊断并有针对性地进行个别辅导。学生适应不良，其成因是复杂交错的，学生的家庭教育环境、学生的个性、社会交往、生理的发展变化、学习兴趣、动机、学习策略、知识背景等都可能对学生的发展造成影响，没有全面掌握有关信息就无法断定其弱适应的根本原因，治疗干预也就无从下手。近年来，个案研究在教育领域中已经将研究范围由原先对适应不良儿童的研究拓展到对超常儿童的研究。虽然超常儿童的基数较少，但不同超常儿童的表现行为、类型、心理状态存在差异，研究这类儿童生长环境、所接受的教育，从中寻求其一般规律，有针对性地提出教育训练措施，促进其不断发展，探求是否能将这些规律运用到一般教育中。我国于1976年建立超常儿童研究协作组，以个案研究为主要手段追踪研究全国各地数百名超常儿童。

2. 个案研究在教育、心理研究领域的具体运用

从孔夫子时期教育就开始强调个体具有差异性，获得成功的道路不是单一的，开展教育应该是面向全体、针对个体，这就要求教育工作者需要清晰地掌握不同学生的优势所在，因势利导，使学生获得最大程度的发展。尤其是在学生心理健康教育被高度强调的今天，要求教育工作者要密切关注学生动态，及时发现学生的异常行为并给予准确的心理干预，事后继续追踪调查学生发生心态转变的原因、干预后心理健康状态是否改善、干预时长与心理状态变化线性关系等，不仅能解决当下学生存在的问题，且能有效减少将来此类事件发生的概率或使未来类似事件有本可依，这种思想观点与个案研究不谋而合。个案研究法对教育工作者而言是较为实际、具有可操作性的研究方法，能够帮助教师在面向全体学生教授基础知识的同时及时了解学生的发展状况。教育工作者对学生的接触频率有着其他研究者不可比拟的优势，如果能够利用个案研究不断总结与评价积极的教育影响、有效的教育经验，对教育发展来说，其价值不可限量。

研究者通常倾向选择特质鲜明的对象，例如典型的学生或教师个体、一件突出的教育事件或一个有代表性的教育团体、机构。确定研究对象后，将对研究对象展开较长一段时间的观察、研究。研究时应尽可能广泛收集可能影响该研究对象的一切因素的资料，如家庭、学校环境、社会环境、个人经历、生理状况，并对资料展开精细的分析研究，以求发现造成某种特殊状况的根本原因，揭示其发展变化的基本规律，并提出相对应的改进策略。由于个案研究常常需要追溯研究对象的背景材料，了解产生变化或发展的具体经历，因此，个案研究又称个案历史研究法。

3. 个案研究法的特点

1）研究对象的特殊性

个案研究具有较强的针对性，以发现问题、探究问题形成的原因为线索进行研究。选择的研究对象应具有研究价值，显然对特殊群体研究的价值回报要远高于对路人的研究。个案研究的对象可以分为个人个案研究、机构个案研究和团体个案研究。个人个案研究的对象选择可以是个体或单个对象的心理、行为以及相关的教育问题，如突发性异常的学生，该学生平时学习习惯良好、成绩优秀、在校遵纪守法却突然开始逃课、厌学、成绩急剧下降，与该对象过去行为反应差异较大。通过个案研究来探索学生突发性异常行为产生的原因，进行转化教育，使其获得良好的发展。机构个案研究的对象是家庭、学校、医院、政府等单位。通常此类研究要掌握机构的基本情况、基本制度、机构设立目的、目标完成机制，如某口腔医院发展现状、早慧儿童家庭状况分析等。在市场调节经济的宏观大局下，利用个案研究吸取他人成功或失败的经验教训，调整改进机制、课程标准、教学目的、教学方法等可以使我们及时调整步伐应对时代的挑战。团体个案研究的对象是指以学术团体、群众性团体组织或地区中一定数量的成员为研究对象。如设定研究目的为某地区学生暴力行为成因分析，则被选择对象应该是该地区中依据年龄、性别、行为频数等条件形成的研究团体，了解刺激产生这些行为的原因、目的，找出这类团体中所有成员具有的共同特征，提出矫正措施。

2）研究过程的精细性

个案研究的对象数量少，目的具体，故允许研究者对研究对象展开精细的分析，从而能正确认识对象的现状，反映研究对象的真实生活和实际状况，准确地把握研究对象的本质属性，便于提出有针对性的矫正或训练措施。在个案研究中，常运用归纳的方法，对材料进行横向和纵向的精细分析，从个别现象中概括得出一般结论。

3）研究时间的长期性

个案研究常常是一种较长期的研究。这是因为研究者需对研究对象要进行全面、深人的了解，不仅要了解其现状，同时要研究个人的行为与社会环境的关系，如社会、家庭环境以及学校教育对个人的影响，还需把握其发展过程及发展过程中出现的种种问题。因此其研究常常需要持续较长时间，甚至需要追踪研究。如一些对超常儿童或特殊儿童的研究，常常需要追踪研究几年甚至几十年。

4）研究方法的综合性

在从事个案研究时，不同时期要运用多种不同研究方法，才能收集到有深度、广度的个案资料。在研究初期，通常需要收集有关研究对象的各类资料进行材料分析，对材料的处理则涉及定性、定量等多种测量方法，对相关对象的智力、性格、能力、心理特征有一个较为准确的初步判断。在研究过程中，需要采用观察法、追因法、临床法等灵活获取有效资料，调整研究进程和研究内容。正是如此，个案研究所获资料不仅感性材料丰富，而且资料深入、系统。

3.1.2 个案研究法的作用

1. 为教育对象提供有效的帮助，利于因材施教

个案研究能提供有关研究对象各方面详尽的研究材料，是研究者给教育者或教育者对教育对象提出有针对性的教育建议和措施的基础。能帮助教育者了解和研究学生，使之在教育过程中能贯彻因材施教的原则，使学生受到最适宜的教育，得到最大限度的发展和提高。

2. 能为理论的发展提供特殊例证，丰富研究内容

个案研究所提供的典型材料为描述概括性的教育心理理论观点提供具体佐证，能极大地丰富相关的教育心理理论成果。对于现代心理学的研究，尤其是认知心理的研究来说，丰富的个案研究材料能使该研究的基本结论更加丰富、饱满。如对思维过程或思维策略的研究中，大量的个案研究为有关儿童元认知的研究提供了具体材料，使研究所得出的一般结论更具说服力。

3. 揭示典型教育和对象现象的特点和规律，促进教育科学的发展

由唯物辩证法可知，个性与共性、特殊与一般是辩证统一的。个别事物或现象在表现自己特殊性的同时也反映了该类事物的普遍性，而普遍性中又蕴含着特殊性。个案研究对典型对象的分析，能明确其性质，帮助认识、了解这类事物的本质和规律，从而促进教育科学的发展。此外，个案研究通过典型材料，以个案举例的方式来说明某种抽象的教育理论和观点，使理论既有概括性，又有实用性，推动了教育研究成果在实际中的运用，促进了教育科学的发展，且大量的个案资料形成丰富的资料库，为分析该类对象以后的发展奠定了良好的基础。

3.1.3 个案研究法的优点和局限

1. 个案研究法的优点

个案研究对象范围窄、目的明确，因此个案研究允许研究者有充分的时间对研究对象进行充分了解。在实际研究中要将研究对象从环境中剥离出来单独考量，又要将研究对象置于社会这一大环境下予以考察，并结合研究对象显示因素与历史特点，获取丰富的素材，揭示对象发展变化的特点、规律。有利于对症下药，切实掌握研究对象的详细特征，为针对性教育提供了有利的客观基础，良好地贯彻了因材施教原则，使其获得贴切的建议，得到最大限度的发展。

个案研究所提供的典型材料，能填补教育研究、心理研究等领域上的空白，更新资料库，丰富现代心理学的研究。特殊与一般、个性与共性是辩证统一的，个别事物在呈现自身典型特点时，也反映出事物的普遍性。对典型例证的认识有助于认识该类事物的本质和规律，从而促进教育科学的发展和对人心理的研究。不仅能为后续研究假设的形成提供参考，还可为教师在未来对类似事件的解决提供生动、具体的案例。

个案研究既强调对个体进行详细的追踪，又鼓励对带集体性的成组的“个案”进行统一分析。这种个案研究常常称为集体性、系统性的个案分析法。这种个案分析法对复杂心理活动的研究十分有利。单一对象研究的结果可能具有偶然性，而结合了集体材料的结合，能增加研究结果的信度。集体性的个案分析法综合了定性和定量两种分析标准，具有较高的科学性。因此，常常提倡将个体或少数的个案研究与集体性的成组个案研究相结合来弥补个体个案研究的缺陷。

2. 个案研究法的局限

由于个案研究的对象数量较少，代表性较差，因此很难用个别结论推断总体特征，从个案研究中所得出的结论的适用性和有效性可能遭受怀疑。

研究主要采用定性的描述分析，分析标准难以标准化，主观性强，研究结果易被分析者的主观意愿所左右，得出不精确的结论，难以作出具有普遍意义的、精确性的结论。

个案研究的周期较长，需要对研究对象的方方面面进行调查研究，需要研究者具有较大的耐心，费时费力。此外，研究经常涉及研究对象的隐私或伦理道德问题，这也是开展研究的一大障碍。

3.1.4　个案研究的基本原则和程序

1. 综合性原则

个案研究法的综合性原则体现在研究方法的运用上，个案研究常用的方法有调查法、测量法、文献研究法等，这些方法在研究过程中需综合应用。在收集研究对象材料环节，需要全面地收集各方面的相关材料，以便全方位进行研究。在分析材料环节，需要运用定性和定量等多种分析方法，进行综合性分析。在对个案的诊断环节，则需要对涉及身心问题及各种影响因素进行综合考量。

2. 灵活性原则

灵活性原则体现在研究者对研究中出现的各种变化进行灵活的处理，尤其是在对研究对象进行个别访谈时，要求研究者能灵活地处理出现的各种变化。研究者在面对不同的问题、不同的对象、不同的研究阶段时，要根据研究的需要和进展，及时调整研究进程和研究内容，选择更恰当的研究方法。由于个案研究对象具有单一性，故其研究的进程允许研究者根据需要主动调整，体现研究的主动性、灵活性的特点。

3. 谨慎性原则

由于个案研究针对的是具体的研究对象，研究过程可能涉及研究对象的隐私。因此，研究者必须重视材料的报道是否经过研究对象的同意、材料是否涉及研究对象的私密信息。在个人个案研究中，尤其要注意尊重信任研究对象，采取明确提问与委婉了解相结合的研究措施，故要求个案研究必须始终坚持谨慎性原则。

4. 个案研究程序

运用个案研究法须遵循一定程序进行以保证研究结果的信度、效度。在个案研究工作开始前，应制定个案研究方案，并对调查者进行相关训练，以保证后续工作的开展有条不紊。在执行过程中应对被调查者展开深入细致的调查，全面地收集有说服力的资料、数据，筛选有效资料，理清脉络，找到问题的症结所在，并提出有效干预手段。对个案研究对象的问题矫正不是一蹴而就的，往往需要一个较长周期才能看到效果。因此，调查者在完成第一次矫正后，仍然需要继续追踪，在实际活动中验证干预手段的有效性，对偏离预期效果的干预手段进行修正，直至矫正补偿确认有效后方可终止程序，形成最终的文献报告。

1）个案研究准备阶段

（1）建立调查规约

“工欲善其事，必先利其器”，建立调查规约是进行个案研究的前提条件。调查规约是对调查过程较完整细密的规划和规范。一般来说，调查规约包括：关于调查目的和假说体系的规范化表述，关于调查中涉及的基本概念、术语、数据单位等的定义和描述，关于调查对象的定义和描述，调查过程的一般规则，调查过程的具体程序，调查工具，数据记录和整理规划。建立调查规约有助于规范、协调整个研究活动，不至于在研究过程中像个无头苍蝇一样四处碰壁。当然，调查规约不是固定不变的，在执行过程中可以根据实际需要修改完善。

（2）对调查者进行相关培训

面对复杂的实况、零碎的线索、繁复的信息源，个案研究对调查者的综合能力提出了巨大挑战。调查者对所涉及的调查领域应具备较深厚的知识储备，避免“外行看热闹”的现象发生。只有充分掌握本次个案研究的目的和假说体系，才能避免迷失在错综复杂的现象中。调查者需要具有敏锐的探索能力，善于发现疑点，乐于分析思考，意识到调查的过程不是解决问题，而是揭示新的问题。在与被调查者沟通时要善于倾听，保持良好的交流氛围，神经应高度敏感，综合地从文字、声调、肢体、表情、物理环境中获取信息。能够灵活地应对突发事件并调整研究计划。个案研究的组织和控制强烈依赖研究者本身的主观判断，尤其是研究者带着错误的目的去证实某个事实，在研究过程中会不自觉地给予调查对象某些暗示，影响调查结果的客观性，因此调查者要有防治自身偏见的能力。

2）个案研究执行阶段

（1）确定研究对象

根据研究目的、研究内容选择具有代表性的研究对象。如果是教育工作者，一般倾向于选择具有特殊价值的个案对象。例如：超常儿童，在学习过程中能毫不费劲地掌握学业知识，取得优异成绩；调皮捣蛋的学生，突然改变行为习惯，不仅遵守规章制度，而且课堂上认真听讲，按时完成作业，成绩显著提高，此类学生坏习惯消退，好行为被强化。这类特殊行为，都可以形成个案，进行研究讨论。

（2）收集个案资料

个案研究的结果能否建立起严格的信度和效度，依赖于个案资料的收集是否全面系统、细致深刻。

个案资料收集的初期要求调查者要综合利用多种信息源。就个案而言，可以大致分为研究对象的基本资料、个体身体健康状况、个体心理发展资料、个体的背景材料。基本资料中需要包括研究对象的姓名、年龄、性别、籍贯、年级、成绩排名、获奖或处罚情况等。个体身体健康状况要调查个体成长的全部阶段的病例史、体检情况。个体心理发展资料要收集态度、性格、气质、人生观、世界观、价值观等信息。个体的背景资料则要包含研究对象的家庭条件、学校背景、监护人的受教育情况、兄弟姐妹的资料、周围同学的相关情况等。对个案资料的收集应根据具体情况作出调整。这些资料不是割裂的存在，资料的背后有一张暗网将其串联在一起，研究者所要做的是摸清脉络，从某些看似毫无关联的资料中获取更深层次的信息。

信息源的获取也是多种多样的，可以从个案的学校档案、机关的记录、照片、录音、登记表格中提取，学校的档案比较规范，记录了不同时期个案的变化，易于作前后比较，可以由研究对象本人提供，例如自传、日记，也可以从研究者对个案的观察、测评、口头沟通评定中收集，还可以从个案的同学、老师的描述中得到有关个案的各种资料。在具体操作中，经常将这些方法糅合使用，以便得到最客观的资料。

（3）分析整理资料

个案研究收集到的资料比较粗糙、零碎，难以直接解释结论，往往需要进一步的整理分析从而揭示各类现象间内在、本质的联系。面对繁复的个案资料，一般可以从假说验证角度、事件拆分描述这两个维度切入，揭示主因、次因等，形成初步的假设。在个案研究准备阶段研究者已获得的理论构想及其相应的假说体系，这些假说推测了若干变量的变化趋势，故研究者可以将数据分析对照假说进行一一验证。一个事件的发生包含时间、地点、人物、起因、经过、结果。一个复杂的大事件，也总是由若干个小程序组成。我们可以根据个案的结构，利用数据，对个案组成部分进行拆分描述。研究者应在分析资料前建立标准化的测验量表，以免在数据处理中因主观情绪左右分析结果。

个案研究数据分析几种常用的方法有：趋势比较法、解释构造法、时间序列法、时间顺序描述法。趋势比较法是理论构想与实际结果的比较，是通过考察实际趋势是否符合预测的趋势来验证理论构想，这种比较可以是对结果趋势的比较，也可以是对起因趋势的比较；解释结构法是收集数据－分析数据－解释数据的一个循环，通常被用在没有明确的理论构想或假说模糊不清没有足够证据支撑的个案，希望研究者通过探索淘汰不能解释事实的假说，建立一个新的、具有说服力的解释；时间序列法是事先固定时间单位，例如一周、一个月、一个季度，在单位时间内采用相同方法对研究对象进行观察测量并收集数据的过程，例如公安机关监控已取得生理戒断并离开戒毒所的吸毒人员，以一个月为周期，在每个周期内随机挑选日期以测量公民是否复吸，最后将这些根据时间变化得来的数据进行分析，可以得出复吸趋势；事件顺序描述法可以看成时间序列法的变形，是对个案研究中的各种现象和事件以此进行描述，以求结论能揭示现象或事件间的某种联系，这种方法适用于复杂或难以标准测量的个案。

个案资料的收集与个案研究的资料分析整理是同步进行的。研究者通过资料收集、整理分析得出初步分析结果，并根据分析结果及时调整研究问题和方法，再进行资料收集、整理分析，是循环往复、深入递进的过程。

（4）问题的矫正与指导

个案补救方案通过个案资料的分析结果提出，因不同问题的学生症结所在不同，故方案的制定也随之变化。个案矫正方案的设计可以分为外因和内因两个方面。强化能促进个案行为的发展，疏导那些不利于发展的外因条件，如课堂奖惩措施、家庭教养环境、榜样示范的力量。内因则要引导学生良好的情绪、情感、人格倾向，帮助克服焦虑、怯懦等不良性格。

（5）追踪研究

由于对个案发展的诊断、矫正是一件极其复杂的工作，矫正手段是否有效不仅受矫正手段本身影响，还受执行力度、时长、环境变化所制约。所以，提出矫正方案不是个案研究的结束，而是个案研究追踪阶段的起航。美国心理学家特曼从 1931 年开始进行的一项著名的天才儿童的纵向个案追踪研究，先是以 5 年为周期追踪对象发展情况，后来以 10 年为周期调查一次，甚至追踪对象进入老年后这项研究仍在继续。只有经过长期的反复追踪研究，才能获得系统的、有指导意义的资料。故个案研究在实施矫正或发展指导教育后还要继续研究，以考察教育的实际效果。针对实际情况变更调整或提出新的矫正手段，直至矫正补偿确认有效，才能终止研究。

（6）撰写个案论文

论文的撰写是个案研究的最后环节。一份完整的个案研究报告应包括概述、资料分析、采取的策略与成效、存在的问题和建议。

概述可分为个人情况概述、特殊表现概述、家庭情况概述，要包含研究对象的个人情况，如姓名、年龄、性别、籍贯、住址、学校、年级、爱好、生理、心理、智力发展情况等。特殊表现概述即特殊表现初次发生在什么时候，频率如何，发生时的环境条件如何。家庭情况概述则要包括家庭的经济水平、父母的受教育程度、父母和兄弟姐妹的职业、家庭政治态度、社会关系等。对资料的分析包括主要解决分析什么和怎样分析的问题。这部分内容要包括需要分析的问题及对资料的分析方法。有些严谨的读者会质疑分析结果的信度，故在报告中可以附上原始资料，以及对原始资料分析采用的手段。

3.1.5 个案研究法案例

中学化学导学案教学实践反思

——基于福建省某中学化学导学案教学课改个案研究

谭骥 蔡文联

1 实施背景

1.1 导学案教学实施概况介绍

×中学是福建省一所全日制中学，属于省一级达标学校。2013年，高中部的化学教研组组长C老师提出了“导学案的设计与使用”作为本校课改“高中化学高效课堂的实践与创新”子课题，在高一和高二年段的化学课程中施行，一共29个班级。

以“教改背景”为主题对C老师进行访谈，其资料整理如下：

生长点：为响应学校课改的要求，同时使本校化学教师接触一些新教学理念，故开展导学案教学课题。

理念：从实际学校教学情况出发，先发挥导学案教学的实用性。

学情：×中学是地区著名高级中学，学生综合素质较高，但学生的自主学习能力不强，且学校教育理念中“高考”导向性渗透较深。

实施情况：导学案教学课题主要集中在青年化学教师间开展，年长教师的支持率较低。实施过程没有完整、规范的教师培训，主要为教研组长的监督和安排。

环境：在传统的教学环境中进行教改

优势：教学设备现代化、生源优秀、学生知识基础较好，学习能力较强

2 中学高中化学教研组导学案实施流程

2.1 导学案教学过程教师主体职能简介与分析

×中学高二年段的导学案教学模式是以该年段的教研组为主体展开教学研究的，其课改参与主体职能关系如图1所示。

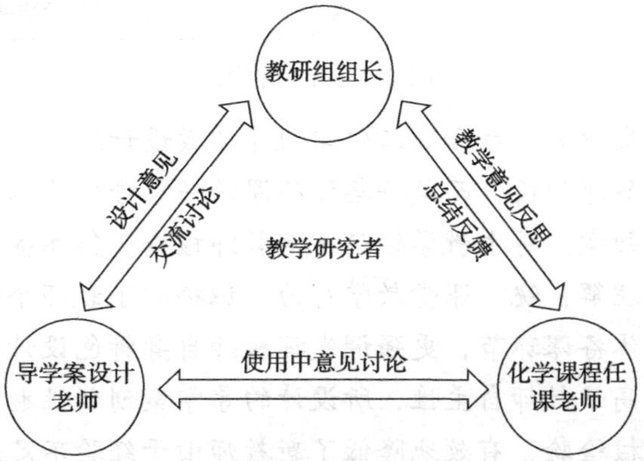

图1 教师主体职能图

2.2 导学案教学实施过程简介与分析

导学案教学模式主要包含学案个体初编、教师集体备课、资深教师设计审核、印刷、上课、课后反馈等主要流程。本文以高二化学教师的《弱电解质的电离平衡》导学案的设计为例进行对比分析。导学流程如图 2 所示。

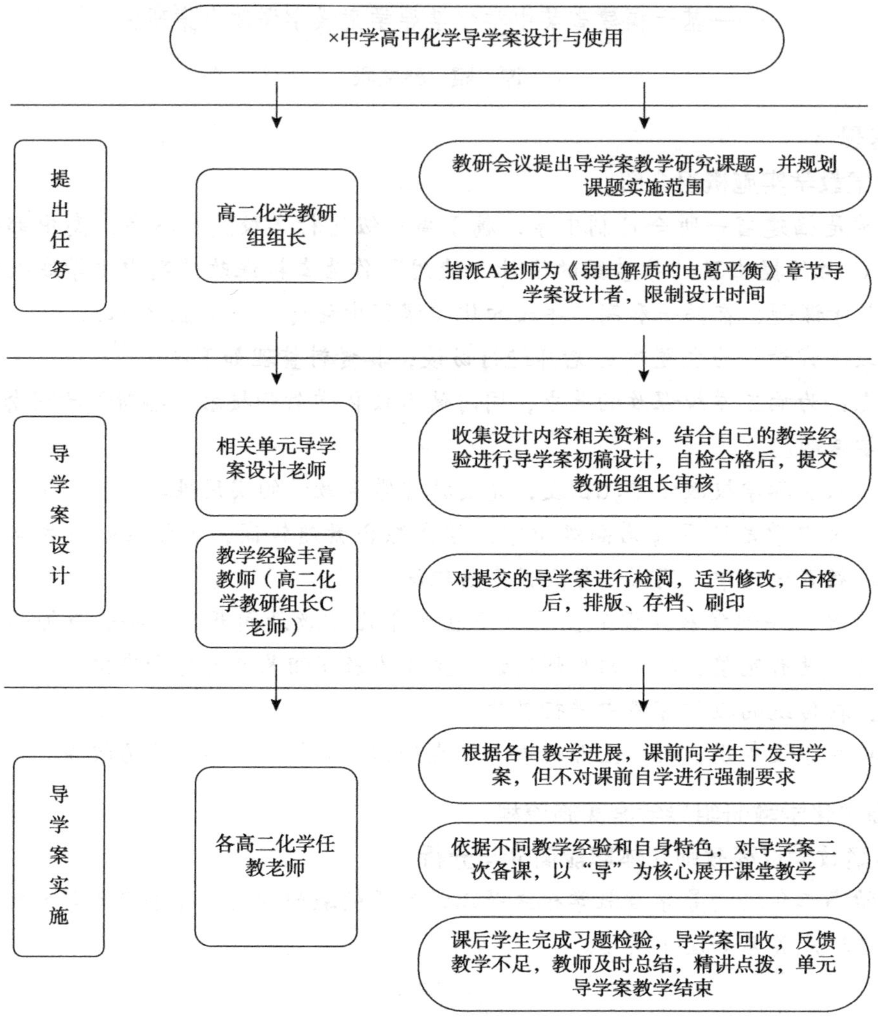

图 2 导学流程图

通过对比一般导学案设计流程和高二化学组导学案设计流程，比较发现，高二化学组导学案设计不存在集体备课阶段，而是将集体备课的任务分化为两个阶段，先由导学案设计者自主设计导学案的初案，再由教学经验丰富教师核查。集体备课有助于不同教师之间对教学内容形成统一的理解，统一课堂教学行为，但抑制了教师个性化课堂的发挥。×中学高二化学组省略了集体备课环节，更强调发挥教师自身特色设计学案，在导学案中引入新的思路，这种方式提高了教师自主性，所设计的导学案创新性也更强。经验丰富的老教师对导学案设计进行考核检验，有效地降低了新教师由于经验不足造成的导学案设计中的教学内容编排不全、探究环节偏离实际、问题设计错误等问题。然而“形形色色”的导学案设计，在一定程度上也造成了导学案在现实使用过程中，不利于导学案非设计教师组织导学案教学的局面产生。另外导学案非设计教师没有参与导学案编制前的集体讨论，不明白导学案设计者的思路，因此在导学案使用过程中导学案非设计教师与设计者之间进行交流是至关重要。

3 两节典型的化学导学案教学示范课对比分析

采用课堂观察法和比较研究方法对高二化学课程 Z 老师一节普通《弱电解质的电离》导学案教学课进行研究，简称示范课Ⅰ。为了对比研究 × 中学高中化学组根据自身教学环境形成导学案教学模式课堂操作特色，选取一节相同教学内容的优质、典型的导学案教学示范课Ⅱ，进行比较分析。

3.1 基于导学案，也可巧设情境（见表1）

有效的情境创设在教学过程中有利于激发学生的学习兴趣，营造良好的学习氛围。很多的导学案课堂教学往往机械地依照“导学案”进行，而导学案设计往往是依据教学内容展开，通过问题设计（习题）对教学内容进行包装。教师不合理地使用导学案容易让课堂演变成师生之间一问一答、枯燥无比的知识点归纳课。如果导学案教学过分强调知识结构本身，学生对知识学习的兴趣必然被弱化，所以导学案课堂有机地融合情境创设是很有必要的。

表1 导学案教学片对比分析片段1

	示范课Ⅱ堂实录片段	示范课Ⅰ堂实录片段
现象对比	上课开始，M老师提出上次课堂留下来的问题“如何区分强弱电解质”，并请某位学生上台展示讲解，M老师口头予以表扬，接着M老师指着黑板左上方的学习目标，要求学生一同站立齐声朗读学习目标，课程导入完成，用时2min。	上课开始，师生打开课本，Z老师利用书本案例，教授了食醋的特点，解释了湿着手触碰电器触电原因，学生听得津津有味。紧接着老师利用导学案上的“复习回顾”环节，提问“强弱电解质的概念是什么”，并利用概念引导学生区分 HCl 为强电解质，CH_3COOH 为弱电解质，课程导入完成，用时4min。
对比分析	M老师和Z老师课堂导入的目的都相同，温故知新，以旧知识为支架从而实现新知识的建构。M老师强调了本次课堂学习目标，课程导向性明显，然而机械地分析学习目标完成课堂导入，使课程的开端趣味性较低。Z老师引入真实的生活情景，促进导学的想法，学生学习趣味高涨。但是在传统教学中仍存在“教师主体”观念，课堂以教师讲控为主，学生以被提问的方式被动参与。	

3.2 正确定位导学案（见表2）

导学案是设计者将自己的教学经验与获得的相关资料整合后的智慧结晶，目的是为了在教学过程中使教师与学生双方都获得成长。然而许多教师在课堂上将导学案完全替代教材，抛开课本教材、多媒体设备、黑板，视其为唯一的课堂教学工具，只是直观地对导学案的空空洞洞进行补充。结果是“老师念，学生写”，一份导学案，变成了一纸资料总结册子，这是老师在教学过程中对导学案定位失误所致。如果将导学案看成是教学的一种工具，结合其他教学设备，导学案教学课堂将会出现相得益彰的效果。

表 2 导学案教学片对比分析片段 2

	示范课Ⅱ堂实录片段	示范课Ⅰ堂实录片段
现象对比	课堂的第二个环节是“活动与探究：探究 HCl 和 CH_3COOH 相关性质”，M 老师先让学生预测了 HCl 和 CH_3COOH 与镁条反应速率、pH 值大小，接着让学生结合课本上的实验步骤进行实验验证，学生在 M 老师安排下快速进入实验状态，实验时间花费 5 分钟，M 老师让各组学生汇报了实验现象，师生交流，总结结论，得到电离平衡的概念。这是本节课唯一运用到教材的环节。	Z 老师让学生独自阅读教材的“活动与探究：探究 HCl 和 CH_3COOH 相关性质”，由于实验硬件设备有限，且教室早已使用多媒体设备，因此 Z 老师采用的是多媒体视频演示，学生结合视频实验现象利用导学案实验数据收集表格进行归纳整理，学生初步了解到等浓度 HCl 和 CH_3COOH 溶液里面 H^+ 浓度不同，接着 Z 老师利用教材上的 HCl 和 CH_3COOH 电离示意图，通过老师强调讲解，归纳电离平衡的概念。
对比分析	同样的实验探究内容，M 老师和 Z 老师基于导学案采用的是不同的教学策略。M 老师利用实验设备让学生亲自动手演示实验，自我探究，得出结论，最大限度发挥学生自主探究性，然而并不是所有学校都具备这样的条件。Z 老师很好地将教材、导学案、多媒体设备融合起来进行了一次导学案教学，既发挥了现代化教学工具的优势，也利用导学案知识线索化的功能，通过各种教学工具的灵活搭配，最优化了教学效果。	

3.3 简单分组，提高导学案教学效率（见表 3）

导学案教学是一种十分重视分组合作的学习策略，“异质性分组策略”“互助性分组策略”“差异分层分组策略”“兴趣分组策略”又由分组衍生出各种小组评价设计、小组目标等，这让教师感到导学案教学设计中的分组合作策略繁杂，难以把握。然而，分组只是手段，重要的是合作。普通课堂我们可以采用简单分组，简单分组是指不移动课桌位置，只要稍微规划课堂学生就能很好地分组，比如前后桌位相邻的 4 个人为一小组，这样很快就能分好组，充分提高课堂效率。

表 3 导学案教学片对比分析片段 3

	示范课Ⅱ堂实录片段	示范课Ⅰ堂实录片段
现象对比	课前 M 老师已经对班级进行了分组，有六个小组，每组成员 10 个人左右，同时黑板也根据分组的情况进行划分以方便各个小组展示，黑板右上角有一个各组表现加分栏。活动探究以小组为单位，每次实施活动都是在教师和小组之间互动进行，在课堂 15~40 分钟时间里，M 老师让学生利用导学案以组为单位对导学案设计题目进行讨论，讨论内容比较多，但有分组的存在，还是很顺利地完成了教学目标。	教学过程采用的是传统班级形式，教室的学生座位是六排五组，一共 55 名学生，Z 老师在教学过程中采用传统的思路，对学生没有进一步细微分组的认识，所以课堂讨论过程中三三两两的学生疑问让 Z 老师在课堂内来回应对，有些疲于应付。其中导学案有几个计算化学反应速率的习题，由于数据较大，Z 老师让学生分别计算，结果计算完成的学生寥寥无几。最后 Z 老师只能自己汇报答案。
对比分析	M 老师将分组合作的效果在本堂课发挥得淋漓尽致，原本按照传统教学思路一项一项进行的教学内容，通过分组之间交流讨论，压缩在 20 分钟内完成，学生互动时思维活跃，知识点学习面面俱到，而 Z 老师没有分组合作的意识，结果造成教学任务没有顺利完成。	

3.4 层层递进，确保导学案知识点平稳过渡（见表 4）

导学案是教材的延伸，对知识的概括比较强。导学案是以课堂教学过程环节为单位进行细分的，这就需要教师在知识点与知识点的连接处、环节与环节的衔接处进行适当的处理，必要时构建支架，让学生在知识衔接上平稳过渡。

表 4　导学案教学片对比分析片段 4

	示范课Ⅱ堂实录片段	示范课Ⅰ堂实录片段
现象对比	M 老师课堂主要环节为：课堂导入（强调学习目标）→探索概念（活动与探究）→分组讨论。课堂环节比较鲜明，在探索概念环节中 M 老师事先铺设了学生对利用强弱电解质感性认识来进行实验操作，在分组讨论过程中则重视学生主动上讲台讲解知识时，M 老师在知识点上给予适当的补充衔接，以帮助学生理解。	Z 老师过于依赖导学案对教学内容的安排顺序，依照导学案各个环节展开教学活动，各个环节之间缺少过渡，如完成 HCl 和 CH_3COOH 性质差异教学后，Z 老师直接利用化学反应平衡正逆反应速率来分析 CH_3COOH 的电离，并没有让学生回顾化学反应平衡的特点——逆、等、动、定、变，以致 Z 老师在引导学生由化学反应平衡特点迁移到弱电解质电离平衡特点时，学生哑口无言，反应不过来，这是 Z 老师没有实现搭好化学反应平衡相关概念支架的缘故。
对比分析	现在很多导学案课堂教学逐渐演变成教学对一个个知识点的精讲演示，学习过程就是在习题或知识点间跳跃，或认为面面俱到的导学案再加上教师极详细的讲解就达到了导学案教学的“高效”处理。其实这样反而让学生在学习过程中无法联结知识点，不能实现举一反三的教学效果。	

3.2　观察法

3.2.1　观察法的定义

观察法是指在自然状态下，观察者有目的、有计划、主动地运用自己的感官或者借助科学的观察仪器，对所要观察的事物进行观看、考察和分析，从而获得所需要的资料的一种研究方法。

观察法可以作为一种独立收集数据的方法单独使用，也可作为调查的一个开端环节，或与文献研究、实验研究结合进行。

3.2.2　观察法的要素

以下的几个观察要素是化学教育观察中不可缺少的部分。

1. 情境

情境是指观察者所要观察事物的背景，由于其对观察对象有着较大的影响力，因此观察者在观察前，首要考虑的就是情境。

2. 人物

人物即观察的对象，包括观察对象的年龄、家庭背景、所从事的职业等。

3. 目的

这里的目的，是指观察对象所做某些行为的目的。

4. 行为

观察对象的行为，要注意观察对象行为的趋势、性质以及具体行为内容等。

此外，事件发生时间、频率、延续期、单独出现或重复出现等，也是观察者应注意的要素。

3.2.3 观察法的特点

（1）可以实时实地观察到观察对象行为的发生，但是无法保证观察到当天的全部内容。由于观察者也有个人的需要，在某些时候无法观察所观察对象的行为，可能由此会漏掉一些观察对象的行为。

（2）能得到不能直接报告或不便报导对象的资料。例如，婴儿、哑巴都不能直接报告他们的体验，患病或精神异常的人所报告的资料也不能全部采用。但是可以通过观察他们的行为或者语言、表情来获得相应的研究资料。

（3）较难探讨因果关系。在隐蔽观察与参与观察中，观察的对象不知道被观察，观察者在不打断其正常生活状态下进行观察，程度较小、操作性弱，无法说明资料当中某些因素之间是否存在一些因果关系。

（4）具有重复性。观察者可以对观察事物进行多次重复观察与记录，避免观察的表面化与片面化。

3.2.4 观察法应遵循的原则

1. 目的性

观察者要知道、明确自己观察的目的，知道观察所要采取的方式与方法。

2. 客观性

观察者要有科学与理性的思维，一切从实际出发，实事求是，不能将个人主观色彩带入观察中，避免影响观察结果的可靠性与准确性。一般来说，影响观察客观性的因素有以下三点：

（1）先入为主的偏见。

（2）无意过失。往往表现为观察者利用自己已有的知识经验去修正、填补观察中的空白，从而作出错误的分析。

（3）假象与错觉。要坚持全面、系统、客观地观察，使观察所得的经验事实比较正确地反映客观事实，为此要做到：尽可能地从多方面观察事物，把握客观对象的各种因素、各种关系和各种规定。

3. 自觉性

观察者要有耐心、细心地观察对象，并且要坚持科学理论的指导。

3.2.5 观察法的类型

1. 直接观察与间接观察

直接观察是指观察者运用自己的感官获取观察资料。

间接观察是指观察者利用科学的观察仪器来获取观察资料，例如显微镜、望远镜、照相机等。

科学的观察仪器将观察的范围扩大，同时也打破了时间和空间的局限，为观察带来了便利性与实用性。现在的观察中，人们更多地使用间接观察。

2. 自然观察和有控制的观察

自然观察是指观察者在自然条件下，有目的、有计划地通过感官和辅助仪器，对自然状态下的研究对象进行系统考察，收集有关教学的感性材料，从而获取经验事实的方法。

有控制的观察是指观察者在自然环境下，通过控制一些条件，有目的、有计划地观察被观察对象的行为、态度等，从而获取资料的方法。例如，控制教师的教科书种类，观察教师的教学策略、教学方法、教学语言、教学行为等。

3. 日常观察和科学观察

日常观察具有自发性、偶发性的特点。每个人在日常生活中，都会进行自然观察，例如点菜时观察配料是什么，街头行走时观察路人的搭配等。

科学观察具有预先的研究目的与假设。一般的化学教育观察都是科学观察。科学观察具有以下几个特点：目的性、计划性和系统性。

4. 参与观察与非参与观察

参与观察是指观察者与被观察对象亲密接触，直接参与他们的生活，从而进行观察，获取资料。例如，为了观察流浪汉每天的日常，观察者就把自己打扮成一个流浪汉，与流浪汉一起生活，去观察流浪汉真实的生活情况。

参与观察的优点：

（1）观察结果真实可靠。由于观察者参与其中，有着切实的体验与感触，因此对观察内容就更为了解与准确。

（2）观察不必使用特定的假设，观察过程中也不会受到假设的影响。

（3）往往还有意外的发现，这些发现可能对于要研究的事物有着重大的作用。

非参与观察是指观察者作为旁观者，去观察被观察的事物。

非参与观察的优点：由于观察者与观察对象保持一定的距离，因此观察者更能够用理性的态度和理性的思维观察记录，观察结果更为客观。

非参与观察的缺点：

（1）结果的真实性有待考证。被观察者知道自己正在处于被观察的过程中，会受到道德影响、“社会赞许效应”影响等，做出与日常行为不相符合的行为。

（2）对观察对象不能深入细致地了解。由于和观察对象保持一定距离，因此不能及时对观察对象提问，解决观察中的疑惑。

（3）会受到外界条件的限制。例如坐在较远的位置，听不清被观察对象说话的具体内容。

5. 隐蔽型观察与公开型观察

隐蔽型观察是指被观察对象不知道自己正在处于被观察的过程中，被观察对象可以很好地作出真实反应，使得观察结果真实有效与可靠。但是，由于事先未征得被观察对象的允许进行观察，会涉及侵犯隐私等法律问题。

公开型观察与隐蔽型观察相反，观察者事先征求过被观察对象的允许进行观察。但其缺点就是，被观察对象为了呈现良好的行为与形象，表现在观察者面前的行为可能是不真实的。

6. 结构型观察与非结构型观察

结构型观察是一种比较程序化的观察活动。研究者事先设计了统一的观察对象与记录标准。量化研究中的观察倾向于高度结构化，要求要有预先设计的非常详细的观察。

质化的观察方法比较非结构。研究者不使用预先的范畴与分类方式，观察得以在比较自然与开放的方式下进行。非结构型观察允许观察者根据当时当地的具体情境来调整自己的观察视角和内容。观察者可以事先设计一个观察提纲，但这个提纲的形式要具有开放性和灵活性。在化学教育研究中，大多采用非结构型观察。

7. 系统观察与随机观察

系统观察就是将观察的对象看作一个整体，该整体是有一定的边界范围和逐级阶梯的体系的系统，观察者对该系统进行观察。观察者不仅要对子系统的诸多要素，例如环境、功能、层次进行观察，还要对整体系统进行观察，做到以立体观察研究取代平面观察研究。

随机观察就是按照随机取样的原则，从观察对象的整体单位中抽取一部分进行观察，获得资料，然后由这些资料推断被观察总体的一种方法。

3.2.6 观察的一般步骤

1. 确定观察的目的与意义

确定观察的对象、时间、地点和采用的方法等，说明观察所产生的目的与意义。

2. 做好观察准备

包括观察对象的背景、职业等。通过检索，获得观察所采用的理论依据。

3. 编制观察者的观察提纲

包括观察的对象、时间、内容、观察次数、观察注意事项等。观察提纲要有一定的灵活性和变通性。

4. 实施观察与记录

依据观察的目的，事先绘制相应的表格和速写符号，可以快速有效地进行记录。

5. 整理资料、分析资料

对收集的资料进行整理和分析，为撰写研究报告做好准备。

6. 提出观点，写出研究报告

根据整理、分析后的资料，提出观点，写出研究报告。

3.2.7 观察的前期工作

1. 观察工具的设计

（1）记录表格单面设计。采用单面表格记录，可以省去记录者翻页记录的麻烦，节省记录的时间。

（2）用统一公认的符号记录。为了避免个人主观的误差，采用统一公认的符号来替代制定词语。例如化学中化学元素氢，记录时用 H 来替代，不能用自我的观点 B 或者 D 等符号代替。

（3）记录尽量简洁，可以用词语代替句子时就用词语。

2. 观察者获得观察许可的策略

（1）向被观察对象出示单位介绍信或工作证件等相关证明。

（2）由熟人介绍。通过与被观察对象熟悉的人介绍接触被观察对象，削弱被观察对象的警惕性。

（3）建立友好关系。与被观察对象建立良好的关系，而后进一步提出观察要求。

（4）逐步递增观察要求。对被观察对象先提出小的观察要求，获得许可后，逐渐提高观察要求。

3.2.8　观察的研究记录

观察研究记录一般有以下三类方法。

1. 描述记录

轶事记录法：类似日记的记录。没有确定的主题，也没有时间的限制，随时记录。该方法的优点在于运用简单、方便。其缺点在于事后回忆所做的记录内容可能不太准确。

记录法：就是在一段较长的时间内连续不断地记录。例如，研究者研究某个初中化学成绩不错的学生在今后的 30 年内对化学的兴趣如何变化，观察者就从初中阶段到被观察者今后 30 年间连续追踪观察记录其对化学兴趣的变化。

2. 取样记录

取样记录是一种以行为为样本的记录方法，是在 20 世纪以后才兴起的。它具有客观性、可控性和有效性的优点，主要包括时间取样、活动取样和事件取样。

1）时间取样法

以时间为取样的标准，观察和记录在某个特定时间内，某些行为是否发生。例如，初中生在化学课堂上注意力程度的观察研究如表 3–1 所示。由表 3–1 可以得出初步结论，5～10min 这段时间内，学生的注意力较好。

表 3–1　记录一次 20min 化学课堂回答问题情况

时间	动作	百分比 /%
开始～5min	认真做题	100
5～10min	5 个人开始偷看他人作业	5.6
10～13min	9 个人开始玩手头文具	14.3
13～20min	大部分人完成题目，还剩下 7 个人未完成	87.9

时间取样法的优点在于省时、简便、客观，可以进行量化分析；缺点在于该法只适用

于经常发生的行为记录，例如学生上课举手的次数，而无法观察学生内心的心理活动。

2）活动取样法

以活动作为取样标准。例如，在化学课堂上，学生的一般行为有以下几种：抄写课堂笔记、认真听老师讲课不做笔记、与他人聊天、玩手头文具等。45 个学生的行为，记录一段时间后，分析他们的化学成绩与他们的日常化学课堂行为之间存在某些联系。

3）事件取样法

就是以特定事件的发生或者特定行为作为取样标准，记录这些事件或者行为发生的完整过程的一种观察方法。

事件取样法与轶事记录法的区别在于，事件取样法是在观察活动中记录的，而轶事记录法是观察活动完结后，运用回忆记录的。

事件取样法注意事项：

（1）只记录预先确定要记录的事件或者行为。

（2）观察前要确定记录资料的种类和记录的形式，以及制作出相应的记录表格，见表 3–2。

表 3–2　学生化学实验操作情况

姓名	年龄	性别	操作行为	发生的背景	结果	影响

（3）观察时，当预先确定的行为或者事件发生时，要立即记录下来，如果事件持续发展，要连同发展的过程一起记录。

事件取样法的优点在于，观察者是在有准备的情况下获得资料，用时节省。缺点在于，只将目标定位于特定的事件或者行为，使得观察者对于周围的环境、发生时所需要的条件等信息资料不够了解。

3. 行为核对表

主要是用来核对重要行为的呈现与否，观察者将规定观察的项目预先列出表格，当出现此行为时，就在该项上划“√”。此法只判断行为出现与否，不提供行为性质的材料，见表 3–3。

表 3–3　中学生化学实验课行为操作记录表

行为	出现次数	持续时间
清洗试管		
检漏		
检查气密性		
废液回收		
清理桌面		

3.2.9　观察法在教育研究中的作用与局限

1. 作用

观察者是有计划、有目的地对某些教育现象进行观察，获得资料，能够客观真实地反应事物的本来面貌，为后续的教育科学理论提供有力的事实依据，同时也是教育经验总结的方法之一。

观察法是检验教育理论是否成立的方法之一。一些教育理论是推测而来的，观察法可以通过实地观察去检验这些理论是否成立。

观察法有利于新的研究课题的产生，为新理论、新观点打开方向和领域。

2. 局限

无法判断各个因素之间的因果关系。单纯地观察无法证明某些因素之间的必然联系。实践才是检验真理的唯一标准，只有通过实验的活动才能证明各因素之间是否存在某种因果联系。

观察对象在观察过程中是不断变化的，过多的观察归类项目会造成推论太多，影响研究的信度。

若是观察法的取样小，获得资料琐碎且量少，可靠性程度不高。

3.2.10　观察法案例

高中学生分组实验课堂违纪行为观察方案

1　观察目的

理、化、生及其他学科的学生分组实验，不同于班级固定教室上课，由于环境变化（地点、座位变化），教师讲授为主或笔头练习为主变成了面对实验器具的分小组动手操作。这两个因素都使学生的“玩耍”意味加重，往往行为偏离学习目标，产生违纪现象。

针对这种情况，本方案实施的目的在于收集学生在课堂上各段时间的违纪现象，研究在课堂以时间为序的各段中，教师对教学组织的较佳选择和课堂纪律的有效控制，从而达到分组实验课的既生动活泼又避免混乱的效果，使学生的课堂学习效益提高。

2　观察方法

用“时间取样法”在规定时间段中观察，对每一时间段中发生的违纪行为进行较全面的记录。

观察记录表单如下：

观察地点：　　　　　　　　　　观察者：　　　　　　　　　　观察时间：

观察时间段 / 分钟	教师活动	多数学生活动	违纪现象
开始上课 0~5			
6~10			
11~15			
16~20			
21~25			
26~30			
31~35			
36~40			
41~45			

记录说明：

教师活动——记录该时间内教师的讲解、理论和操作指导（简要记录）。

多数学生活动——记录多数学生的正常行为（简要记录）。

违纪现象——记录部分学生与正常行为相违背的违纪行为（不包括完成教师规定任务后的正常探索行为），应详细分类记录：①影响他人的违纪行为；②不影响他人的违纪行为；③违纪人数（详）。重点分析教师行为与违纪现象的关联和学生出现违纪现象的时间规律。

3.3　经验总结法

化学经验总结法是化学教育研究方法中非常关键的一个研究方法。它是通过对揭示化学教育实践经验的事实材料的收集、分析、整理和加工，将现象材料变成理性认识的一种研究方法。

3.3.1　化学教育经验总结法的特点与类型

1. 特点

1）普遍性

大部分教育工作者都可以在自己的教育实践中运用这种方法研究教育来获得经验材料，选择一些自己在教学中印象深刻的感受记录下来，加以归纳、分析、提炼，取得规律性认识，从而为自己今后的教育实践提供理性的认识和知识基础。

2）实践性

化学教育经验总结法的实践意义在于：实践是化学教育经验总结法的基础。教育经验总结法是解决教育实践中出现的问题的一种有效方法。包括带共性的原理、原则在实际操作运用中的问题，也包括化学教育实践中的突出矛盾，亦即具有特殊性、个性的问题。以上都是人们在教育过程中不断地实践和探究要解决的问题。化学教育经验总结法总的来说是与实践分开的。化学经验的总结是广大教育工作者一边实践、一边探究、一边总结，慢慢地从感性认识进化为理性认识；研究者往往要在化学教育教学第一线，调查、访问、观察、思考，如果有需要还得亲自加入实践过程，以此得到丰富的感知材料，然后此基础上通过经验总结而构建化学教育理论框架。教育实践是经验总结的物质基础，经验总结是教育实践的理论升华。最后教育经验总结出的结果还是会应用到化学教育实践中。

3）自然性

不限制研究条件是经验总结法中尤为重要的，不能妨碍正常教育、教学活动的开展，也不能干扰被研究者，让他发生变化，得到自己设想的那种答案。研究是在自然条件下进行的，所有的教育过程和心理变化、行为习惯都要在自然的情况下显现出来，而且是对客观事实的进一步研究。

4）操作简单

经验总结在研究之前可以不提出猜想，不需要严谨的限制条件，只需要简单的设备，研究过程与其他研究方法相比比较简单，对于时间和经费没有很大的要求，工作量也小。大部分的教师都可以在自己的教育实践中运用这种方法，收集经验材料，把研究过程中对自己有利的方法和感受用文章的方式记录下来，再归纳、分析、提炼，获得规律性的理论，并根据理论指导自己的教育实践，加强理性认识。

5）综合性

经验总结法是一门独立的方法，但是在研究过程中又常与其他的研究方法相结合。在实施经验总结法时，常常会运用到实验、调查、案例分析等研究方法。这些研究方法结合在一起，使得研究的结果更加严谨、可靠。

2.类型

划分化学教育经验总结的类型，可以帮助我们理顺经验总结过程中的思路，把握好不同研究者的不同视角。目前，对于教育经验总结类型的划分，主要是依据教育经验总结的抽象与概括水平的高低。有人将教育经验总结分为描述性教育经验总结、综合性教育经验总结、理论性教育经验总结三个层次。也有学者划分为操作性教育经验总结、归类性教育经验总结、发展性教育经验总结三个层次。上述两种分类方式，所说的都差不多。我们把化学教育经验总结法类型分为科学性经验总结、具体操作性化学教育经验总结、综合归类性化学教育经验总结。

1）科学性经验总结

科学性经验总结是最能体现经验总结法的一个类型，具有较高的科学价值。它是在一般经验总结的基础上，进行深层次的、逻辑的分析，揭示经验的本质。科学性经验的总结方法是：收集丰富的事实材料，通过科学的理论和方法，运用理论知识揭示经验的本质，使经验上升为规律性理论。理论上来说，经验总结法就是对收集到的经验材料，进行理论性的分析，发现经验的本质，囊括了所有内容之间的主要联系，发掘实践上的新特点以及对理论发展的意义和某一经验在教育过程中的地位及作用。

例如《高中化学教学中融合STS教育的策略研究》(载2013年《高等函授学报(自然科学版)》第2期)阐述了STS教育不仅仅重视学生基本知识与技能的培养，更加重视培养学生的社会责任感与科学态度。在教学中加入STS的意义在于满足提高核心素养的需要、培养科学态度的需要。最后对高中教学提出了三条策略：一是开发多元的STS课程资源；二是编制多维度的STS习题；三是倡导多样化的学习评价方式。

2)具体操作性化学教育经验总结

操作描述为主的化学教育实践活动是一种化学教育经验总结。它的特点是：分析典型事例，总结自己和别人的教学特点、教学程序和教学方法等，可以从中提取出教育教学的最好的路径和模仿操作。它主要是用来总结某一次化学教育教学的实践经验，详细总结某一次化学教育教学活动的活动过程、成果和感受，其中包括具体的教学内容，或某次活动(含课外活动)的内容、程序、方法甚至于某堂课的教法。

例如《基于学习任务分析和学情的教学设计——以苏教版必修1“氧化还原反应”为例》(载2014年《现代中小学教育》第9期)主要阐述了氧化还原反应的具体教学内容，也就是具体阐述了氧化还原反应的可操作性的教学实践。全文主要通过以下几点进行实践：

(1)注重学生已有的经验，增强电子的得失在氧化还原反应的学习中的重要性。

(2)建立氧化还原反应的概念，贯穿整个教学，提高教学效果。

(3)学习氧化还原反应的五组概念，深化教学，使学生进一步认识氧化还原反应。

(4)配合练习，巩固提高技能。

通过上例，不难理解，教学一线教师对具体操作性化学教育经验总结的内容总结这方面应是特别擅长的。

3)综合归类性化学教育经验总结

综合归类性化学教育经验总结将实践中具体教学经验通过综合分析，按照一定的逻辑关系进行分类，对化学教育中的经验或者事实进行思维加工的一种经验总结。它的主要特点是：不仅仅对化学教育的经验和事实进行具体、形象的阐述，而且对里面的许多原因进行分析，还重视探寻这些原因之间的关系，在探究中对许多现象和它们之间的内在关系进行总结性的描述。总的来说，它是总结某一类型或者某一方面化学教育教学活动的实践经验，和具体操作性化学教育经验总结相比，它不是某一次化学教育活动的实践经验，而是某类或某方面多次的化学教育教学活动中呈现出来的共同的特性。

例如《新课改背景下如何进行化学实验教学》(载2013年《中学教学参考》第35期)结合了作者多年的教学经验，提出一些实际的教学总结。

(1)目标的设定。教学目标不一样，使用的化学实验方式也不一样。①演示型实验：演示实验是教师运用规范的、合理的、标准的操作进行实验。教师必须要用严谨的态度对待演示实验，学生在老师演示实验时观察、学习老师良好的实验技能与习惯。②探究性实验：探究实验要以学生为中心，激励学生主动去探究、学习。探究性试验培养学生的思考能力与动手能力。探究实验中学生要自己根据猜想设计实验过程，然后自己做实验、观察现象，自己分析，培养科学探究的精神。

（2）精心准备实验。在化学学习中化学实验是学生最感兴趣的，也最能激发学生的学习兴趣。一个成功的化学实验能使学生的心理得到满足，学生的学习热情就会被点燃。如果是一个失败的实验，学生的热情就会被熄灭，之前对化学的幻想全部破灭，不利于学生对化学的学习。所以老师在进行实验教学前必须做好万全的准备，保证实验能成功，如果不慎实验失败了，教师也要准备一个预备方案。教师在实验中要保证实验的安全，实验事故不仅会对老师造成身体上的伤害，也会导致学生对化学实验产生害怕心理，从此拒绝做实验，学生还处于化学萌芽阶段，心理是比较脆弱的。

（3）善于引导和启迪思维，让学生观察到实验现象和获得本质认识。教师在进行实验教学时不仅要带领学生观察实验现象，更要引导学生将观察与分析、综合、假设、验证、判断、推理等思维活动相结合，才能让学生对客观事物有质的认识。

（4）充分利用演示实验，激发学生化学学习兴趣。演示实验是指教师在上课时把书上的实验演示一遍，它起着一个枢纽作用，将认识的主体和客体进行联系。教师需要一边实验操作一边引领学生观察实验现象，思考产生实验现象的原因。实验现象是很多化学概念和规律形成的基础。学生难以直接从生活中获取这部分知识，所以要更好地理解这部分知识，就必须通过实验。传统的"教师做实验，学生看实验"模式已经不能适应现代的教学了。现在必须要师生合作完成才能体现现在的教学理念。教师在进行演示实验时还要时刻注意引导学生观察、记录、分析、归纳总结、反思。甚至很多情况下，教师应该让学生积极参与、反复实验，加深对实验的印象，巩固对知识的理解。

（5）利用家庭小实验，延续学生化学学习兴趣。家庭小实验是对课堂上学习知识的补充和拓展。根据书本上所学知识，利用家庭生活中的一些物品来取代实验室化学仪器进行实验，不仅可以深化教学，丰富学生所学的知识，而且在学生自己动手设计、研究、思考的过程中可以激发学生对化学的兴趣，培养学生的探究能力、创新能力。

3.3.2　化学教育经验总结的要求和步骤

化学教育经验总结法是化学研究中的一个重要的研究方法。在研究时如何良好、正确地应用这种方法呢？下面我们从化学教育经验总结的要求和步骤来研究分析。

1. 化学教育经验总结的要求

1）总结对象应具有典型性和代表性

总结化学教育经验的对象应该有典型性和代表性，能够发现具有广泛性和巨大影响的问题，能够在化学教育改革中起重要的作用，加速教育改革的进步。尤其是对于抽象的概念性的化学教育经验，也要平衡总结对象的典型性和代表性，防止造成不良的影响和没必要的损失。

2）详尽占有事实材料，以客观事实为根据

事实经验是化学教育经验总结的主要凭证。化学教育经验总结首先要收集大量的事实材料，包括大量的现成的资料（例如教育教学过程的计划、演讲稿、教案、学案、听课记录、测试卷、课后作业等)，课堂内观察到的事实材料，研究员调查到的材料（例如教师的话语或者汇报的记录、录音，有关教研活动的记录和点评，学校的领导、老师、学生的反响等）。收集材料时要着重客观、完整、全面。然后，在实施化学教育经验总结法时，一定要严格遵守客观事实和采取实事求是的态度，不能掺杂主观情绪，带入个人情绪，避免暗箱操作，防止出现错误和偏差。根据教育、教学活动提供的事实材料，总结经验。其次，如果要提高化学教学经验总结的可信度，就要定性和定量并重，尽量地用数据分析来揭示研究的问题。一定要避免经验总结记录中惯性的对事实材料的表面描述而忽略定量的分析，在定量分析时要严格核对所有的数据，减少统计分析中出现误差和错误，以及出现胡编乱造数据、计算错误的现象。所以一定要将定性分析和定量分析相结合。

3）要正确区分现象与本质，得出规律性的理论

正确区分现象和本质，得出规律性的理论。为什么要进行化学教育经验总结呢？主要是为了从事实经验材料达到理论知识的飞跃，了解其内在的规律，用于指导实践的进行。在实施经验总结时，调查的对象来自不同的层次，收集到的材料也不相同，怎样从如此庞大的数据中，分析出哪些是表面现象，哪些是内在实质呢？这就需要摒弃自己的主观情绪和随便性，以及人为和环境干扰因素，得到对的符合客观规律的理论。

4）多方面考察，注意整体联系

化学教育经验总结一定要从多个角度考量，从事情发展的整体入手。现代教学形态复杂、多格局、多因素、多结构。整体观念的缺乏，就会导致整体与局部的关系得不到解决，收集到的证据也是支离破碎的，揭示不了教育内部的必然联系，普遍意义与典型价值就得不到体现。所以在总结教育、教学经验之前，必须要完全了解教育的外部联系与内在结构。外部联系就是教育与影响因素的相互制约与依赖；内在结构就是教育的每一个阶段都要统一步伐，合情合理。最后获得的教育经验才会对教育产生良好的效果。

2. 化学教育经验总结的步骤

普遍性、实践性、自然性、简单操作性、综合性是化学教育的特点，可以用不同的模式总结，在实施时也可以采取各种各样的形式，可以以个人为单位进行研究，也可以以集体为单位进行研究，总结时可以做个人经验总结，也可以做集体经验总结。总结时可以根据实际情况灵活应用，这里只给出大致的总结步骤，如何应用还是要看具体的实例。

1）准备工作

（1）关注先进的化学教育经验。

要做化学教育经验总结研究，首先要关注先进的化学教育经验。化学教育经验分为两种类型：一是教育行政部门或科研部门或学校，发现某群体或某教师的化学教育效果显著；二是某化学教师或某群体，感觉自己或者整个群体的化学教育工作开展得很好。

（2）确定化学教育经验总结课题。

获得了先进的化学教育经验之后，或许并不能马上做研究，可以先把所获得的信息先记录下来，等有时间的时候再把它拿出来。或许只是简单的几句先进化学教学经验，但经过精细的分析后也许会是有利于教学的结论。所以选对一个课题研究非常重要。

（3）阅读相关文献资料和制定总结计划。

确定化学教育经验总结的课题之后，要以这个课题为中心，收集、翻阅大量的相关材料，以及一些相关的方针政策、上级的文件指示、国内外研究动态等，为避免盲目摸索或重复已有的成果提供理论基础，可以提高研究的效率，避免白费功夫。在有这些内容的基础上，制定总结计划，就是对总结的过程进行构想和设计，但是要符合自身的条件和能力。总结计划应包括：总结的目的、任务和基本要求、工作进程的轮廓（即总结的起始、程序、实施、分析和综合）、设计具体总结的方法（若是集体总结，总结人员还要进行组织和分工）以及总结的验证等。计划要有可行性，不能天马行空、不切实际，而且对于可能会出现的情况要考虑周全，避免出现纰漏。

2）收集与化学教育经验总结相关的事实材料

文献资料收集完之后，还需要对化学教育经验总结的相关事实材料进行收集。如果是要总结别人的化学教育经验，那么收集的事实材料要围绕经验创造者相关的人物和事件，事实材料可以包括创造者自身在教学活动过程中的文字、录像、录音与实物资料，也可以是通过其他的方式获得的调查资料，例如是学校的领导和学生对教师教学的评价，评价必须是客观、有效的。做那么多现场观察和调查资源是为了防止经验创造者本身的事实材料不多，达不到研究的效果。

如果是对自己的化学教育经验总结，那么收集材料时就要围绕自己的教学思想、课堂教学设计和课堂教学程序的文字材料，要收集反映课堂教学效果评价的各种材料，要收集同事以及学生的反馈意见等材料。

3）分析相关的材料，归纳抽象出化学教育经验的规律

总结先进化学教育经验最重要的环节是分析和归纳。产生先进化学教育经验的基础是有足够的事实材料。但是如果只是单纯地进行材料的收集，不对事实材料进行条理化、系统化分析和归纳，那么就算拥有再多的材料也只是对它的表面进行分析，这样得出来的经验是没有意义和价值的，在化学教育实践中也不能取得什么成效。

分析和归纳的主要步骤为：①根据化学教育经验总结法的要求，筛选收集到的材料，分辨真假，提炼出精华，核实数据，对案例进行校正，尽量保证能够把总结对象完完全全地显示出来；②要认真分析事实材料本身拥有的普遍意义和社会效果，以求从现象出发，揭发具体事实的内在本质联系，从中分析出哪些是重要的，哪些是次要的，哪些是创新的，哪些还需要考量，初步综合分析后，得出比较可靠的依据；③要将总结的经验转化成为能够指导教育的理论，必须把分析和事实结合在一起。

一般经分析和归纳后，化学教育经验总结结论就出来了，也就是经验总结的过程完成了。但是经验总结是否具有可行性，还需要组织鉴证。通过鉴证，吸取不同的观点，听取不同意见，接受质疑、提问，集思广益，吸收真知灼见，然后进行修改补充，完善经验总结报告。完成这些程序后，经验总结的过程也就结束了，研究结果也就出来了。

4）撰写化学教育经验总结论文

撰写化学教育经验总结论文要依据客观的事实和教育理论，先构建一个总体框架。经

验总结论文要从事实出发，讲清经验的实质。

3.3.3 经验总结法案例

化学史教学案例——水分子中的化学史

1 水的组成元素的确定

疑问与反思：通过哪些实验能够确定水是由氢和氧两种元素组成的？

学生：氢气与氧气燃烧的实验，以及电解水的实验都可以证明水是由氢和氧两种元素组成的。

历史回眸：

1784 年英国化学家凯文迪许发现氢气与氧气化合生成水；

1800 年英国化学家尼科尔森电解水，在阴阳两极分别得到了氢气和氧气。

建立元素概念的艰难历程：

自古以来，人们一直认为水是组成世间万物的一种元素。例如：我国有“五行说”（金木水火土），古希腊有“四元素说”（水土气火）。英国的物理学家－化学家罗伯特·波义耳最先认识到这种物质观是错误的。早在 1661 年波义耳就指出物质由元素组成，元素应该是不能用化学方法再分解为更简单的物质的一种实物。但是这种观点真正被人们接受是在 100 多年以后，1784 年凯文迪许发现氢气与氧气化合生成水，1800 年尼科尔森电解水实验的成功，人们才认识到水不是一种元素，逐步接受波义耳的元素观念。

历史的启示：

为什么在我们现在看来，再简单不过的一种常识性的知识，其发展历程却如此漫长而艰辛？

学生：启示 1，要打破人们固有的认识是很困难的；启示 2，人的认识是随着科学的进步尤其是实验技术的提高而发展的。

2 水分子的确定

18 世纪末至 19 世纪初，化学从定性研究转向定量研究，人们试图弄清化学反应中各反应物、生成物之间量的关系，由此化学计算被引入化学研究中，人们发现了很多化学基本定律。这些定律的发现，对于人们认识物质的组成有着怎样的帮助呢？

2.1 化学计算的启示—近代原子学说的建立

疑问与反思：分析下面的计算，猜想科学家会从中发现哪些规律？

反应物甲质量 /g	反应物乙质量 /g	生成物丙质量 /g
30	16	46
60	32	92
15	8	23
10	5.33	15.33

学生：科学家会从中发现质量守恒定律。

教师：科学家不仅能从中发现质量守恒定律，而且还能发现各反应物与生成物之间质量比是恒定的。当时的科学家把这一定律称为当量定律。

教师：1803年道尔顿通过定量实验发现，碳的2种氧化物中碳与氧的质量比分别为5.4：7和5.4：14。同时发现与同质量的碳化合的氧的质量比为1：2。由此提出倍比定律：当2种元素化合生成1种以上的化合物时，与一定质量的某种元素化合的另1种元素的质量之间成简单整数比。为什么在不同的化合物中同一种元素的含量比恰好为正整数？为什么反应前后物质的质量会守恒？科学家在思考这些问题时可能对物质的组成产生怎样的认识？

学生：科学家可能认识到物质是由原子构成的。只有认识到物质是由原子构成的，质量守恒定律、倍比定律、当量定律才能成立。

历史回眸：

（1）原子学说的发展

早在公元前5世纪，希腊哲学家德莫克里特就认为万物是由大量不可分割的微粒构成的，并把这种微粒称为原子。在我国的思想家墨翟和他的学生们留下的《墨子》这部著作中，也能找到与原子学说接近的认识。“非半弗斫则不动，说在端。”意思是说物质到了没有一半的时候，就不能再分了，这种情形可称之为“端”。端与原子的含义很接近。但是这些都是哲学意义上的推想和臆测，没有实验依据。直到2000多年后，19世纪初由英国科学家道尔顿进行实验并通过严密的逻辑推理才建立起科学的原子论。其中质量守恒定律、倍比定律、当量定律的发现成为确立原子论的重要基石。

（2）道尔顿的原子学说

1803年10月，道尔顿第一次讲述了他的原子论。

①元素是由非常微小、不可再分的微粒——原子组成的，原子在一切化学变化中不可再分，并保持自己的独特性质。

②不同元素的原子质量和性质也各不相同。学生：科学家根据宏观物质之间的定量关系推测出物质是由微观的看不见的原子组成的，这种思维方法值得我们学习。

②道尔顿被世人称为近代化学之父，他是这样评价自己的：“如果我比我周围的人获得更多的成就的话，那主要—不，我可以说，几乎单纯地是由于不懈的努力。一些人比另一些人获得更多的成就，主要是他们对放在他们面前的问题比一般人更加专注和坚持，而不是由于他的天赋比别人高多少”。请谈一谈你的感想。

学生：我们没有想到这样伟大的科学家把成就归于勤奋和专注而不是天赋。

2.2 “分子”概念的建立及水分子组成的确定

历史回眸：

1805年法国化学家盖－吕萨克、德国自然科学家亚历山大·冯·洪堡特精确测定水的组成：他们用电火花点燃氢气和氧气的混合物，发现氢气、氧气、水蒸气的体积比永远是2：1：2。盖－吕萨克做了大量有关气体反应的实验，又归纳了其他化学家所做的气体实验得出规律：气体在相互化合时，参加反应的气体体积间呈一个简单的整数比。

盖－吕萨克认为由于化合时原子的整数比才导致体积的整数比，于是提出假说：在同温、同压下，相同体积的气体（无论是单质还是化合物）中含有相同数目的原子。盖－吕萨克认为这将是支持原子论的又一有力证据。然而最先反对这一假说的恰恰是道尔顿。道尔顿认为原子论与盖－吕萨克假说之间存在不可调和的矛盾。

疑问与反思：你认为原子论与盖－吕萨克假说之间存在怎样的矛盾？

事实：2 体积氢气 +1 体积氧气 ×2 体积水蒸气推理想象：2 个氢气原子与 1 个氧气原子如何形成 2 个水原子？

矛盾：要想生成 2 个水原子，必须将 1 个氧气原子分为两半，配到两个“水原子”中，这与原子不可分割的观点是对立的。

矛盾的解决——阿伏伽德罗定律的产生：

1811 年意大利科学家阿伏伽德罗为了合理解释道尔顿原子论与盖－吕萨克气体简比定律的矛盾，提出了分子的概念，纠正了盖－吕萨克假说的谬误之处。阿伏伽德罗指出：在同温、同压下，相同体积的气体（无论是单质还是化合物）中含有相同数目的分子。阿伏伽德罗认为简单气体的分子由 2 个原子构成。

学生活动：

依据阿伏伽德罗定律确定水的分子式：$2H_2+O_2=2H_2O$。

3　水的相对分子质量的测定

3.1　道尔顿的对与错

道尔顿的原子论认为，每一种元素的原子都具有一定的质量。他是化学史上第一个测定原子量的人。他是怎样测定的呢？以水为例：他首先把氢原子的相对质量定为 1，作为比较其他元素原子相对质量的基础。根据水的质量组成分析结果（拉瓦锡测得）氢占 15%，氧占 85% 进行计算：

假设氧的相对质量为 X，$15:85=1:X$，计算得 $X=5.5$，因此水的相对质量为：$1+5.5=6.5$。

疑问与反思 1：为什么科学家不直接测定原子的质量？对比人们将 6.02×10^{23} 个微粒的集体定为 1mol，道尔顿把氢原子的相对质量定为 1，你认为二者在思想方法上有何共同之处？

学生：原子看不见摸不着，质量微小无法直接测定，将氢原子的相对质量定为 1，作为比较其他元素原子相对质量的基础，这是采用了化小为大的方法。

疑问与反思 2：道尔顿的计算思路正确吗？具体计算错在那儿？

学生：道尔顿错误的根本原因在于，他武断地认为水分子就是由 1 个氧原子和 1 个氢原子构成的。

教师：正因为道尔顿不接受阿伏伽德罗定律，将原子和分子混为一谈，导致水乃至很多物质的化学式、元素的相对原子质量长期处于混乱状态。由此可见阿伏伽德罗定律对确定物质组成、元素的相对原子质量具有重大意义。

3.2　依据阿伏伽德罗定律测定水的相对分子质量

学生活动：

疑问与反思：阿伏伽德罗认为，只要把水变为气体并测定其比重就能计算出水的相对质量了。你认为对吗？为什么？

学生：根据阿伏伽德罗定律可推知，同温、同压下，气体的密度比等于气体分子的相对质量比，因此2（氢气的相对质量）：水分子的相对质量＝氢气比重：水蒸气比重，只要测出氢气、水蒸气的比重就能计算出水分子的相对质量了。

历史回眸：被漠视了半个世纪的分子学说。

阿伏伽德罗的分子假说发表后，遭到了当时学者们的冷遇和漠视，给原子量的测定、物质化学式的确定以及很多研究工作带来了困难和混乱。一个原因是在当时的条件下，阿伏伽德罗不能为这一假说提供充分的实验证据。另一个原因是，当时化学界的两大权威，道尔顿和贝采里乌斯反对阿伏伽德罗的分子假说，很多学者因为迷信权威也站在了反对分子假说的立场上。直到半个世纪以后，化学界为了澄清原子量、化学式等的混乱局面，于1860年3日至5日在德国卡尔斯鲁厄举行了国际化学家代表大会，意大利科学家康尼查罗在会上重新论证并最终确立了阿伏伽德罗分子学说的正确性。

历史的启示：

你认为元素周期律的出现与阿伏伽德罗的分子假说有何关系？

学生：如果没有阿伏伽德罗的分子假说，人们就不可能获得正确的元素的相对原子质量数据，就不可能有门捷列夫的周期律。

4　水分子的结构

学生活动：请你来延续历史。

当人们已经明确水分子的组成后，你认为接下来人们会研究水分子的哪些方面的问题？

学生：氢、氧2种原子是如何结合成为水分子的？为什么氢、氧2种原子的比例一定是2∶1？水分子具有怎样的结构？

教师：同学们思考的问题也正是历史上科学家们研究的问题，我们将在物质结构模块中学习相关的内容。

5　课后感言

这是一节超出课程要求的额外的课，如果课时紧张，我们可以不讲这堂课，如果单纯考虑化学知识的多少，我们也可以放弃这堂课，然而我们始终抑制不住内心的冲动，一定要给学生上这堂课，是因为我们不想过于功利地看待化学教学，我们想尝试着改变概念原理就是解题工具的现状，哪怕是些微小的改变。让学生从题海中抬起头，用更深邃的眼光透视那些熟悉的概念原理，探寻它们的价值和意义是比学习原理本身更为重要的。

（本文选自徐敏、刘春生《化学教育》2009年第6期73~75页，略有修改。）

3.4 内容分析法

3.4.1 内容分析法概述

1. 内容分析的起源与定义

内容分析法是一种对现存资料分析研究并得出结论的科学研究方法。追溯到17世纪，最早的内容分析法是教会在早期诠释学（如圣经注解）语境下展开的文本分析。当时教会通过关注非宗教思想在报刊上的传播进行神学研究，对早期报纸的内容进行了系统考察，而内容分析法也因此得到了关注和传播。据可靠资料显示，最早的量化分析大概出现在18世纪斯堪的纳维亚，如瑞典。18世纪中叶，瑞典宗教界和学术界引发了一场关于宗教赞美诗集的教义之争。国教牧师约翰·昆布雷斯运用词语类目计量的分析方法，建立内容分类，其中蕴含了量化内容分析的萌芽。

早期的内容分析主要运用于核实与推断历史文件。在“二战”期间，盟军情报部门通过监听欧洲广播电台播放的流行歌曲的数量和类型，然后运用内容分析法比较德国电台和被占领的欧洲地区的其他电台播放的音乐，由此可知陆军注意力变化。意识到内容分析在获取情报上的优势，拉斯韦尔倡导美国情报局利用公开的文献情报来发掘所要的信息。美国国会图书馆组织展开了一项名为“战时传播研究”的活动，把德国公开发行的报纸作为分析对象，通过对其内容的分析和研究，摸清了德国社会的基本情况，并提炼出了许多军政情报。在此过程中，拉斯韦尔重点探讨了抽样、测量、类目、信度、效度等问题，使内容分析这一技巧发展得更加成熟。20世纪60年代后内容分析开始进入美国各大学的传播学、政治学和社会学课堂。

随着内容分析法的不断完善、成熟，其应用范围不断拓展，包括文学、历史、传播学、情报学、教育学、心理学等。内容分析法是对文本内容进行客观的、系统的定量分析的方法。通过建立有意义的类目，分解庞大的文本，将文本所隐藏的信息结构化，并运用事先确定好的程序将文本转化为定量的数据，揭示文本内隐藏的文字信息，达到研究目的。此处的文本含义宽泛，可以是书籍、报纸、会议纪要、信件、日记、网页，也可以是谈话、采访记录、影视作品、音乐、艺术作品，还可以是法律条文和宪章等，几乎无所不包。只要文本形式固定，允许研究者细读详查，就可以运用内容分析法研究。

2. 内容分析的适用范围

内容分析法的适用范围十分广泛，就其研究材料性质而言，它既适用于文字记录形态的材料，如书信、档案等，又适用于非文字记录形态的材料，如影音视频、演讲记录等。

内容分析法十分适用于处理数量庞大的文本，在图书情报工作有着举足轻重的作用。该方法对文本的处理不受时空的限制，研究者无论在何时何地，都能通过文本进行内容分析，如“法国流行小说比美国流行小说更关注爱情吗”“80年代的法国流行乐比同期的英国的流行乐表现得更愤世嫉俗吗”。甚至可以进行历史测谎，以唐代某首诗是否为杜甫所作为例，内容分析法可以收集同时期杜甫所作的所有诗词，分析其诗词风格、写作手法，然后推测出这首诗为杜甫所作的概率。

这种对文本的细致研究有助于发现随意观察文本时难以发现的信息。例如，一般情况下，对学龄前儿童读物的解读只停留在内容具有哪些方面的启示上。1972年，威茨曼对前五年美国的几个杰出作家出版的儿童读物进行了抽样分析，发现书籍中以男性为主教和以女性为主教的比例约为7：2，且男性通常以英雄的角色出现，女性通常扮演被帮助者的角色。研究者由此发现，读物在儿童还未进入小学时就向他们灌输男女有别、女不如男的思想。

在教育学领域中，内容分析法经常运用于趋势预测、比较分析、意向分析。

（1）趋势分析　通过对同一对象不同时期的文本资料进行量化分析，可以发现某种思想观念的发展过程、规律和趋势。例如，对近30年的高中化学教科书内容、模块的研究，可以获得不同时期化学教育的思想变化，并预测化学教科书的修订走向。

（2）比较分析　对同一中心问题但是来源或对象不同的内容资料进行量化比较分析，以获得研究对象的特点。例如，对同一课程内容，不同性别、年龄、教龄、教学风格的教师，会给出不同的教学设计。通过对这些材料进行比较分析，从而得出教案的优劣。

（3）意向分析　对某一对象在不同问题或不同场合上表现出来的内容资料进行分析，以发现其意向或特征。教师与学生相处时间比较长，参与了学生大部分的校园生活，运用内容分析法分析学生资料，有助于教师进一步了解学生，然后给学生提供相应的帮助。

内容分析法的适用范围虽然较为广泛，但也要求被操作的内容具有能重复操作、能被体验、有意义、可以直接理解等特点。不具备这些特点的文本或材料，或者过于深层的内容，不适于采用内容分析进行研究，因为研究结果的信度、效度无法保证。

3.4.2　内容分析法的特征

系统性、客观性、定量性是内容分析法最直观的特征。在研究过程中按预先制定好的分析类目对内容进行判断、记录、分析，以特定的表格形式呈现，并根据客观事实再作出分析描述，其分析结果可以用某种数学关系来表述。

1. 系统性

系统性包括样本选择的系统性和样本处理的系统性等。样本选择的系统性是指内容分析是系统的，内容和类目的选择和剔除不是主观随意的，而是严格按照清晰一致的规则来完成的。类目的建构必须符合一般准则，要使所有相关内容都被分析，而非只是含所涉内容的某些方面或对所涉内容有一定主观偏向的纳入，避免研究者对刻意拣选出支持其研究假设的材料进行选择性分析。样本的处理也具有系统性，所有被考察的内容必须以完全相同的方式来对待，即要求研究者要始终如一地运用相同规则处理一切被纳入的样本。研究过程中若只有编码指南，那么该编码指南应涵盖研究问题的方方面面，能够适用于被分析的所有内容，而且所有研究者都必须遵守，并始终贯穿于被界定的文本的所有部分。整个研究要在严谨的设计基础之上制作出详细的计划，并严格按照计划进行，确保能获取所提出的研究问题或假设的数据。研究者要高度关注研究结果的信度和效度，确保分析结论与数据收集的分析单位处于同一层次上。

2. 客观性

内容分析的客观性是这种科学研究方法被广为认可的原因，也有学者认为在实际研究中用“主题间性”这一术语表示更为贴切，这在质化内容分析中体现得较为明显。研究者不应该将个人的事前预设和主观偏向带入研究中，研究的起点不是求证某物或某一观点，而是依照已经明确的规则对数据作出分析判断，从而得出结论。研究所得出的数据，无论属于支持还是与研究者主观立场处于对立面，都应被无偏袒地收集。研究结果受制于研究过程而不是研究者，应建立一套清晰且能全面解释样本和种类方法的标准、程序，使其他研究者在重复同样的研究过程时能作出同样的决定，产生相同或相近的结果，获得可靠的信度系数，即研究结果的可复制性。

3. 量化性

量化性，即研究结果是以数字形式精确地再现信息主体，其实现方式是将文本按照规则转换为数字。量化分析的目标就是“对关键类目计数，并测量其他变量的数量”。数字是一种很有力的证据，很多时候要比“估计”“大概”等词精确得多。比如“百分之四十六”和“60 次中的 53 次”等这描述，所呈现的信息要比“不到一半”“几乎总是”这样的描述更精准。量化的另一个优势是，统计方法提供了一套较完善的工具，不但可以精准、简洁地总结分析结果，而且数据本身也是证据，有助于提高研究者对成因加以解释和推断的质量。

3.4.3　内容分析法的一般步骤（见图 3–1）

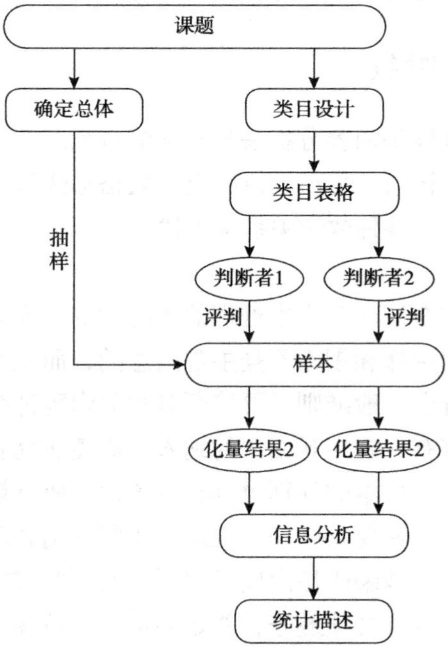

图 3–1　内容分析法的一般步骤

1. 确定研究目标

研究者在实施内容分析研究前，首先要预备可验证的研究问题或研究假设，这是研究设计的起跑线，是研究设计是否成功的关键环节。当研究问题或研究假设十分明确时，“量化内容分析才是最有效率的”。有目的地开展一项内容分析研究时，通常会先做一些探索性考察，这种考察有助于完善最初的研究问题。而提出研究假设，也能帮助研究者高效地圈定开展研究所必须获得的资料范围。虽然内容分析的研究目标重发现、轻验证，但提出恰当的一般性研究问题作研究向导的情况在实践中也常常出现。研究者可以借用质化研究的路径，在研究的具体分析过程中，重新调整或引入新的研究问题，这是一个不断扎根的过程。没有预先提出研究假设或研究问题的内容分析，其多为探索性研究，在具体分析中常使用偏向质性的浮现式编码。

2. 界定总体和选取样本

在研究问题的指导下，研究者首先需要界定传播内容总体和抽样单位。总体的界定可以围绕“哪些文本可以反映研究问题”“文本与研究问题之间的关联度如何”“文本自身有何局限”等问题展开思考。在资料收集过程中要把握总体的完整性和特殊性，然后根据一定的方法从总体中选取样本。常用的抽样方法有来源抽样、日期抽样、单元抽样等。来源抽样即对资料来源的抽样，如选取什么样的报告、杂志、书本、教师；日期抽样即选取某段时间的资料，如要分析某种教育思想的发展规律，需要对该思想近几十年有关刊物著作进行内容分析；单元抽样，就是确定抽取资料中的某一部分作为研究对象，可能是整份、一篇或段落，如选择怎样的报刊、杂志、教育电视节目、书本、演讲、学生作业等。抽样方法的选择应结合实际情形考虑，通常不是孤立使用某种抽样方法，而是将几种抽样方法融会贯通。

3. 分析单位与类目的确定

类目是根据研究假设的需要，对内容进行分类的项目，分析单位是指内容分析时进行评判的最小单位。类目的确定是内容分析中最关键的步骤，是联系理论与实际操作的一座桥梁。一项出色的类目是整个内容分析研究中的焦点所在，而拙劣的类目建构则可能导致整个内容分析平庸、流于表面，甚至毫无意义。分析单元的确定是指预先制定的类目表格，按分析单位进行系统判断和记录类目表现的客观事实，分析类目表由分析单位和类目两个部分组成。

类目的形成可以是参考或沿用传统的理论与经验设计，也可以由研究者依据研究假设进行设计，操作顺序为研究者根据确定的研究目标制定内容分类的标准，再依据分类标准，列出相应的类目，也称分类项目。类目设计需遵守下列基本原则：

（1）类目必须预先制定好，不能一边分析，一边修改；

（2）类目不能交叉、重复；

（3）分类方法要使每一个分类单元都有不同的内容。

4. 实施操作阶段

内容分析的类目体系建构完成之后，就进入到了内容分析的实施操作阶段——评判记录，即在编码指南的指导下完成编码这一程序。编码实际上只是类目体系的一种形式转化，即研究者按照已制定好的类目表格，按分析单位顺序，进行评判记录工作，在表中记录各类目出现的客观事实和频数。

评判的一般原则：

（1）评判只能记录某类目的有或无、是与否、大或小、宽或窄等明显的客观事实，避免带入主观的、价值性的词语，如用美与丑、善与恶等来对内容作出判断。

（2）对于相同内容类目的评判，至少需要两个或两个以上的评判员进行评判记录。

（3）对于某分析类目的出现频数，只需按照分析单位，依次在相关栏目中以"√"作记号进行记录。

（4）对于具有评论成分的材料，可以用特殊符号记号。例如含褒义或肯定性的内容用"+"符号记录，对具有贬义或否定性的内容则用"—"符号记录。

5. 信度测试

内容分析是否真实有效除了取决于变量的识别、类目的建构和编码方案制定的科学性外，还与编码员即评判员有关。评判员对类目建构和文本内容的理解程度与实验结果的信度也密不可分。因此，评判员的培训在内容分析中是一个重要的部分，进行编码员间的信度测试也是不可或缺的。

在操作中经常选择部分样本让评判员做试点评判，再计算评判员间的信度系数。如果评判员间的信度系数在可接受的范围之内，则认为评判员对样本的理解一致性较高，可以进行正式编码；反之，则要进行再次培训，直至试点评判结果一致性落在可接受区间。评判员间的一致性越高，则内容分析结果的可信度也越高；反之，则内容分析结果的可信度越低。

6. 数据分析与报告

当文本以编码形式记录后，就要运用分析概念和具体方法来处理编码所获得的数据，以定量的方式对统计结果进行描述。定量分析除了使用描述性方法，如频数、百分比、平均值和方差等，也会选择推断性统计方法，如卡方检验、T 检验、方差分析和回归分析等，利用计算机及相关数据处理软件来提高数据分析的效率。在定量的基础上，辅以定性方法进行数据的深入分析和推断，揭示数据隐含的意义，得出关于对象的趋势或特征、异同点等方面的结论。

3.4.4 内容分析法的优缺点

内容分析法与其他研究方法的最根本的区别在于其数据是由传播实践中获取的，它的目的在于揭示已经存在的事实。因此，内容分析法被广泛运用于收集、分析数据领域。

1. 内容分析法的优点

（1）可行性　内容分析法是科学研究方法中唯一不受时间和空间限制的方法，只要获得了文本，研究者能在任意时间和地点从事分析工作。内容分析法应用主题广泛，且研究过程不需要购买特殊装备，不用大批幕僚人员。这种适用范围广泛、方便、经济的研究方法，对于预算吃紧的研究者来说是一种可行性较高的研究方法。

（2）非介入性　内容分析法是对已存在的文本的分析研究，是一种非介入性的研究方法。在运用访谈、问卷、控制实验等其他科学研究方法时，研究者在接触研究主体时，不可避免地会对其造成一定影响，从而影响测量结果。而内容分析法则避免了这一点，在研究开始前，研究对象均已形成，研究者不与研究对象直接接触，双方不产生互动，相互影响也就不存在了。

（3）客观性　研究结果的信度很大程度上依赖类目和编码的建构。研究者根据已经设定好的程序有计划地进行研究，研究结果不容易被研究者的态度左右。信度高的类目和编码可以使任意研究者对同一文本分析都能得到同样的结果，这一特点也十分利于计算机模拟与处理，大大提高了数据处理的速率。研究者也可以利用这一特性，对所建立的类目和编码的信度进行检验。

（4）定性与定量相结合　内容分析法对语境具有敏感性，内容分析法以定性研究为前提，承认数据的文本性，允许研究者针对有意义的或典型性的数据进行处理，使研究者对材料有着更准确、更全面的认识，从而获得完整的文本，再将其转化为可测量的数据，得出科学、理性、符合事实的结论。

2. 内容分析法的缺点

内容分析法在处理明确的、显性的媒介内容上有优势，但在处理意识形态、价值观念、意义这些含义精妙的材料上较为薄弱。在一些似是而非、琢磨不定的文本上，如何取舍没有明确的规定，研究者往往需要运用有限的文献，推测无限的可能，在这个过程中很难不掺杂研究者的个人倾向。内容分析法的信度虽受制于类目和编码，研究者通过类目和编码所映射的内容进行推理，但类目和编码也是由研究者所编写，且分析单位也是无法穷尽的，因此类目和编码在一定程度上也是主观的。

3.4.5　内容分析法案例

改革开放以来我国初中化学教科书中物质结构内容的演变研究

本研究从另一历史发展角度选择一特定时段，对改革开放以来我国初中化学教科书中物质结构内容的演变进行实证研究，以期获得化学教科书发展的规律和特点，而且以新旧教材对比为切入点研究，利于课程理念向教学实践的转化，提高教学质量，促进化学新课程的实施。

1　研究对象与方法

1.1　研究对象

本研究对象是改革开放以来我国人民教育出版社出版的初中化学教科书，即1978版、1982版、1995版大纲教科书和2001版新课标教科书。

物质结构内容是化学基本概念理论的重要组成部分。物质结构的基本概念包括：在物质及其组成的基础上，进一步抽象，从微观结构揭示物质的结构。物质结构的概念有分子、原子、离子、中子、质子、电子、原子、原子结构、分子结构、晶体结构、化学键、同位素、同素异形现象、同分异构现象等。而原子量和分子量、分子式和元素符号、化合价分别归属于化学量、化学用语、物质性质的概念。物质结构的基本理论包括分子和原子、原子的组成、核外电子排布的初步知识、核外电子分层排布的规律、分子的形成、离子化合物、共价化合物、原子核、核外电子运动状态、电子云、电子层等。

综上，可确定各版初中化学教科书中出现的物质结构内容见表1。

表1　教科书中物质结构的内容

版本	物质结构初步知识	章（节）
1978版	分子	1（4）
	原子	1（5）
	元素	1（6）
	核外电子排布	2（4）
	分子的形成	2（5）
	离子	2（5）
1982版	分子	1（4）
	原子	1（5）
	元素	1（6）
	原子团	2（2）
	核外电子排布	2（4）
	离子化合物和共价化合物	2（5）
	同素异形现象	3（1）
1995版	分子	2（1）
	原子	2（2）
	元素	2（3）
	核外电子排布	3（5）
	离子	3（5）
	离子化合物和共价化合物	3（5）
2001版	分子	2（2）
	原子	2（2）
	原子的构成	3（1）
	元素	3（2）
	核外电子排布	3（3）
	离子	3（3）

1.2　研究方法

本研究主要采用文献分析法、内容分析法、数据统计法，从内容选择（广度、深度）、内容组织（编排）、内容呈现（栏目、插图、习题）三个方面在内容维度上对改革开放以来我国人教版初中化学4套教科书中物质结构内容进行定性和定量相结合的研究，以期得出具有一定价值的结论。

2　结果与分析

2.1　物质结构内容选择的演变

2.1.1　内容广度（G）

课程内容广度是指课程所涉及的范围和领域的广泛程度，通常用“知识点”来量化。本文参照不同时期的教学大纲，再根据4套化学教科书中物质结构内容涵盖的“知识点”数量，确定其内容广度分别为：$G_{1978}=11$，$G_{1982}=13$，$G_{1995}=9$，$G_{2001}=9$（详见表2）。

2.1.2　内容深度（S）

课程内容深度泛指课程内容所需要的思维深度，它涉及概念的抽象程度以及概念之间的关联程度，还涉及课程内容的推理与运算步骤。因此，课程深度可通过相应课程目标的不同要求用加权平均来刻画。本研究针对课程内容教学要求的不同，分别赋值予以量化，即依据教学大纲、教师教学用书中对具体内容学习目标的不同要求，对课程内容的深度进行赋值，然后求其平均值。

依据教学大纲对教学要求的说明，将知识按照学生的认识水平，并参照有关知识在初中化学教学中的重要程度，从低到高依次分为常识性介绍、了解、理解和掌握四个层次，深度赋值分别为1、2、3、4，对实验技能的教学要求分为练习和初步学会两个层次，深度赋值分别为1、2。

基于以上赋值，计算4个版本初中化学教科书中物质结构的内容深度为：$S_{1978}=2.82$，$S_{1982}=2.62$，$S_{1995}=2.11$，$S_{2001}=1.56$（详见表2）。

表2　教科书中物质结构的内容广度、深度

1978版	1982版	1995版	2001版
分子：4 原子：4 原子的组成：4 元素：3 元素的游离态和化合态：1 氢原子的电子云：2 电子层：2 最外电子层的稳定结构：2 H到K元素的电子层排布：4 离子：1 离子化合物、共价化合物：4 $G_{1978}=11$ $S_{1978}=2.82$	分子：4 原子：4 原子的组成：4 元素：3 元素的游离态和化合态：1 原子团：1 氢原子的电子云：2 电子层：2 最外电子层的稳定结构：2 H到K元素的电子层排布：4 离子：1 离子化合物、共价化合物：4 同素异形现象：2 $G_{1982}=13$ $S_{1982}=2.62$	分子：4 原子：4 人类认识原子和分子的简史 * 原子的构成：2 元素：2 核外电子排布的初步知识：2 原子结构示意图：2 离子：1 离子化合物和共价化合物：1 原子团：1 $G_{1995}=9$ $S_{1995}=2.11$	分子：2 原子：2 人类认识原子和分子的简史 * 原子的构成：2 元素：2 核外电子排布的初步知识：1 原子结构示意图：1 离子：2 NaCl、HCl的形成：1 原子团：1 $G_{2001}=9$ $S_{2001}=1.56$

注：“*”表示选学内容，不计入深、广度中知识点的分析。

由表2可知：

教科书中物质结构的内容广度先增大后减小。1982 版在 1978 版的基础上增加了原子团、同素异形现象两个知识点，1995 版在 1982 版的基础上删除了元素的游离态和化合态及同素异形现象两个知识点，2001 版在 1995 版的基础上将离子化合物和共价化合物知识改为 NaCl、HCl 的形成。而教科书中物质结构的内容深度随版本更新而逐步降低。

2.2 物质结构内容组织的演变

为了方便对 4 个版本教科书中物质结构内容的编排进行对比分析，将各版教科书中物质结构内容的编排顺序列表如表 3 所示。

表 3 教科书中物质结构的内容编排

1978 版	1982 版	1995 版	2001 版
绪言 第一章 氧 分子和原子 一 空气 二 氧气的性质和用途 三 氧气的制法 四 **分子** 五 **原子** 原子量 六 **元素** 元素符号 七 分子式 分子量 八 化学方程式 第二章 氢分子的形成 一 水的成分 二 氢气的实验室制法 三 氢气的性质和用途 四 **核外电子排布的初步知识** 五 **分子的形成** 六 化合价 七 化合价与分子式 八 根据化学方程式的计算	绪言 第一章 氧 分子和原子 一 空气 二 氧气的性质和用途 三 氧气的制法 四 **分子** 五 **原子** 原子量 六 **元素** 元素符号 七 分子式 分子量 八 化学方程式 第二章 氢分子的形成 一 水的成分 二 氢气的实验室制法 三 氢气的性质和用途 四 **核外电子排布的初步知识** 五 **离子化合物和共价化合物** 六 化合价 七 化合价与分子式 八 根据化学方程式的计算 第三章 碳 一 金刚石和石墨 **同素异形现象**	绪言 第一章 空气 氧 一 空气 二 氧气的性质和用途 三 氧气的制法 四 燃烧和缓慢氧化 第二章 分子和原子 一 **分子** 二 **原子** 三 **元素** 元素符号 四 化学式 式量 第三章 水 氢 一 水是人类宝贵的自然资源 二 水的组成 三 氢气的实验室制法 四 氢气的性质和用途 五 **核外电子排布的初步知识** 六 化合价	第一单元 走进化学世界 1 化学使世界变得更加绚丽多彩 2 化学是一门以实验为基础的科学 3 走进化学实验室 第二单元 我们周围的空气 1 空气 2 氧气 3 制取氧气 第三单元 自然界的水 1 水的组成 2 **分子和原子** 3 水的净化 4 爱护水资源 第四单元 物质构成的奥秘 1 **原子的构成** 2 **元素** 3 **离子** 4 化学式与化合价

注：黑体字为物质结构的内容章节。

2.3 物质结构内容呈现的演变

2.3.1 教科书栏目

栏目是教科书的重要组成部分。根据教科书栏目内容的性质，大致把教科书栏目分为三种，即活动性栏目、方法性栏目和资料性栏目。4个版本教科书栏目设置情况统计见表4。

表 4 教科书中物质结构的栏目

版本	栏目类型	栏目	出现频次	总计	百分比 /%
1978 版	活动性栏目	实验	1	1	100
1982 版	活动性栏目	实验 讨论	1 1	2	100

续表

版本	栏目类型	栏目	出现频次	总计		百分比 /%
1995 版	活动性栏目	实验	1	4	6	66.67
		讨论	2			
		家庭小实验	1			
	资料性栏目	选学	2	2		33.33
2001 版	活动性栏目	实验	1	6	11	54.54
		讨论	2			
		家庭小实验	1			
		活动与探究	2			
	方法性栏目	学完本课题你应该知道	4	4		36.36
	资料性栏目	资料	1	1		9.10

由表 4 可知：

（1）教科书栏目类型越来越多。1978 版和 1982 版只有活动性栏目，1995 版在 1982 版的基础上增加了资料性栏目，2001 版在 1995 版的基础上又增加了方法性栏目。

（2）活动性栏目的形式越来越多样化。1978 版活动栏目的形式只有实验一种，1982 版有实验和讨论两种，1995 版有实验、讨论和家庭小实验三种，2001 版有实验、讨论、小实验和活动探究四种，呈现逐年递增的趋势。

（3）教科书栏目的出现频次越来越多。

2.3.2 教科书插图

参阅已有的化学教科书插图研究，按表现形式把初中化学教科书中的插图分为图片和表格两类。其中图片包括章图、实验图、微观或原理模拟图、知识点结构图、实物图及其他等，表格可以分为实验探究表格和知识点表格两类。章图是指在教科书章节之前引入内容的插图；实验图包括实验现象图、实验装置图、操作示意图等；微观或原理模拟图反映的是化学微观反应过程或原理模拟；知识点结构图是反映知识点的联系、区别的图画；实物图及其他包括肖像图、照片以及直接反映生产生活的绘画等。4 个版本教科书插图类型的分类统计见表 5。

表 5　教科书中物质结构的插图

项　目		1978 版		1982 版		1995 版		2001 版	
插图总数量		11		11		13		19	
图片	实验图	1	8（72.7%）	1	8（72.7%）	3	12（92.3%）	1	16（84.2%）
	微观或原理模拟图	4		4		4		9	
	知识点结构图	1		1		2		2	
	实物图及其他	2		2		3		4	
表格	知识点	3（27.3%）		3（27.3%）		1（7.7%）		3（15.8%）	

由表 5 可知：

（1）1978 版和 1982 版插图总数、图片和表格的数量完全一样。之后 2 个版本插图总数和图片的数量随版本更新逐渐增多。

（2）1995 版实验图、知识点结构图以及实物图都在 1982 版的基础上有所增加。而 2001 版实验图却在 1995 版的基础上有所下降。究其原因，2001 版中实验操作、实验现象等图大部分被特殊实物图（表明实验操作、现象的照片）所代替，即可划归为实物图。

（3）知识表格在 1995 版中运用得较少，但在 2001 版中又再次加大了比例。

2.3.3　教科书习题

对 4 个版本教科书物质结构内容习题数进行统计分析，见表 6。

表 6　教科书中物质结构的习题

版本	习题类型	习题数量	习题总数	百分比 /%
1978 版	简答题	11	11	100
1982 版	简答题	11	15	73.3
	选择题	1		6.7
	判断题	2		13.3
	图表题	1		6.7
1995 版	简答题	5	13	38.4
	选择题	2		15.4
	判断题	3		23.1
	填空题	3		23.1
2001 版	简答题	4	11	36.4
	选择题	4		36.4
	判断题	1		9.1
	填空题	2		18.1

由表 6 可知：

（1）1978 版习题题型单一，仅为简答题；1982 版习题题型相对较多，但仍以简答题为主；1995 版和 2001 版习题题型相同，但各题型数量和比例有所改变，简答题数量及所占比例显著下降。

（2）习题总数随版本更新呈先增大后减小的趋势。

（本文选自张世勇、何燕《现代中小学教育》2014 年第 1 期 24~28 页，略有修改。）

3.5　文献法

3.5.1　文献法的概述

文献是指人类将前人所研究的成果用文字、图片、音频、视频等方法记录下来的有价值的典籍。不仅包括各种手稿、图书、期刊、学位论文、会议记录、科学报告、档案等常见的纸面印刷品，也包括含实物形态在内的各种材料，如影片、录音录像、磁带、幻灯片及缩微胶片等。

文献法是指收集、鉴别、整理文献，并通过对文献的研究，形成对事实的科学认识的方法。文献检索则是从文献中迅速准确地查找出所需情报的一种方法和程序。

3.5.2　文献法的特点

1. 信息获取广泛

文献法的研究可以突破时间和空间上的局限，研究者不仅能够通过书籍、期刊等来获取所需要的资料，也可以通过上网查阅来获取所研究问题的最新资讯和材料。

2. 真实性强、可靠性高

与问卷调查和访谈法相比，文献法的信度更高，真实性更强。与访谈法相比，在访谈过程中当研究对象知道参与研究时，会产生心理效应，表现出异于平时的反应和行为，影响研究结果。而文献法是从现有的文献出发，不需要研究对象直接参与研究情境，因而不受心理因素的干扰，可靠性更大。另外，与调查法一样，文献法也有较大的样本，可靠性较大。

3. 费用低、操作简单

与访谈法、实地调查法等直接调查的方法相比，文献法更为简单、自由，不受研究对象、场所、情境等各种因素的影响。文献收集的地点主要集中在图书馆、资料室、档案馆等，因此，收集文献比问卷调查、实验、访谈等方法更为节约时间、精力和经费。

3.5.3　文献法的意义与作用

文献法是科学研究中最基本的研究方法。在教育科学的研究过程中，首先要充分了解该领域的相关资料，了解有关的科研动态、发展前沿，还要吸收和借鉴相关的文献资料，为所研究的方向提供思路。文献法在科学研究中有着不可替代的地位，对于科学研究者来说，从选题、初步调查、研究课题，到制定研究计划、进行研究，最后形成研究报告或成果，都离不开文献法。

（1）帮助研究者确定研究方向。文献法可以帮助研究者在确定研究课题时，了解前人已经发现的问题和研究现状，进行比较和分析，发现所研究课题的矛盾所在，帮助研究者确定研究的方向。

（2）帮助研究者了解课题的全貌，掌握研究的前沿。研究者在初步确定课题后，广泛收集该课题的历史、现状、动态，迅速掌握理论前沿。整理之后，提出新观点、寻找新方法、发现新规律，以便进行深入研究。

（3）论证当前课题的可行性和创新性。在确定课题前，对课题的可行性和预期效果进行论证。对相关文献进行筛选分析，对所研究课题的创新性、可行性进行对比分析，为后续工作提供依据。

（4）为当前的课题提供有参考价值的研究思想和方法。通过大量的文献检索，研究者会发现对同一研究课题在某一时期会进行相类似的研究方法，以此证明课题研究方法是否可行。

（5）提高科学研究的效率。文献法是在前人的成果上进行分析，节约了时间，避免了重复劳动。

3.5.4 文献的分类

文献的存在形式纷繁多样，按照不同的分类标准，文献的分类也不同。

1. 按照文献的载体分类

1）印刷型文献

印刷型文献是一种传统型文献，时至今日依旧占据文献类型的主导地位，以纸张作为载体，包括手写稿和印刷稿、非正式出版物和正式出版物。印刷型文献用途广泛、读取方便，但是它所占据的空间较大，储存困难，而且十分笨重，不够灵活。

2）缩微型文献

缩微型文献是由缩微照相记录为手段而产生的，以缩微胶片为载体，以光感材料为存储介质。与传统的印刷型文献相比，它大大节约了存储的空间。但是由于其物理性质的影响不易长时间保存，并且在查阅时还需要利用专门的阅读器才能读取。

3）光、磁介质型文献

光、磁介质型文献是利用光学材料和磁性的物理性质作为存储的介质。出现于20世纪后半叶，存在形式多样，如VCD、DVD、录影带等。它所占的存储空间小、容量庞大，可以存储多媒体型文献，如图片、声音等。

4）计算机阅读型文献

计算机阅读型文献是利用网络为上网的用户提供资源共享的文献类型。与其他文献类型相比，其更新、传播速度快，种类多，包括文字、图像、影像、声音等多种形式。但是其文献质量参差不齐，且数量庞大，给网络文献检索带来了一定的困难。

2. 按照文献的加工程度和内容级别分类

1）零次文献

零次文献也称作第一手文献，是当事人把经历的某些事件、行为、活动撰写下来或者用其他方式记录下来的文本，是未经发表的原始文献资料，如日记、手稿、笔记、信件、会议记录等。历史上存在的零次文献大多数收藏在博物馆、档案馆等。当代中存在的零次文献则一般分散在科研人员手中。

2）一次文献

一次文献也称作第二手文献，一般指直接记录事件的经过、研究成果、新知识，包括新技术的专著、研究报告、学术论文、档案调查等。由于信息传递有时会产生误差，其研究价值往往会有局限性。

3）二次文献

二次文献也称为检索性文献，是指将分散的一次文献进行加工、整理，按照一定的方法将之分类、编排系统化以便于读者查找的文献。这有助于读者了解一定时期相关领域的大致情况，如书目、文摘、索引等都属于这类文献。在教育研究的过程中，二次文献起到对一次文献提供线索的作用。

4）三次文献

三次文献也称作参考性文献，是指在二次文献的基础上，对一定范围内的一次文献进行分析、归纳、整理后得到的概括性文献。它反映了作者对一次文献独特的见解，是对众多一次文献的综合研究成果，如专题评述、百科全书等。

3. 按照文献的存在形式来分类

1）文字型文献

用文字记录信息的文献被称作文字型文献，如书籍、档案资料、报刊和个人日志等。

2）非文字型文献

非文字型文献包括两种：一种是指艺术作品，如绘画、雕塑等；另一种是指音像作品，如电影、电台、电视等。

3.5.5　文献的分布

1. 书籍

书籍是出现最早的传统文献之一。书籍作为最主要的一种信息源，有着数量大、品种多的特点。书籍具有内容系统全面、观点成熟的优点，但是传播速度慢、出版周期长。

化学教育类书籍主要包括：①专著，主要是古今中外的教育名著、教育科研专著、化学类书籍、参考书等；②教科书；③手册，集中编辑某种专业资料或综合性资料，一般内容简要实用，如各类化学小知识手册；④教育辞书和百科全书，如综合性的《中国大百科全书》、专业性的《国际教育百科全书》《化学百科全书》等；⑤科普读物。

2. 报刊文摘

报刊包括报纸和期刊，是目前应用最广泛的信息源，属于连续性出版物，具有周期短、信息传播速度快的特点。报纸是以刊载新闻和时事评论为主的定期向公众发行的印刷出版物，是大众传播的重要载体，具有反映和引导社会舆论的功能。因此，报纸文献属于三次文献，是概括性的文献，主要反映某一时期的研究成果，而且所提供的信息不多，学术性不强。期刊分为两种，一种是定期连续出版物，一种是不定期连续出版物，有周刊、月刊、季刊等，又分为学术理论性期刊、情报性期刊、技术事业性期刊和普及性期刊。教育科学范围内的期刊主要分为三种：一种是杂志，主要刊载有关科学研究论文、综述、研究报告、文摘、评述与动态，目前影响比较广泛的化学教育类杂志有《化学教育》《化学教学》《中学化学教学参考》《中学化学》等，另外各种期刊的侧重点不同，级别也不尽相同；另一种是汇报、集刊、丛刊、汇刊及各个高校的学报等，这种专业性和学术性都较强，如《北京师范大学学报》《华东师范大学学报》等；最后一种是文摘及复印资料，这是一种资料汇编性的综合索引刊物，如“中国人民大学报刊复印资料”等。

3. 学位论文

学位论文包括学士论文、硕士论文、博士论文三种，是经过审查的论文，具有独创性、学术性且有一定科研教学的参考价值。按照其价值，可以分为两类：一类是总结论文，是在参考了大量文献的基础上，对这一问题进行总结和叙述；另一类是创新性论文，具有独立的创新性，对于科研教学有一定的启发意义，但可能存在观点不够全面的情况。其中，博士论文的水平最高，国家规定由国家图书馆收藏，而硕士论文一般由学校的研究单位的图书情报部门收藏。

4. 会议论文集

会议论文集有助于了解各学科的最新前沿动态，具有内容新、信息和观点全面等特点。

5. 专利

专利具有公开性和独占性的特点，在科研中经常阅读专利文献，可以提高科研项目的研究水平和起点，另外还可以节约六成左右的研究时间和四成左右的研究经费。

6. 新闻

与其他文献分布相比，新闻所报道的是最新的学科前沿发展，但所提供的信息不多且学术性不强。

3.5.6 文献检索的方法与过程

文献检索是指在众多文献中检索出所需要的文献的过程。有选择地阅读与研究者自己研究课题有关的文献，可以帮助研究者节约时间，能够投入更多精力于自己的研究方向。因此，在研究过程中掌握一定的文献检索方法、步骤以及途径具有重要意义。

1. 文献检索工具

根据不同的划分标准、不同的作用等，文献的检索工具有不同的分类。按照检索的方式分类，可分为人工检索工具和机器检索工具；按照载体不同分类，可分为印刷检索工具和计算机阅读型检索工具；按照出版形式分类，可分为期刊式检索工具、书本式检索工具、附录式检索工具、卡片式检索工具、胶卷式检索工具、活页式检索工具、机读式检索工具等。

1）检索工具书

检索工具书一般不是以提供系统的阅读为目的，而是提供检索和查询知识和信息的图书，是一种辅助性工具。其概括了各个领域的基本知识、基本书籍或基本资料，具有内容简要、信息密集、查阅方便等优点。

化学教育科学研究用到的工具书一般有三类：一是检索文献的工具书，主要包括书目、索引、文摘等；二是参考性工具书，包括百科全书、年鉴、手册、图册、指南等；三是语言性工具书，包括各种字典、词典等。

（1）目录　目录也称为书目，是按照一定次序编排而成以提供检索的工具书，其简要概括了相关文献的内容特征、中心思想、作者概况、文献价值等。按文种分类，可分为中文目录和英文目录；按照学科范围分类，可分为综合型目录和专题目录；按照所收录的出版物形式分类，可分为书籍目录、报刊目录、特种文献目录等。

（2）索引　索引是将文献中有检索意义的信息或者事项按照一定的方式有序编排，如将书名、篇名、人名、地名、主题、语词等编排起来，以供检索的工具书。按照文献的内外部特征来分类，可分为内容索引和论著索引。内容索引又包含字词索引、句子索引、主题索引和专名索引；论著索引又包含论文索引、图书索引。

（3）文摘　文摘就是简要准确地概括介绍文献的主要内容、方法、论点等，并按照一定方式有序排列起来的一种期刊性情报检索工具书。文摘性检索工具书具有深入揭示文献内容、节约阅读时间的优点。文摘可以分为报道性文摘、指示性文摘和评论性文摘。

2）参考工具书

参考工具书是汇集了某一方面的知识和资料，并按照一定方式加以编排，为研究者直接提供所需答案的工具书。

（1）百科全书　百科全书是记述了人类的一切知识或者某一学科全部知识的完备的工具书，收集了各个学科或者某一学科范围内的各种名词、术语等，具有知识总汇的性质。常用的百科全书有《中国大百科全书·教育卷》《中国中学教学百科全书》《中学百科全书》等。

（2）字典、辞海　字典和辞海简称辞书，根据其收录的内容，可以划分为语文类辞书和知识性辞书两大类。语文类辞书可以解决字、辞方面的问题，也可以帮助人们学会准确使用语言，熟练掌握语言的表达方式；知识性辞书是针对有关学科的专有名词及学科知识编制而成的，为进一步的科学研究做必要的材料准备，如《辞海》《教育大辞典》等。

（3）年鉴、手册　年鉴汇集了一年内的主要时事文献、学科进展及各项统计资料，如《教师百科辞典》《当代教师小百科》《中国百科年鉴》等。年鉴具有内容丰富、涉及面广、信息密集的特点。手册是汇集某一领域或某一方面的常用基本资料，以供人们随时查检的工具书，如《化学实验手册》《化学品电子手册》《化学试剂手册》等。

2. 网络检索

运用互联网查阅文献包括教育网站信息检索、网络搜索引擎信息检索、网上教育文献数据检索、网上图书馆查阅等方法。

1）常用的化学教育文献资源综合教育类网站

主要有中华人民共和国教育部网、人教网、中国教育信息网、中国教育与科研计算机网、中国基础教育网、中国园丁网、中国教育先锋网等。

2）常用的化学教育类网站

主要有中国化学课程网、我爱化学网、中学化学网、中学化学资源网、化学在线、无忧化学网、美国化学学会等。

3）常用的搜索引擎及检索技巧

常用的中文文献搜索引擎主要有谷歌公司的Google学术搜索和百度公司推出的百度学术搜索。这两种搜索引擎具有操作简便、覆盖面广、收录的信息量巨大的特点，且更新快，可以很好地进行文献检索。

（1）百度搜索　其优点是全面、准确快速、智能、灵活、人性化。百度搜索作为全球最大的中文搜索引擎，操作方法就是在搜索框内键入关键词，单击“百度一下”或按回车键，百度就会自动找出相关的网页和资料。例如，如果我们想检索“化学实验基础知识”相关的文献，只要在搜索框内键入“化学实验基础知识”并按回车键，百度就会在很短的时间内将与“化学实验基础知识”相关的所有文献检索出来。

（2）谷歌搜索　支持多种语言，包括简体中文和繁体中文，且速度极快，功能超强。其使用方法为：在 Google 主页的搜索框内键入关键词并按“Google 搜索”或回车键，即可快速获取检索到相关信息。谷歌搜索引擎与百度搜索引擎不同的是：如果是多个关键词，则必须按空格键把关键词隔开，且关键词之间的逻辑关系是“并且”。另外，还可以在主页点击“高级搜索”，进入“高级搜索”界面，可以尽可能获取最简明的文献资料。

除了以上介绍的两种搜索引擎，常见的还有雅虎中国、搜狐、新浪、网易等。

4）常用的网络数据库检索

常用的中文文献检索数据库包括中国知网、万方数据库、维普数据库、方正电子图书等。其中最为常用的学术资源数据库是中国知网，但中国知网数据库提供的文献资源一般是需要付费的，一般我们需从购买该数据库的高校科研机构提供的镜像站点登录进入其主页。首先出现的是该库所包含的一系列子库，如中国期刊全文数据库、中国硕士博士学位论文全文数据库、中国重要会议论文全文数据库等，进入相应的子库链接即可检索其所包含的学术论文。通常使用最多的为中国期刊全文数据库，进入检索页面后，网页的左边列出了所需查询的专业类别的目录，检索时可根据需要进行勾选，或选择全部类别以方便检索出交叉学科的学术论文。在页面上方的检索选项中，我们可以选择检索内容在文章中出现的位置，如篇名、摘要、期刊名、关键词、作者姓名等。此外，在所选文章的后面还提供了与该文章相似或相关的文献，以便读者进行扩展检索。下面介绍两种常见的数据库。

（1）CNKI 数据库　CNKI 数据库是一个电子学术期刊全文文献检索系统，属于中国期刊网。进入主页面后，可以在左栏一侧进行检索。首先研究者需要选定检索方向，如文献名、期刊名、主题、关键词等，一般选择关键词进行搜索。CNKI 数据库的优点是检索文献能够高效快速，这是由于其提供相关设定服务，如限定年限、学科范围等。研究者检索完毕后，可下载所需要的文献。

（2）万方数据库　万方数据库最早于 1998 年开始收录论文，包含中国法律法规全文库、中国学位论文全文数据库、中国数字化期刊群、科技信息子系统等。它的检索方法与其他数据库有所区别是因为其有着不同的子系统，但基本的检索思路都是相同的。

3. 文献检索的方法

文献检索方法是指利用工具书并且通过一定的检索途径或者直接查找一次文献来获取所需文献资料的手段。以手工检索的方式来看，主要分为三种。

1）直接检索法

直接检索法是指直接利用手工式的检索工具查找文献的方法，在确定一种检索工具书之后，按照时间顺序顺查或倒查。

顺查法是指按照由远到近直至现在的方法，一边查找一边有目的地筛选自己所需要的文献。在查阅文献过程中要从最早的线索开始查找，从某一科研成果发明之时或某一课题开始研究之时开始查找。顺查法的优点是能够全面地掌握有关课题发展的背景材料，缺点是耗时长。

逆查法与顺查法相反，是由近期开始向过去查，追溯过去，直至查到足够的资料为止。倒查法的优点是能够较快地找到近期最新发表的文献，能够发现最新的科研动向与科研水平，并且能够对早期的文献进行引用、论证和评述，有利于检索工具的进一步开展，缺点是查找不够全面。

2）追溯检索法

追溯检索法是指利用一些文献后的参考文献，进一步追溯查找出有关专题文献的检索方法。一般在缺少工具书或工具书不全的情况下，采用这种方法。追溯检索法的缺点是在无具体文献时就无法进行，并且原文献所引用的参考文献不够全面系统。

3）分段检索法

分段检索法也称作循环法或者综合法，是直接法与追溯法两者的结合。首先，利用检索工具检索出一批文献，在认真阅读之后，按照所阅读的文献所附的参考文献再去查找另一批文献，如此循环下去，直到检索出足够多的文献为止。与追溯检索法、顺查法和倒查法相比，其效率更高、不易缺漏，并且所需时间少。

4. 文献检索的基本程序

文献检索的基本程序也称作文献检索的步骤，包括四个过程，即分析检索课题、制定检索策略、正式检索以及获取原文。

1）分析检索课题

在查阅文献之前，研究者必须确定自己所需要的资料，以化学教育科研为例，可检索相关领域的新成果，进而思考有没有进一步研究的必要等。研究者对所研究的课题分析得越透彻，所检索的文献就越全面、准确、有针对性。

2）确定检索策略

文献的检索方法很多，不同的方法有不同的特点和使用范围。研究者可根据所研究课题要求的时间和经费等，选择合适的检索手段。首先，研究者应确定检索工具，从课题需要角度出发，一般先选择综合性的检索工具书，其次是实用专业性较强的检索工具书。所选的工具书的学科性质、文献类型、时限范围要与检索课题相一致。接着选择合适的检索方法，一般来说选择综合检索方法有助于研究者获取丰富、可靠的文献资料。

3）正式检索

研究者根据所选择的检索方法，可能会查阅到与课题相关的文献。但在实际的检索过程中，研究者可能会觉得原先的检索策略并不能完全满足检索的需求，因此，在检索过程中研究者应根据需要对检索策略进行灵活调整，最终获得符合要求的文献。

4）获取原文

在检索到与研究课题相关的文献之后，为了增加检索的准确性，还应对这些文献作进一步的比较、鉴别和筛选。最终确定所需文献后，研究者就可以取走文献或对文献进行复制，以备后续研究工作使用。

3.5.7 文献检索的基本要求

1. 文献检索的原则

（1）在时间上应采用倒查法。

（2）搜索的文献范围、数量应有所限制。

（3）应多搜索第一手资料而尽可能少搜索多次转述的资料。

（4）注意搜索具有代表性各种观点。

（5）不仅要搜索相关领域内直接相关的资料，还应搜索跨学科、跨领域的资料。

2. 文献检索的要求

1）准确而全面

文献检索的第一要点是获取足够开展研究课题的有价值的相关资料，因此检索时要做到不误检，不漏检。与此同时，文献检索时不仅要广泛查阅与课题相关的国内外的研究成果，也要查阅特定范围以外的有关研究成果；不仅要搜索与自己观点一致的材料，也要搜索那些与自己观点不一致或与自己构思相矛盾的资料；不仅要广泛查阅中文资料，也要查阅相关外文资料，以便及时掌握最新的研究资料和动向。

2）善于积累文献

从事科学研究的研究者，应该建立自己的文献库，以便随时查阅和利用。这就需要研究者不断学习，养成积累文献的习惯。对于研究者的研究课题或研究方向，资料的查阅和分析要不断更新，这样可积累和丰富资料目录，长期坚持，还能不断提升研究者的学术素养。因此，研究者既要善于对文献进行处理，如摘要、提要、综述等的制作，还要掌握文献检索的基本途径和方法，提升文献检索的质量。

3）勤于思考

文献具有时代和个人的局限性，是在一定的历史条件下产生的。对文献的检阅，需要有较高的批判性思维，要对文献作深入分析归纳，汲取有用的信息，在扬弃中创新。这就需要研究者有相关研究的背景知识，并且要进行理性思考。在阅读中进行分析、比较、归纳、联系和构思，从而产生研究课题的新思路、新观点。

3. 文献检索中易犯的错误及解决策略

1）研究主题划分不够明确清晰，容易导致漏检、误检等

文献检索的全面和准确有赖于研究者对特定研究课题的概念界定。不把文献查阅的结果与自身的课题清楚地连接起来，就无法设置最好的检索词，这会导致获取的资料不是与研究主题相关的最佳资料。主题界定不清，文献检索时就会浪费时间和精力，要么查阅所得过少，无法满足研究需要，要么查阅范围过宽，资料纷杂，难以整理和利用。切实地提高检索效率，获得最佳检索效果，关键是对主题词的选择和使用。对主题词的选择和使用直接影响相关文献的查全率和查准率，主题词的选择和使用有以下几个基本技巧：

（1）考虑主题词相关的同义词和近义词及词的英文表达方式　在对所研究的课题进行检索时，为了使搜集的文献更加全面，研究者确定的主题词不仅要较规范，而且要考虑与主题词相关的同义词和近义词及词的英文表达方式。若忽略这种情况，研究者在检索时可能会遗漏，而所遗漏的一些文献可能正是研究者所需要的。

（2）参考已检出文献标示的主题词　当研究者对所研究的课题领域不够了解时，只能根据现有资料提供的主题词进行检索，导致所查的文献数量极少。因此，研究者要注意搜索被作者选中的文献中主题词的表达方式，以此来扩大检索思路。

（3）注意词的“音”与“形”　由于汉字中同音字很多，相近、同音、多音字检出的文献也不同。因此，对于同音异字的情况，研究者在检索过程中必须注意。

（4）注意主题词中词组的选择与截词、断词　在检索时，研究者面对的并不是一个规范的主题词，而大多数情况下只是一个特定的课题。因此，截词、断词便作为检索的关键，也是研究者查全、查准文献的关键。例如，我们需要对“科学素养理念下化学教科书中的科学方法研究”这一主题进行文献检索时，在中文期刊全文数据库中使用“化学教科书”并含“科学方法”为主题词进行检索，可获得19篇文章；使用“科学素养”并含“科学方法”为主题词检索，可获得556篇文章。可见，当我们采用不同方式对课题进行主题词分组后，检索出的文献重复率较低，说明主题词的组配与切分不是唯一的，经过词语的反复切分组合，可获得更全面的文献。

综上所述，文献检索工作要做好，关键是选择恰当的主题词。研究者在准确界定所研究主题的前提下，要认真分析主题词，确定主要的主题词或关键词。另外，注意主题词的不同表达方式，注意主题词与主题词的逻辑组配，最后制定出使查全率和查准率都达到最高值的检索策略，使搜集的信息全面、准确。

2）缺乏批判思维，文献解释和利用不准确

在检索实践中，经常存在论据失误。包括曲解引申，主观臆断；只知其一，不知其二，或突出其一，忽略其二，断章取义；一味追求或迎合所谓的研究“热点”，生吞活剥，并未对研究主题真正理解。对文献检阅不细致，毫无批判地全盘接受其他研究者的研究结果和解释，甚至采用孤立的统计结果，都是造成这些现象的原因，这是不可回避的因素，也有其他原因。因此，研究者在进行教育研究工作时要有充分的好奇心、敏锐的感知力以及客观理性的思维方式，对一切研究对象有追根溯源的精神，对所有文献资料均要去粗取精，去伪存真。追名逐利而进行的研究，有很大可能会沦为辞藻的堆砌和理论的牵强附会。教育研究文献的解释和利用，要舍弃常见，由表及里地改造制作，进行批判性的思考。

3）过分依赖全文数据库，忽视二次文献数据库

原始文献与全文数据库将检索工具有机地结合在一起，给研究者检索文献资料提供了快捷而便利的途径。这使得许多研究者在检索文献时更倾向于选择全文数据库，而不太使用二次文献数据库。二次文献的功能在于当原始文献不足或在语言等条件限制的情况下，可以获得摘要性的内容，从而满足一些基本需要，并且帮助研究者快速准确地获取原始文献。

与全文数据库相比，二次文献数据库优点突出。一方面，二次文献数据库收录的文献类型包括期刊、会议论文、科技报告、专利、学位论文、书籍等，覆盖范围广泛，而全文数据库文献来源相对单一，国内的全文数据库收录学术论文的范围基本局限于公开发表的学术性刊物，而对内部刊物、交流资料、会议文献以及报纸上的理论文章等收录有限。另一方面，二次文献数据库的文献学术水平较高，二次文献数据库收录的文献年代久远，比如我们熟悉的EI、SCI，现在已不单纯是一种检索工具，它们在发挥二次文献作用的同时已成为衡量文献学术水平的标志。另外，由于国外商业运行模式与国内存在差异，国外的一些重要学术期刊不愿将文章交给全文数据库系统收录，因而真正高水平的文章在全文数据库中往往查找不到。

检索文献通常是先检索文摘题录型数据库，阅读检索出的记录的摘要内容，然后再去查找全文。一篇文献的全文可以通过全文数据库、馆藏文献以及图书馆的馆间互借来完成，尤其是现代计算机及网络的发展大大方便了读者对文献的查找。因此，应该重视二次文献数据库的使用。

3.5.8 文献法案例

三种中等化学教育类期刊关于高考研究文献的统计分析

摘　要：本文通过对《化学教育》《化学教学》《中学化学教学参考》三种化学教育类期刊2004~2008年五年间有关高考方面的研究论文从论文年代分布、内容、论文地区的分布、第一作者所在系统单位、论文作者合作度和合作率等五个方面进行统计和分析，探讨了我国化学学科高考研究方面的发展趋势、存在的问题及建议。

关键词：化学教育；期刊；统计分析；高考研究

1　引言

高考既是连接大学与高中的枢纽，它对大学选拔新生和中学的教育及教学均具有调节与指导作用，又是大学与社会联系的一个重要环节，它承载着整合教育系统、维系社会稳定的重任。可以说高考关系到各级各类高等院校的选拔，关系到每位考生的前途和命运，同样也关系到各中学的生存和发展，因此，高考客观地成为中学教学的指挥棒。义务教育新课程于2001年开始实施，2005年在全国已全面推广实行，高中新课程已于2004年开始在广东、山东、海南及宁夏等四省（区）开始实施，至今大多数省市已开始实施。随着高中新课程改革的逐步推广，近几年来各省市举行的高考也是在新课程标准指导下进行。总体来说对新课程标准的研究可以更好地指导高考，反过来，对高考的研究，包括对高考题特点的研究、命题趋势的预测，又将更好地推进和深化新课程改革。

本文以中等化学教育类核心期刊《化学教育》《化学教学》《中学化学教学参考》（以

下简称《中化教参》）为研究对象，采用系统查阅年度总目录与原始杂志相结合的方法，对三种期刊自2004~2008年五年间发表的有关化学高考的382篇研究文献进行统计。从计量角度进行评价，从中分析我国高考研究方面的现有水平、研究现状以及存在的一些薄弱环节，其目的是为了更好地把握化学高考的发展趋势，以给教师和学生一些备考的策略和复习方法及建议。

2 论文的统计分析

2.1 发文量的统计分析

5年来3种化学教学类期刊关于高考研究的论文的发文量多少，在很大程度上可以说明我国新课程改革下化学学科高考研究领域所取得的进步和研究成果。表1列出了3种期刊有关研究高考论文的各年份数量及随时间的变化。

表1 高考研究论文的年代分布

年代	化学教育论文 篇数（百分比/%）	化学教学论文 篇数（百分比/%）	中化教参论文 篇数（百分比/%）	合计 篇数（百分比/%）
2004	14（3.7）	12（3.1）	58（15.2）	84（22.0）
2005	12（3.1）	24（6.3）	47（12.3）	83（21.7）
2006	11（2.9）	16（4.2）	25（6.5）	52（13.6）
2007	16（4.2）	22（5.8）	40（10.5）	78（20.4）
2008	15（3.9）	31（8.1）	39（10.2）	85（22.3）
合计	68（17.8）	105（27.5）	209（54.7）	382（100）

注：表中各项数据中前者为论文篇数，括号中数据为占论文总数的百分比。

从表1可以得知：

（1）3种期刊均为月刊，2004~2008年5年间共有180期，共发表有关研究高考的论文382篇，其中《中化教参》209篇，占论文总数的54.7%；《化学教学》105篇，占论文总数的27.5%；《化学教育》68篇，占论文总数的17.8%。相对而言，《中化教参》在刊发高考研究的研究成果方面走在了最前面。

（2）从总体上看，研究高考的有关论文的数量呈上升趋势。随着新课程改革的深入，越来越多的学者、教师对高考进行了研究，因而从3种期刊所刊登的相关论文数量来看，基本上是呈上升趋势。2004~2008年5年间，2008年在这方面的成果更为丰硕一些，共刊登209篇论文，占5年来总量的54.7%。

（3）3种期刊所刊登研究高考的论文总体数量较少。5年来，《化学教育》年均13.6篇，《化学教学》年均21篇，《中化教参》年均41.8篇。相对全年所刊登的论文总数来说，比例还是不高，这需要3种期刊及广大教研工作者给予高考更多的关注。

2.2 论文的内容统计分析

论文内容直接反映研究趋势。按试卷试题、复习指导、命题指导、调查及其他将论文分为4类。其中试卷试题研究主要是有关历年高考试卷的分析，如分析试卷中各种题型的分布及其所占分值、单道题的解题方法和思路及刊登了历年高考试卷以便广大师生交流等；复习指导主要是一些关于如何复习的理论研究，如针对推断题、计算题以及探究型实验题的复习策略，大部分论文都有理论论述和案例举例说明；命题指导即是一些对命题趋势的预测；调查及其他包括了对考纲的研究和一些高考热点的调查统计。

表 2　论文内容统计

		试卷试题	复习指导	命题指导	调查及其他	合计
化学教育	篇数	29	31	5	3	68
	百分比 /%	7.6	8.1	1.3	0.8	17.8
化学教学	篇数	70	25	9	1	105
	百分比 /%	18.3	6.5	2.4	0.3	27.5
中化教参	篇数	102	88	15	4	209
	百分比 /%	26.7	23.0	3.9	1.1	54.7
合计	篇数	201	142	30	9	382
	百分比 /%	52.6	37.7	7.6	2.1	100.0

表 3　论文内容分类统计

分类	论文篇数	百分比 /%	分类	论文篇数	百分比 /%	分类	论文篇数	百分比 /%
试卷试题	201	52.6	复习指导	142	37.2	命题指导	30	7.9
试卷评析	62	16.2	学法指导	23	6.0	调查及其他	9	2.4
试题解析	102	26.7	教法指导	32	8.4			
题卷交流	37	9.7	备考策略	59	15.4			
			理论复习	26	6.8			
			考纲研究	2	0.5			

表 2、表 3 表明，试卷试题的研究论文数量合计 201 篇，占论文总数的 52.6%，居首位。其次是复习指导的理论研究论文数量合计 142 篇，占论文总数的 37.7%。由此可知，学者和教师对高考的研究不仅仅只是对历年的高考试卷进行研究，而且还对在高三复习阶段教师的教法和学生的学法提出了有效的复习建议和备考策略，并且还对往年的命题特点进行了归纳总结以及对命题趋势进行了预测。

通过统计发现，新课程改革以来，高考试卷对学生的推理、创新、探究等能力的考查，充分体现了化学课程标准中“培养学生的创新精神和实践能力，培养学生的科学素养”的基本理念。另外，通过对不同年度或不同省份的高考卷的归纳总结，从中把某一个知识点，如离子反应、氧化还原反应等作为专题来研究，也是试题研究的一个主要方向。

由表 2 可以得知：3 种期刊皆是更多地对高考试卷进行了分析和研究，试卷试题的论文总数为 201 篇，占论文总数的 52.6%；复习指导方面的研究论文共 142 篇，占论文总数的 37.7%；命题指导以及有关高考的调查一共占 9.7%。试卷试题的研究和复习指导远远高于命题指导和调查，因为只有对高考试卷特点（如非选择题和选择题的分布、实验题和基础知识分值的分布以及考查的形式和重要内容）进行仔细研究分析，才能提出比较有说服力的复习建议和方法，因此复习指导也可以说是间接地对试卷进行了分析研究。

由表2和表3可以知道：①3种期刊中，对高考的研究，《中化教参》共209篇，所占的比例为54.7%，占数超过总数的一半，要远远高于其他2种期刊，其中试题试卷和复习指导的分别占26.7%和23.0%，比例相对比较均衡；《化学教学》则更侧重对考卷进行研究，对试卷试题的分析占18.3%，而复习指导只占6.5%；《化学教育》总体上对高考的研究更少。②在试卷试题的研究文献中，主要是侧重试题的解析（占总数的26.7%），探索解题的方法和思路，其次是试卷评析，即对试卷难易程度以及各题型的分值分布情况的考查统计，占16.2%；复习指导角度的研究则侧重于备考策略，而学法指导、教法指导和理论复习整体上呈平衡趋势。

3　论文作者统计分析

3.1　论文第一作者地区分布的统计分析

对作者所在区域进行统计分析，可以看出对化学学科高考研究的覆盖面，从而可以评价研究高考的广度和深度。

表4　论文第一作者所在地区分布统计

地区	论文数	百分比/%	地区	论文数	百分比/%	地区	论文数	百分比/%
重庆	3	0.9	黑龙江	1	0.3	山东	20	5.9
安徽	14	4.1	湖北	31	9.1	山西	5	1.5
北京	16	4.7	湖南	16	4.7	陕西	39	11.4
福建	8	2.3	吉林	3	0.9	上海	13	3.8
甘肃	3	0.9	江苏	65	19.1	四川	8	2.3
广东	14	4.1	江西	10	2.9	云南	5	1.5
广西	1	0.3	河北	15	4.4	宁夏	3	0.9
贵州	4	1.2	河南	4	1.2	合计	341	100.0
浙江	39	11.4	青海	1	0.3			

表4对未署名作者的选登或题卷交流等论文没有统计在内，从表中可以看出，5年来，全国25个省、直辖市、自治区在3种期刊上发表了有关高考研究的论文，覆盖我国大陆80.6%的区域，这说明我国大部分地区的教育工作者已经积极参与到对高考的研究工作中来了。其中江苏、陕西、浙江、湖北和山东五个省作者总数为194人，占作者总数的56.9%，成为高考研究论文发文的核心地区，是化学学科高考研究成果的主产区，特别是江苏，占总数的19.1%。从总体上看，化学高考研究基本上在各地都有开展，而且与经济的发展程度并没有必然的关系，只要基本条件允许，对高考开展研究都是有可能的，但是也可以看出，高考研究工作的进展仍然是不平衡的，总体上西北部地区发展较为落后一些，不利于全面推行新一轮课程改革。

3.2 论文第一作者所在系统单位分布

表5 论文第一作者单位的分布

机构类型	高等院校	中学	教研室	进修学校	出版社	教育考试部	合计
论文篇数	40	279	17	2	2	1	341
百分比/%	11.7	81.8	5.0	0.6	0.6	0.3	100.0

表5对未署名作者的选登或题卷交流等论文没有统计在内，从表中可以看出，高考研究论文的作者主要集中在中学和普通高校，分别占81.4%和11.6%，教研室和其他单位也有少量。这一方面说明高校和中学一线教师是研究高考的主要力量，另一个方面也可说明推动高考研究的发展与高校、中学的理论及实践密不可分。

3.3 论文作者的合作情况分析

表6 论文作者合作情况分布

作者人次	1	2	3	4	课题组	合计
论文篇数	264	58	13	2	4	341
百分比/%	77.4	17.0	3.8	0.6	1.2	100.0

分工合作，优势互补，是当代教育科研的必然趋势。表6对未署名作者的选登或题卷交流等论文没有统计在内，从表中可以看出，3种期刊发表的有关高考的研究的论文合计345篇，作者总数为434人，其中2人及2人以上合著论文共计77篇，占22.3%，这说明合作研究是高考研究的必然趋势，一线的中学教师与高等院校教育专家和学科专家的交流与合作研究有所发展，这有利于促进一线教师科研水平和能力的提高，有利于促进基础教育课程改革顺利地进行。值得一提的是，其中有10篇是高校与中学教师合作完成的。由此可见，高校和中学教师的共同研究已成为化学高考改革研究的重要力量，并将在新一轮课程改革中发挥重要作用。

4 综合评价与建议

《化学教育》《化学教学》《中化教参》是我国中等化学教学领域中核心的最有影响力的期刊，为我国中等化学教学改革作出了重大的贡献。3种期刊2004~2008年发表的研究高考的论文呈现逐年上升的趋势，说明在新课程改革的大背景下，我国高考方面的研究已经在稳步向前推进。本文虽然只对3种期刊进行了统计，但所获得的信息对高考的研究具有参考价值，对我们的教学实践、复习建议及备考策略的探究，以及对教师的教法、学生的学习具有相应的指导意义。

（1）对化学高考的研究内容广泛，但研究中也存在些问题。经统计发现，目前三种期刊对高考的研究主要表现在以下几个方面：①分析高考试题中对化学教学的导向作用，引导中学教学的教学目的、目标、观念、方法、手段等方面的改革；②考生失误分析，分析知识和能力存在的问题及原因，以及考试过程中智力因素与非智力因素，提出改进措施；③对高考试题进行了科学客观的评价，包括化学学科知识和能力考核方面；④3种期刊对高考的研究主要集中在对试卷试题、复习指导的探索，命题方面的研究虽然也有，但是比较少，并且对考纲的考究只有2篇；⑤复习经验交流。

综观分析统计的结果，发现仍旧存在一些不足之处：首先，对高考命题方向没有进行很好的剖析，同时也没有对高考命题提出一些比较有建设性的意见和建议。广大学者和一线教师应该更多地去关注考纲，以及仔细解析历年高考试卷的考点，从而为更多的教师和学生指明备考方向；其次，尽管对高考试题的研究也比较细化，但是依然不够系统，应该对试卷试题归类分析，在期刊中有固定的专题栏，例如对选择题、非选择题、开放性试题、探究性试题、实验题等作详细的分析，期刊的某一期可以考虑只刊登上面任一种的相关论文，在征集高考研究的相关论文时需要作相关说明，这样可以既有利于广大师生的交流，也更有利于高考研究的进一步发展。

（2）区域发展不平衡。表4表明，经济较为发达的中东部地区，是化学学科高考研究成果的主产区，特别是江苏，占总数的19.1%。而西部地区的青海有1篇，西藏、新疆在统计年限期间为零。西部地区对高考的研究比较薄弱，在基础教育课程改革过程中应加强对这些地区教师实施新课程的培训，加大这些地区教育的投资力度，以促进全国各地区教育的均衡发展。

总之，在新一轮课程改革的今天，广大教育工作者既要注重新课程教学，也要注重高考。对新课标下的高考研究既要有利于高等学校选拔录取人才，又要有利于推进新课程的实施。发挥高考评价对学生的发展、激励功能，让学生在学习化学基本知识的同时，激发学习化学的兴趣，体验科学探究过程，促进学习方式的转变，在实践中培养创新精神和实践能力，全面发展和提高科学素养，促进新一轮课程改革的全面推进。

（本文选自张世勇、胡乔生、李玲《上海教育科研》2010年第7期67~70页，略有修改。）

3.6 调查研究法

信息的收集、加工、处理和分析的结果就是获得知识，而对信息进行处理的过程就是调查研究。调查研究的方法是人们在社会各种现象中获取信息的基本方法之一。随着教育改革的不断深入，调查研究法广泛运用于各种教育研究当中，对于教育改革起到了一定的促进作用。

3.6.1 调查研究法概述

1. 概念

1）定义

调查研究法就是将观察、测验、访谈、问卷等方法有机结合，综合运用，从大量的问题现象中总结出规律，透过现象发现其内在本质。

2）基本原则

运用调查研究方法时需要遵守以下几个原则：

（1）客观性原则　调查人员在调查过程中要尊重客观事实，翔实地收集记录和分析材料，对于调查结果如实记录，不掺杂自己的主观情绪，不歪曲事实，实事求是。这是教育调查中必须遵循的最基本原则。

（2）多向性原则　在调查过程中，调查人员要多方面、多角度，从不同的方面去获取与调查目的相关的数据材料，要宏观与微观、局部与整体、单因素与多因素综合分析，使得调查既具有全面性又具有典型性。

（3）灵活性原则　在调查过程中，鉴于现象的复杂性和多样性，例如所调查对象的性别、年龄、职业、身份等不同，又或者是调查目的不一样，研究者要根据调查过程的实际情况适时改变调查的方法，以保证调查过程的顺利进行，取得真实可靠的调查资料。

（4）定性定量分析相结合原则　现代教育调查的特点之一就是比较数量化，要求调查人员在实施调查时一定要对所获取的资料进行定性和定量分析，做到精准与粗略相结合。

3）特点

调查研究方法具有以下几个特点：①所要调查研究的对象是当下出现的一些教育事实，而不是过去，意图在于解决现代教育存在的问题或提供解决问题的思路，它与历史研究方法不同；②调查材料处于自然环境下，较好地避免了人为因素干扰，能够真实地反映现实问题，操作较为简单方便，没有观察法和实验法的条件局限；③调查法是通过提问的方式向调查对象获取信息，是一种间接方式，而不是像观察法直接通过感官或仪器来获取；④调查研究方法较为丰富，可以从多个渠道来收集资料，既能够深入调查研究某一教育问题，又能够大范围地了解某个区域的教育现象；⑤调查研究方法灵活，它不受时间和空间的限制间接地获取研究资料，可以研究范围广、涉及内容多以及时间跨度长的教育教学问题和现象；⑥调查研究法具有系统的研究方法与操作步骤，因为它是有目的、有计划地针对某一教育教学问题现象进行研究的方法。

调查研究方法广泛地运用于教学研究领域，主要是因为：它可以在教育研究者解决研究问题时，给他们提供第一手的资料和数据；从实际出发，立足于解决现实问题，为教育改革提供事实依据；通过调查研究，不仅仅可以了解当下问题，提供解决思路，同时也能够发现新问题，提出新理论和新见解；调查研究通常适合于描述整体的一般性质，可以对城市或国家类似总体进行一般性描述或解释性分析，同时也可以通过标准化问卷进行数据处理和分析。

调查研究方法也存在一些不足之处：它作为一种间接的研究方法需要花费更多的人力、物力和时间；在调查证明因果关系时，因为事情发生有先后，数据收集却是同一时间，而且导致问题的因素有很多，调查研究很难将所有的影响因素都包含其中，所以调查结果对于解释因果关系具有较大的局限性；调查研究作为一种实施方案，或多或少都会具有一定的人为性质，对于调查结果的准确性会有影响。

4）分类

根据教育调查的标准可以将调查划分为以下几种类型：

（1）根据调查的目的，可分为现状调查、区别调查和发展调查。

①现状调查（或叫常模调查） 就是研究某类教育现象目前的基本特征，其目的是了解教育的一般情况。

②区别调查 研究两种教育现象之间有无关联和联系是否密切。区别调查同时又可以分一般比较调查、因果关系比较调查和相关调查三种。

一般比较调查：目的在于比较两个群体、地区或两个时期的教育情况。如赣南地区与赣北地区中等教育普及情况的调查，20世纪70年代与80年代中小学生教育质量的调查等。

因果关系比较调查：是指通过对两种教育现象的调查，了解两者之间的差异性，根据调查资料数据分析导致差异的可能原因。例如，要了解学生的某一个特点产生的可能因素，就可以将具有这一特点的学生集中调查，并调查不具有这一特点的一类学生，分析两者之间存在的不同点。

相关调查：就是研究两种现象或特征之间关系是否密切的调查。例如，学生的性格特征与化学学习风格是否具有密切联系。如果两种特征在每一个学生身上都有，而程度不一致，那这个时候就可以选定一组学生，分别测试每一个人两种特征的水平，然后通过计算相关系数来得出这两种特征之间是何种相关以及相关系数。

③发展调查 是研究随时间流逝而产生变化的调查。例如研究随着年龄增长，学生某一种特征变化的调查，称为生长调查；如果是研究某种教育现象的变化情况，例如师范生就业情况，则称为趋向调查。

（2）根据调查对象，可分为全面调查和非全面调查。

①全面调查 是指对所要研究的对象全部进行调查。例如全国人口普查、某乡镇各村普及九年义务教育情况调查等，都是属于全面调查。

②非全面调查 包含了抽样调查、重点调查、典型调查、个别调查等方式，其中最常用的是抽样调查。

抽样调查：是指从全部的调查对象中运用科学取样法选取部分调查对象进行调查研究，根据结果来推断或说明整个调查对象的情况。

抽样调查有两个基本特征：a. 以部分样本来代表总体。调查实施的手段是抽查，是从调查对象总体中抽选一部分有代表性的对象作为样本进行调查，并以部分调查结果推论全体的情形。b. 研究所需资料直接由样本取得。要使抽样调查所得的资料能正确地代表总体，在抽样之前，对总体的各种特征应有全面的了解，而且控制其中无关要紧的特征或因素，然后实施抽样。

重点调查：它是从调查对象总体中选出一部分重点单位进行调查，借以了解总体的基本情况。这里所说的“重点”单位，是指在总体中占很大比重，或者比重虽不大但对总体的发展起着重大作用的单位，它是相对于一般单位而言的。

重点调查单位的选择，可根据调查任务来确定，一般来说，按调查任务的要求，凡在部分单位或少数地区能够反映所研究的项目和指标时，就可以采用重点调查。重点调查是抽样调查的补充，二者可以结合使用。在抽样调查之前，为了大致了解被调查单位的一般情况，可以进行重点调查；在抽样之后，为了深入了解某一单位的情况也可以进行重点调查。

典型调查：是指在总体中深入调查某一部分具有代表性的单位。这种调查方法实施的关键在于选取典型，选取的典型适当就能够顺利地找到具有代表性的材料，帮助解决问题。选取典型的方法一般是先将调查总体进行分类，然后在每一类中抽选具有代表性的一定数量的典型单位，也可以根据所要研究的目的来决定选取典型的数目。

个别调查：它是对个别人或个别事件的调查。对个别人或事件没有要求，可以是典型，也可以是一般。

（3）根据研究的范畴，可分为综合调查和专题调查。

①综合调查　也叫一般性调查，是指调查研究中的变量较多，涉及面较广的调查。例如某市教育情况的调查，它涉及全市教育各个方面的问题，包括学前教育、普通中小学教育、高等教育、师范教育、职业教育等各个领域的问题。

②专题调查　是指主要研究某个方面的问题的调查，它所包含的变量较少，通常为单一变量。例如中小学教师生活待遇的调查、教育经费的调查、学生健康状况的调查等。

（4）根据收集资料的方法，可分为问卷调查、访谈调查、电话调查和实地调查。

如果研究人员将设计好的纸质问卷、电子问卷直接发放或邮寄给调查对象填写称为问卷调查；若研究人员通过直接与调查对象面对面交谈来获取资料则是访谈调查；研究人员通过电话与调查对象交流从而获取调查材料则为电话调查；研究人员亲自到调查对象所在地进行考察，通过个别访谈、查阅资料等方式获得资料就称为实地考察。在实际的调查过程中，这四种方法可以结合起来使用。

2. 调查研究法的意义

调查研究是教育发展的重要方式，是对教育的认识和改造的重要手段。因此，调查研究在教育中的各个学科的应用是比较广泛的。它能够揭露现实教育发展中存在的问题，凸显矛盾，通过不断解决教育内外部矛盾从而促进教育的发展；调查研究能够帮助教育工作者和研究者发现、总结推广先进的教育思想和经验，更好地改进工作，提高教育教学质量；调查研究为实现不同层次和要求的教育管理和教育预测服务，通过收集教育现象的事实材料，为各级教育行政部门制定政策、法令法规和教育发展计划提供依据。

3. 教育调查研究的一般步骤

调查研究法包括问卷、观察、访谈、测验等不同的具体方法，程序上虽各有所侧重，但基本包含以下几个阶段，即准备阶段、调查阶段、分析阶段和总结阶段。

1）准备阶段

准备阶段要做以下四项工作：第一步就是要明确教育调查研究的任务，即根据研究课题的性质、目的任务，确定调查问题，提出研究假设；第二步则是设计调查研究方案，包括对调查研究总体方案的设计以及研究方案的可行性验证等；第三步就是组织好调查队伍，包括调查人员的挑选、培训和组织等；最后一步就是确定调查对象，主要包括调查对象的落实，与调查对象取得联系，确定调查的时间、地点和整个调查日程的安排。

2）调查阶段

调查阶段就是根据研究方案进行实践操作的阶段。其主要任务是根据研究方案中选定的调查研究方式、方法进行资料收集工作。为了调查研究的顺利进行，一般可以选取与调查研究相似的环境进行预测，在让调查人员熟悉调查步骤的同时也可以检验出方案的不足之处，及时作出修正，为调查研究的正式实施打下基础。

3）分析阶段

调查研究的第三阶段，即分析阶段，就是在调查研究实施结束后，研究人员要及时对收集到的调查资料和数据进行处理，即将一大堆材料进行鉴别整理分类、分析研究、结果分析解释。

鉴别整理资料数据是指对文字、数字资料去粗取精、去伪存真，以保证资料的真实、准确和完整，然后对鉴别后的资料进行汇总与分组，使之简单化、系统化、条理化，便于下一步的分析研究。

分析研究要根据资料的不同性质而采用不同的方法和手段。文字资料一般采用定性研究的方法，对整理后的文字资料中所包含的信息进行分析、识别，从微观的角度把握其内部的思维过程及本质；数据资料则采用定量研究的方法，利用统计软件进行适当的处理，来获得有关的数据及研究变量之间的联系，从宏观上揭示化学教育教学过程中有关现象的本质特征，便于进一步探寻其一般规律和趋势。

4）总结阶段

从课题的确立到调查研究活动的实施并进行理论上的分析，调查的主要工作已经基本完成。但是，开展的一项调查研究活动需要及时地以文字、公式、图表等形式表达、描述出来，以供他人学习、借鉴和探讨，这样才能具备现实意义并产生社会价值。因此，需要及时进入调查研究的总结阶段。该阶段的主要任务是：撰写调查研究报告和总结调查研究工作。

（1）撰写调查研究报告　是说明调查研究成果或研究结论，并对调查目的、调查方法、研究过程和结果展开讨论，即对研究中发现的一些重要问题或下一步研究设想进行系统的说明。

（2）总结调查研究工作　包括对本次调查研究工作的全面回顾、反思，以积累成功的经验以及吸取教训，以提高调查研究水平和能力，并对日后研究进行展望，提出进一步的设想或建议。

3.6.2 教育调查的基本方法

1. 访谈法

访谈法也称为研究访谈，是调查研究者通过与调查研究对象面对面地交谈或主要由调查研究对象的陈述来收集有关研究对象的心理特征、观念与行为的数据资料的研究方法，以口头形式，根据被访问者的回复收集客观的、不带偏见的事实材料，以准确地说明样本所要代表的总体的一种方式，属于定性研究的范畴。

1）适用范围

访谈法收集资料是通过研究人员与研究对象面对面直接交谈的方式实现的，具有较好的灵活性和适应性。访谈广泛适用于教育调查、求职、咨询等，既有事实的调查，也有意见的征询，更多用于个性、个别化研究。

2）优缺点

没有哪种方法是完美无缺的，由于其理论依据及其研究手段、方式等的不同或多或少地都会存在一些优点和缺点，访谈法也一样。

优点：访谈法能够深入了解研究对象的心理过程。在访谈时双方面对面地进行交流，研究人员只要事先掌握了一定的技巧和方法就可以适时引导整个访谈流程，取得访谈对象的积极配合，获得其真实的想法；访谈是一种双向的交流过程。

即使在正式访谈前进行过预演，但是在正式访谈的过程中访谈人员仍要发挥其主动性，当访谈中出现了偏差时要及时调整引导回到正确的流程中，保证所获取资料的准确性和可靠性；访谈过程中，访谈人员可能随时都会受到启发，从而加深对研究问题的理解，可以了解更多的细节，深化对资料的分析。

缺点：访谈法的实施限制了被访谈对象的数量，较少的样本容量所分析出的结果代表性较差，结论无法直接推广，因此在应用上受到了一定的限制；访谈法是通过调查人员手写记录或是录音来收集材料的，原始的资料基本以文字形式存在，难以量化处理，分析难度较大；整个访谈过程的影响因素较多，导致稳定性较差，除了访谈对象自身的心理因素影响以外，记录人员的笔误以及无意识地回答了某个问题等都会对结果产生影响；一般来说访谈过程所需要的时间较长，其中所投入的资源较多，相比于其他方法来说更加费时费力。

3）类型

根据分类标准的不同，可以划分为不同类型的访谈方法。

按照调查对象的数量可以分为个别访谈和集体访谈。个别访谈是访谈人员与研究对象之间一对一的交流互动过程，比较适合某些隐私敏感问题或要深入探讨问题的访谈；集体访谈是研究人员与研究对象一对多的交流过程，这个访谈类似于调查会，调查者作为会议的主持者，研究对象作为会议的参与者，调查者与研究对象之间、研究对象之间都存在互动交流。

根据访谈内容的不同可以划分为三类：第一类是调查事实，要求访谈对象提供所知道的真实的实际情况；第二类是征询意见，希望被访谈者针对某个化学教育问题或现象发表自己的观点、看法、意见或者是建议；第三类主要是通过了解研究对象的经历、兴趣、爱好等方面来深入发掘其内心世界和心理动机。

按访谈问卷的形式则可以分为结构性访谈和非结构性访谈。结构性访谈也称标准化访谈，是按照事先设计的、有明确结构的访谈问卷进行的访谈。结构性访谈特点是：按照统一的标准和方法选取访谈对象（适合于较大范围的抽样调查，常用概率抽样方法）；访谈过程高度标准化，如对提问方式和顺序、对被访问者回答的记录方式等是完全统一的。非结构性访谈也叫非标准化访谈，即事先不制定详细统一的问卷、表格和访问程序，仅按照一个大概的访问提纲，由访谈者和被访谈者自由进行交谈，适合于一般探索性研究或者深度探讨的研究课题。

4）实施和技巧

（1）准备访谈

①明确目的，设计提纲。

根据访谈目的，事先设计访谈提纲。访谈的提纲一般包括：调查目的和要求，调查对象要求和调查的拟定人数，调查题目和具体访谈问题。在访谈设计中主要可以采用两种问题形式：开放式问题和封闭式问题。开放式问题是让被访谈人自由回答的一类问题；封闭式问题是给出了几个问题答案，让被访谈人只能在这几个答案中进行选择（包括一些强迫性选择题）。例如：

开放式问题：

“你一般如何对待你做不出来的化学题目？”

封闭式问题：

“你有不会的化学题目会去向同学请教还是会去找老师解答？”

一般来说，如果被访谈人对于问题没有非常明确的态度，或者被访谈人对某个问题有比较深刻的想法，抑或是在问题调查初期调查人员对研究对象情况不太清楚时，可以采用开放性问题。

②了解对象，拟定计划。

确定访谈对象之后，要尽可能地全面了解被访谈人的一些基本情况，例如性别、年龄、兴趣、爱好、学习状况、家庭情况等，为顺利进入访谈打下基础。同时应根据研究的需要和被访谈者的情况制定详细的计划。计划内容一般包括：如何与被访谈者联系、访谈地点、访谈时间、访谈过程等。需要注意的是访谈时间和地点的选择应以不影响被访谈者的学习或工作为前提，在其心理和生理状况良好，比较放松的情形下进行，并且要主动争取其信任和合作，这是成功访谈的关键之一。

③准备工具，预设情境。

访谈所需工具一般可以分为两类：一类是普通的工具，如笔、纸、录音机（或采访机）、照相机等；另一类是特殊工具，如调查表格、调查问题（问卷）、调查说明书、调查介绍信、证件等。同时要对调查访谈的过程作全面的思考和设想，对访谈过程中可能出现的问题事先作出估计并做好解决方案等。

（2）进入访谈

进入访谈是正式访谈的开端，此时的情境为后面的访谈定下了基调。为了使访谈成功进行，既要考虑访谈的外部环境，如访谈地点是否合适、时间是否充分等，又要重视与被访谈者建立轻松友好的关系，消除其紧张感和不安感等。在进入正式的访谈之前通常可以花几分钟的时间谈一些与访谈无关的话题（如天气、假期的安排、新学期的准备等），以逐渐增进彼此间的了解和熟悉，缩短彼此间的距离，让气氛、心情都放松下来，然后再告之访谈的原因和目的，渐渐引入正题。如果需要同步录音，最好让被试者先熟悉一下这种情境（试录音，如进行自我介绍或者选择简单问题先进行访谈），然后再正式开始。

（3）控制访谈

控制访谈是指访谈者通过言语或非语言的信息来掌控、引导访谈过程。这一过程非常明显地表现出了访谈人员对访谈内容、访谈进度的主动性和控制权。通过提问方式可以控制访谈，通常有三种提问方式：反问、疑问、追问；通过非言语方式也可以控制访谈，通常有表情、目光、动作、姿态等非言语信息。访谈者要掌握发问的技巧，同时在被访谈者回答时，访谈者要与之有眼神的交流，让被访谈者更自然地表达出内心的真实想法。

（4）结束访谈

结束访谈也是访谈活动的一个重要环节。一般来说，访谈的时间不宜太长，以 1 个小时左右为宜，否则被访谈者容易产生厌烦疲倦的感觉，导致访谈效果受到影响。访谈结束之后，可以向被访谈者询问访谈过程中不太清楚的地方并在记录中补上，或者将容易产生误解的部分念给被访谈者听，请他（她）复核、更正或者补充，以确保访谈材料的准确性和可靠性。最后要对被访谈者表示感谢。

5）案例

化学学习策略访谈提纲

1. 化学实验在化学教学和化学学习中的地位问题

问题 1–1：你喜欢自己做实验，还是喜欢看老师做实验？

问题 1–2：教师演示实验的效果怎么样？

问题 1–3：你认为实验对你个人的发展有什么作用？

问题 1–4：你认为实验课与考试成绩有关系吗？

问题 1–5：你对实验课有哪些建议？

2. 对化学成绩自我评价问题

问题 2–1：对目前的学习成绩，你满意吗？你的理想成绩是什么？这个成绩可以达到吗？

问题 2–2：在学习中，你有自己的榜样吗？

问题 2–3：如果在考试中取得了不好的成绩，你认为是什么原因呢？

问题 2–4；在考试成绩公布之后，你是怎么看待自己的成绩的？

3. 关于做笔记的问题。

问题 3–1：上课你记笔记吗？怎样记笔记？

问题 3–2：课后你怎么处理笔记？

问题 3–3：你认为老师讲课速度是否有利于记笔记？

4. 记忆策略的问题

问题 4–1：在学习过程中，需要记忆的内容多吗？对于需要记忆的内容，你如何记忆？

问题 4–2：你认为存在很有效的针对化学学科的记忆方法吗？

5. 社会性策略问题

问题 5–1：你了解哪些学习方法？从哪些渠道获得这些学习方法？

问题 5–2：同学们会在一起交流学习的心得体会吗？

2. 测验法

测验就是根据研究目的，让测验对象在规定的时间内，按照指定的方式，回答事先编制好的测试题目，通过对测验对象答案的评定，为研究者提供测验对象某方面的知识和能力情况的信息。在化学教育科研方法中，测验法是一种应用广泛的重要测量手段。

1）测验法的特点

（1）测验是一种抽样测量

一般情况下某一块的知识点（例如化学教学课程中的某一章或某一节）不仅仅包括许多的有测试价值的具体内容，而且每一具体内容又可以从多个角度、按不同的方式编制成多种类型的测试题，可供选择的内容相当丰富，但是，一般为了确保测验的有效性，测试时间通常为 1~3 小时，2 小时左右最佳，避免因测试时间过长、题目量过多导致被测试者疲劳而使测验失去应有的价值。

（2）测验是一种间接的书面调查

由于测验一般是让被试者尽可能正确地回答试卷中的问题，以测验卷为材料进行操作，研究人员与被测试者就研究项目并没有面对面的直接交流，它是一种间接的书面调查，可以大规模（如以班级为单位）地进行测试。

（3）测验是具有量的可比性的测量

如果选择的被试者都是处于相类似背景（如学习经验、学习环境、家庭背景等）下的，并且都是首次接触该测试量表，那么该测试结果就具有较高的可比较性。

2）测试卷的编制

（1）测试内容的选择

要依据研究的目的和要求，划定有关化学内容的测试范围和测试内容的深度和广度，这是测试法进行的基础和前提，也是测试法能否有效实施的重要步骤和关键。一般来说，若想要进行有效、有针对性的研究，所选取的测试内容不应过多，范围不宜过广，否则测试的知识点过多，联系不紧密，会造成分析上的困难，而且测试效果不理想。

（2）测试项目的编制

在设计化学测试项目的时候，应尽量避免仅靠机械记忆就能够解答出的项目，要突显出化学的学科特色，抓住概念的本质特征，以测试学生对化学知识内涵的理解和外延知识的把握，测试学生在各知识点间建立联系的能力。在设计时还应该注意以下问题：

第一，为保证测试结果的准确可靠，研究中测试项目可以以不定项选择的形式出现，让学生在解答项目时，必须对每一个选项都要深思熟虑、反复斟酌，这样能够减少猜测误差，但相应也会增加评价分析的难度。

第二，注意语言叙述的科学性和简练性，题干中尽量少用否定词或是双重否定句式，如有否定字词出现，要提醒学生注意，例如用着重号加以标注；在试题的前面部分安排指导语，对测试给予简要说明；在特别重要的地方用粗体字或着重号标出，以便于学生正确地进行解答。

第三，整个测试题目量要适中。测试项目过少，所获得的信息较少，分析得出的结果代表性不好；测试项目过多，浪费较多资源，学生做题感到很疲劳，测试结果同样不够准确。此外测试时间应与学生平时的考试时间保持一致。

（3）测试项目的编排

为了尽量减少由于学生心理素质的不同而带来的测量误差，在编排测试项目时通常遵循由易到难的原则。同时，测试项目的选择项要采取随机排列的方式，防止学生侥幸猜题。

（4）测试项目的试测与修改

根据上述原则，初步确定了测试项目的内容、形式和编排之后，需要征求化学专家（如有多年教龄的中学高级化学教师或大学化学教师）的意见，并且抽取少数具有和被试者类似品质的学生进行预测试，即试测。在对试测结果进行分析之后，对不合理之处作出适当修改，以确保测试项目的科学性和测试结果的有效性，最后确定正式的测试试卷。

3. 问卷法

1）定义

问卷调查是通过向调查对象提出一系列的问题来收集材料的研究方法。研究者将所要研究的问题编制成一系列问题表格，以邮寄方式、当面作答或追踪访问的方式填答，从而了解研究对象对于某一现象或问题的看法和意见，所以又称为问题表格法。问卷调查区别于调查表法，其调查范围较窄，偏重于意见、态度或看法，并往往以个人或一群人作为研究对象。

2）优缺点

问卷调查的优点在于：方便实用，省时，花钱少；因为问卷通常是匿名，所以在某种情况下结论会比较客观；能收集大样本的信息资料，收效大；便于整理和归类，同时能够量化处理数据，可以运用分析软件来处理数据，增加了数据结果的可行度和可靠性，也使得调查结果具有一定代表性。该方法的局限性在于：如果问卷中的问题描述不够明确或题目数量过多，或被调查者不合作都会使得研究结果的代表性受到影响；因为问卷调查的应用范围较广，所以收集到的资料往往流于表面的情况，不能深入了解深层次的真实状况，无法突出其本质；若有部分调查对象不予以作答，则研究人员无法了解到其不回答的原因，从而影响问卷的效度。调查问卷法的运用，关键在于问卷的编制、选择被测试者以及结果分析。

3）类型

调查问卷的类型较为丰富，根据问题形式的不同可以划分为以下几种：

（1）结构型问卷

结构型问卷也称封闭式问卷，是指将问题的答案事先加以限制，即给出被测试者备选的答案，只允许在问卷所给定的选项内进行挑选，又称为限制式问卷。

常见的封闭式问卷的设计形式有：

①是否式 这种形式只提供两个相反的项目让回答者选择，例如“是”与“否”、“赞同”与“不赞同”等。

例如：你是否喜欢做实验？

是（ ） 否（ ）

②排序式 这种形式是由回答者用不同的数字评定一些叙述句或类别项目的先后顺序。

例如：请用1~10的数字顺序表示你对下列学科的喜欢程度。“1”表示最喜欢，“10”表示最不喜欢。

______政治，______语文，______数学，______英语，______物理，______化学，______历史，______地理，______生物。

③条件式 有的问题仅适合某一部分的回答者回答，因此，需要使用有条件的题目；其次，有的时候需要对某些问题进行更深入的了解，也需要用有条件的题目。

例如：

Ⅰ高中毕业后，你是否想升学？

是（ ） 否（ ）

如果是，请回答第二题，如果不是就回答第三题。

Ⅱ高中毕业以后，你想报考哪一类大学？

师范（ ） 综合（ ） 理工（ ） 农林（ ） 医科（ ） 其他（ ）

Ⅲ高中毕业以后，你想从事哪一行业的工作？

到工厂做工（ ）个体经商（ ）到事业单位工作（ ）当民办教师（ ）其他（ ）

封闭式问卷的优点：答案标准化，资料易于用统计软件进行分析处理，人与人之间可作对比；所问的问题具体而清楚，所得材料的可信度较高；问题一般较为简单，容易回答，有助于提高调查问卷回收率和有效率。

封闭式问卷的局限之处在于：它对问题的答案进行了限定，没有给回答者留下发挥其创造性或自我表达的机会，这样就不利于研究者发现新的问题，所得到的资料不够深入具体；它很容易使一个不知如何回答或对该问题没有任何看法的回答者胡乱作答或者不作答。

（2）非结构型问卷

非结构型问卷也称为开放式问卷，问卷由可以自由回答的问题组成，属于非固定的应答题。这类问卷提出的问题不列可能答案，不限制回答者的答案，完全由被试者自己自由陈述，充分表达自己的想法或者意见。题目的类型可以是填空式的，也可以是回答式的。

例如：调查学生报考师范院校的动机。

题目：你为什么报考师范大学？请详述原因：________________

开放式问卷的优点：能够用于探索性研究，因为它可以得到某些研究者未预料到的结果，为研究者提供更多的新想法和新思路；给予了回答者以较多的创造性或自我表达的机会，可以获得较为深入细致的资料；这类问卷通常用于小样本容量的调查。

开放式问卷的缺点：可能导致收集到与研究课题无关的资料，因为回答者所发表的意见和看法不一定与所问的主题相关，无法保证不掺杂无关的信息；回答的内容常常非标准化，故难于进行量化或比较，分析处理的难度较大，耗费的时间较长；回答者要花较多的时间和精力来作答，故容易遭到其拒绝和不配合；由于问卷设置形式决定了不适合大量应用推广，因此开放式问卷通常会与其他形式结合一起使用，且题目量不会很多，一般只会在问卷最后设置一两题。

（3）图画式问卷

图画式问卷是指题目以生动形象的图画形式向回答者呈现问题，回答者从中选择适合自己状态的图画。图画式问卷其实就是另一种形式的封闭式问卷。图画式问卷的优点是容易引起回答者的兴趣便于回答，能够得到回答者的积极配合，适用于幼儿和文化程度较低的受试者，回答者只要依照图画的示意就可以回答，有时不识字也能作出选择。其主要缺点是图画式的问卷制作流程比较繁琐，相较于其他问卷耗费时间最长，不利于应用推广。

上述开放式、封闭式和图画式问卷各有利弊，在实际设计问卷时通常结合起来使用。可在一个问卷里同时采用多种类型，这要根据研究目的需要以及研究者和回答者的条件来确定。

4）设计问卷问题的基本要求

问卷问题的设计是问卷编制的关键，要充分考虑以下几个方面：

（1）问题的设计和研究目的要一致　这个也被称作为“适宜原则”，它是强调问卷中的所有问题都要与所研究的主题相符合。

（2）问题的内容　所陈列的项目对研究目的要有较好的覆盖，问题的备选答案要能够反映所研究问题的主要方面，且不交叉、重叠。

（3）问题的数量　问卷的题目数量要适度，作答时间一般以30分钟左右为宜。问题量过多，回答者容易产生厌烦情绪，导致敷衍塞责、中途不予回答，甚至直接拒绝作答；若问题数量过少，又不能获得充分的有关研究目的资料来进行研究，导致研究结论受到影响，甚至得出错误结论或无法得出结论。

（4）问题的文字表达　通常要求文字描述准确、简单明了、容易作答。在句式结构上，一个问题一般只宜包含一个疑问，不应包含两种以上内容的提问，以免回答者产生思路上的误差，导致研究结果不准确。

5）问卷设计的程序

研究人员根据所要研究的内容和需要来选定调查范围，确定问卷形式，编写成问卷题目形成问卷的过程称之为问卷的编制过程。编制过程包括以下几个步骤：第一，要根据研究的目的和所要调查的对象，提前收集所需的材料；第二，陈列出调查研究中所有问题的内容纲要，划出所要收集内容信息的范围，确定调查问卷所要采用的类型，将一个大项目划分成许多个小项目；第三，围绕所要研究的主题草拟出问题，列出各个标题和各部分的具体项目；第四，将设计好的问卷交于专家或有关人员审阅，根据他们的意见对问卷进行修改，使之更好地获取有关研究目的的资料；第五，进行预测试，从选定的全部调查对象中抽取少数人进行预测，人数一般以30人左右最佳，视调查目的而定，但是通常不超过50人，通过少数人的回答情况来检测问卷中是否存在不适宜之处，同时可以求得这份问卷的信度和效度，并根据情况对问卷进行最后的修改；第六，修改好问卷之后，即可开始根据方案要求来印制问卷，问卷份数一般比方案中所要求的多几份，留出备用问卷，以备不时之需。

6）问卷的发放与回收

（1）确定发放形式

问卷发放有不同形式，且各有利弊。

①邮寄　将印制好的问卷以信件的方式邮寄给调查对象或将问卷以电子邮件的方式发送给调查对象，这种方法运作简单，对操作人员的要求不高，而且比较节省时间和人力，但是存在一个比较大的影响因素，即问卷设计的内容、设计不符合或无法引起调查对象的兴趣时，回答问卷题目时就存在先入为主的观念，甚至不予作答，导致问卷无法回收，使得问卷结果受到影响。

②有组织的分配　事先确定好调查对象，并将其进行人数分组或区域划分，直接将问卷发放下去，组织调查人员在固定的时间进行回收，这样问卷发放迅速，回收率比较高，数据的汇总、整理和分析也比较方便。

③当面填答　调查人员直接将问卷交于调查对象填写，并在填写完成后立即回收问卷，这种发放形式的回收率最高，而且调查对象有疑问时可以当面向研究人员询问，研究人员与调查对象能够面对面交流，可以取得较高的配合度，由于需要研究人员全程参与陪同，基本属于一对一，所以获取的样本数量和范围都比较有限。

（2）对问卷回收率的计算

在进行数据汇总前，要对回收的问卷进行筛选，将与研究内容无关的问卷回答剔除，统计出有效问卷的数目，从而算出问卷的回收率。通常情况下，回收率小于等于30%，这样收集的资料只能作为一个参考；大于等于50%的回收率，则是可以采纳的建议；大于等于70%的回收率，所获得的资料数据才能够作为研究结论的一个数据。因此，问卷的回收率都不能够少于70%。

如果有效问卷的回收率不足70%，可以再次补发问卷来提高有效问卷的回收率。为保证结论的可靠性，根据条件的可能，做小范围的跟踪调查，从调查对象了解关于研究内容的一些看法，减少问卷分析结果的片面性。

7）案例

环境保护专题网站学习调查问卷

学校________ 年级________ 班级________ 性别________ 年龄________

亲爱的同学们：为了了解目前学生对环保的了解情况，我们设计了这份问卷。本调查并非考试，与您的学习和道德评价毫无关系，调查结果仅作科学研究之用。我们只要求您根据自己的真实情况回答各个问题，不与他人交换意见。非常感谢您对我们这项研究工作的合作与支持。

1. 你认为环境保护专题学习（　）

A 很必要　　B 必要　　C 一般　　D 不必要

2. 你对有关环保话题（如环保电视节目、环保热点报道等）的关注程度是（　）

A 总是　　B 经常　　C 很少　　D 从不

3. 你所具有的环保知识主要从何渠道获得（　）

A 电视、报纸　　B 学校课程　　C 网络资料　　D 课外书籍

4. 你认为衡量一个民族环境意识主要的标志是（　）

A 环境知识　　B 环境忧患意识

C 参与环境保护　　D 制定有关法律法规政策

5. 你参加过环境保护方面的活动主要是（　）

A 环保知识竞赛　　B 参加环境沙龙

C 参观污水厂及监测站　　D 上街看宣传

E 其他（写出）____________

6. 你平时能做到“节水、节电、不乱扔垃圾”（　）

A 总是　　B 经常

C 周围有人时能做到　　D 很少

7. 你希望采取的环境教育的方式是（　）

A 开设课程　　B 组织参观

C 自学　　D 开设研究性课题研究

8. 你知道大气污染物有哪些吗？请列举相应防治措施。（知道多少写多少）

9. 你知道水体污染有哪些类型吗？请说出污水处理方法，主要化学方法与原理。

10. 你知道垃圾有哪些危害吗？请列举垃圾处理的方法。

11. 提出你对环保措施的建议？

3.6.3 调查报告的撰写

调查报告是指将调查研究的目的、调查的基本情况、调查研究数据和结果分析通过各种表格、图形简单明了地描述出来，反映对某个问题、某个事件或某方面情况调查研究所

获得的成果，在一定教育思想指导下通过对教育调查材料的整理分析而写成的有事实、有分析、有理论观点的文章。调查报告与教育经验总结报告等在结构上有着明显的差异。

1. 教育调查研究报告的特点

教育调查研究报告具有真实性、针对性、新颖性、时效性等特点。

1）真实性

真实性一方面要求调查报告中所运用的数据材料都是客观存在的，而不是虚拟捏造的，是真实地从现实中收集起来的；另一方面要求要将材料反映出来的结果真实地呈现出来，用事实说话，忠实于事实，不因结果的好坏而随意篡改数据，对事实材料的分析评价不夸大也不缩小，以事实为依据，用客观事实论证观点，说明问题。

2）针对性

针对性主要是指调查报告的内容和调查报告所面向的读者人群，即调查报告必须表明针对的是何种问题的解决，是理论还是实践，以及调查报告完成以后，所要面对的观众群体是何种性质，是全体大众抑或是内部同行还是领导上级。这些在报告中都要非常明确，针对性越强，调查报告所具有指导意义就越大，作用也就越大。

3）新颖性

调查报告的撰写要注意与时俱进，与当下时事紧密联系，或者加入一些新颖的元素，提出一些新的观点，形成一些新的结论，便于引起读者的阅读兴趣，提高认识，从而达到指导教育实践的目的，实现它应有的价值。

4）时效性

调查报告讲究时效性，当调查工作结束后，要立即开始撰写报告，或者在调查工作的调查阶段完成后就可以开始边写报告边整理分析数据，最后汇总结果完成报告，用最短的时间将报告完成，不拖泥带水，要充分实现其现实的社会意义。

2. 教育调查报告的类型

教育调查报告根据其调查的内容可以划分为许多不同的类型，较为常见的有：

（1）概况调查报告　这一类调查报告主要是叙述研究对象的基本信息，能够较为系统深入地剖析一些教育的基本情况，例如某地区义务教育实施情况调查报告。要求全面广泛地掌握调查研究对象的情况，通过调查数据的分析能够发现或者提出新的指导性建议，作为教育教学实施、改革的一个依据。但是在撰写时需要注意三点：第一点，在对研究对象的描述上要详尽完整，包括其概况和特征；第二点，对于事件起因、经过、结果进行详细的叙述，让读者可以全面了解；第三点，报告在叙述事件内容时不能过于零散杂乱，要用一条主线把全部的内容串连起来，使得整个事件清晰明了。

（2）专题调查报告　专题调查报告是围绕某一个已经被提出的教育问题而撰写的，可以形成研究专题的具体问题。例如某市义务教育普及情况调查报告、中学化学实验教学情况调查报告等，这一类报告的一个重要特征是它调查的通常是小范围的研究对象，因此其研究结果的针对性较强。

（3）典型经验调查报告　典型经验调查报告是指其具有较强的思想性和政治性，报告面向的阅读对象较为狭小，一般为行政工作人员。典型经验调查报告的特点是：撰写以相应的方针政策作为依据，深入分析调查研究中的典型案例，报告侧重于做法、效果和体会，对于调查的过程及原因不作过多的描述。

（4）新事物调查报告　这类调查报告主要针对在教育界出现的新鲜事物，时间上要求比较紧，一经发现就必须要抓紧撰写，尽快将报告呈现出来，重点突出新事物的新特点，点明其意义和作用之所在，要善于抓住事物的本质特征，选择新颖的角度来构思。

（5）揭露问题调查报告　这类调查报告主要是揭露教育中存在的问题弊端，以引起社会及有关部门的重视，从而达到解决问题的目的。在撰写此类调查报告时要特别注意数据结果的分析解释恰当，不能以偏概全。

（6）历史考察调查报告　这类调查报告主要是以教育文献资料作为调查的依据，透过文献资料来揭示教育现象的本质及其发展规律。对于撰写人员的写作水平要求较高，既要旁征博引，又要约之行文，重点在于要从历史教育事实中来探索内在规律。

（7）政策研究调查报告　政策研究调查报告主要是为正确制定教育政策或正确执行教育政策服务的，这类报告对于调查材料的事实性要求较高，且数据分析结果要求严谨，一丝不苟，不仅要叙述必要的调查材料，而且对其要进行深入分析和解读，阐释利弊，权衡得失，并对今后的工作提出具体的意见和建议。

3. 教育调查研究报告的基本结构

教育调查研究报告一般是由标题、署名、前言、主体、结尾五个部分构成。

1）标题

标题指的是调查研究报告的题目，是读者阅读调查报告的第一印象，因此标题的选择对于能否充分体现调查研究报告的社会价值至关重要。标题除了要高度概括研究主题外，同时也要有一定的趣味性和新颖性。通常有三种写法：第一种是以调查对象和主要问题作标题，例如“赣州市高中生化学学习情况调查”，这一类的标题简单明了，较为客观，但是这样的标题过于朴实，显得比较呆板，缺乏活力，对于读者来说难以引起阅读的兴趣；第二种则是采用一定的评断或评价语句来作为标题，例如“应试教育所产生的苦果”，这一类标题点明了作者的观点，揭示了研究的主题，富有吸引力，但是未点出调查研究的具体对象，因此通常在使用这类标题时，会加上一个副标题，进一步进行解释；第三种是采用疑问句式，例如“赣州市中学生化学学习兴趣较低的原因何在？”，这一类的标题直接点明问题，较为尖锐鲜明，对于读者的吸引力较大，常用于揭露问题的调查报告。

2）署名

署名通常置于报告标题的下面，除了签署作者的真实姓名之外，还要有作者所属的工作单位。若有多个作者共同完成调查研究时，需要将全部作者名字写上，并按贡献值的大小对作者姓名进行排序，署名的第一作者或通讯作者通常是调查报告的主要负责人。署名的目的是表示对研究报告负责，并记下他们为发展科学事业所付出的劳动，给予他们应得的荣誉。

3）前言

调查报告的前言是为了向读者解释说明调查的问题以及进行这一调查研究的原因，并介绍调查研究的概况。通常包括以下几个方面的内容：研究课题的目的及意义（问题的性质、文献综述等），介绍调查研究的理论假设，交代调查研究的结论。一般采用以下四种写法：第一种是以研究目的为主，在前言中大篇幅地描写研究的目的和宗旨，这样有利于读者对于调查报告的主要宗旨和基本精神的整体把握；第二种是侧重于研究情况的描述，在前言中具体地介绍调查研究的情形，这样便于阅读对象了解调查工作的历史条件；第三种是重点说明结论，在前言中以结论开头，开门见山，让人一目了然；第四种是以提问开头，在前言中直接抛出问题，设下悬念，增强了文章对读者的吸引力。前言虽然在整个调查报告中所占比例不大，但处于报告的开头位置，对整篇文章起到了提纲挈领的作用。因此前言要写得简明扼要，紧扣主题，既要突出中心，又要考虑适合正文的需要，为正文的展开而提供基础和便利。

4）主体

主体是调查报告的主要部分，是充分表达主题的重要组成，这部分的撰写水平直接决定着调查报告质量的高低和作用的大小。主体部分通常使用的结构有三种，即纵式结构、横式结构、纵横交错式结构。纵式结构是指按照事情发展的顺序来描述撰写报告，阐明观点，这种结构便于说清楚时间的整个发展过程，有利于读者了解问题的来龙去脉；横式结构指的是将整个调查事件和结论观点根据其性质特点来进行划分，并列排放，分别叙述，从几个不同的角度来说明研究主体，这种结构的好处在于问题能够展开说明，且论述集中，条理清晰，能够突出观点；纵横交错式结构顾名思义就是以上两种结构的组合，这类结构在使用时通常有两种情况，一种是以纵为主，纵中有横，另一种则是以横为主，横中有纵。两种结构结合起来使用的优点在于既有利于按照历史脉络讲清问题的来龙去脉，又有利于按问题的性质、类别展开深入的论述。

5）结尾

调查报告的结尾通常有以下四种写法：

第一种是概括及深化主题。即概括地说明全篇研究报告的主要观点，进一步深化主题，增强说服力和感染力。

第二种则是总结经验，形成结论。即根据调查实况，总结出工作的经验，得出结论。

第三种是指出问题，提出建议。即根据调查实际情况，指出存在的问题，提出具体的改进意见。

第四种是展望未来，说明意义。即由此及彼，扩展开来，指出调查问题的重要意义。

3.6.4 撰写教育调查报告要注意的问题

1. 恰当使用资料

撰写调查报告时必须以调查资料作为依据，且调查资料需大量存在，通过调查资料来阐明观点，获取调查资料时要统计资料与座谈、访问、观察资料适当配合，这样可以提高调查资料的信度；论证观点时既要抓住典型事例，又要把握整体的概况；进行内容叙述时，不仅仅要使用文字描述，还要让数据资料以图表图形的方式呈现，使其具有分析性和概括性，精确性和意义抽象性，直观性和示意性，这样的一份调查报告才更具有说服力和感染力。

2. 恰当使用文字语言

调查研究报告的语言要准确、简练、朴实、生动。准确是要求概念明确，陈述事件真实可靠，引用数字或语句正确无误，评价问题要把握分寸；简练是指行文言简意赅，不拖泥带水，对于调查事件的叙述，不作过多的描绘，不画蛇添足，对观点的阐释，不作繁琐的论证；朴实是指行文通俗易懂，要用朴素、明白、平易近人的文字语言，不宜采用生僻术语和华而不实的辞藻，应以叙述和议论为主，不要随意使用夸张的手法和奇特的比喻，也不要用抒情和渲染的描写；生动是指该语言所表达的意思生动明朗，句句言简意赅，短短的几句话就能把所要说的内容表现出来，并且让人们能很快地联想到相关画面或者理解意思。

3.6.5 调查研究法案例

新课程高考化学氧化还原反应试题分析与启示

1 引言

氧化还原反应是化学学科的核心概念，涉及氧化剂、氧化产物、还原剂、还原产物、氧化还原反应本质、判断特征等内容，氧化还原反应具有重要的认知价值，其不仅对化学学习具有指导作用，还可促进学生掌握规律，实现知识的迁移，解决化学问题，发展和提高学生的科学素养，故氧化还原反应一直受到高考命题者的青睐。结合氧化还原反应内容命题，考查学生应用知识分析问题、解决问题的能力，符合由考查知识转化为考查能力的新课程高考精神。本文拟通过对新课程高考2007~2012年化学卷中所有涉及氧化还原反应的试题进行统计研究，分析其试题特点，得出命题规律，为高考化学教学提供有益启示。

2 新课程高考化学氧化还原反应试题统计

对2007~2012年新课程高考化学卷中氧化还原反应试题进行统计，具体情况如表1所示（为尽量减小所占篇幅，仅列出2011年、2012年新课程卷情况）。从统计情况可知，氧化还原反应试题相对其他化学概念原理知识试题而言占有较大比例，同一考卷中有多个试题考查氧化还原反应，考查题型有选择题、非选择题、综合题，考查内容涉及化学基本概念原理、元素化合物、有机化学、化学实验、化学计算等。

表 1　2011 年、2012 年新课程高考化学卷中氧化还原反应考查情况分布

试卷名称	题号（分值）	题总分 / 卷总分	比例	考查形式	考查内容
2011 年江苏卷	3（2 分） 4（2 分） 6（2 分） 8（4 分） 9（4 分） 11（4 分） 12（4 分）	44 分 /120 分	36.67%	选择题	氧化还原反应的实际应用
					离子共存
					氧化还原反应离子方程式的书写
					转移电子数的计算
					氯气的氧化还原性
					高锰酸钾的强氧化性
					电化学知识
	16（2 分） 17（2 分） 18（8 分） 20（6 分） 22（4 分）			非选择题	氧化还原反应离子方程式的书写
					有机物的氧化
					银锌电池的有关知识
					电化学知识
					有机物氧化及氮氧化物的氧化还原性
2011 年海南卷	6（2 分） 10（4 分） 12（4 分）	22 分 /100 分	22.00%	选择题	电化学知识
					转移电子数的计算
					电化学知识
	13（2 分） 14（2 分） 15（2 分） 17（2 分） 21（2 分） 23（2 分）			非选择题	元素周期律
					金属卤化物的热稳定性
					氧化还原反应离子方程式的书写
					稀硫酸的氧化性
					浓硫酸的强氧化性
					氧化还原反应方程式的书写
2011 年宁夏卷（注 1）	11（6 分） 12（6 分） 13（6 分）	30 分 /100 分	30.00%	选择题	铁镍蓄电池
					氧化还原反应离子方程式的书写
					元素周期律
	26（2 分） 27（3 分） 28（2 分）			非选择题（必做题）	浓硫酸的强氧化性
					电化学知识
					氧化还原反应方程式的书写
	36（5 分）			选做题	化学反应方程式的配平
2011 年北京卷	7（6 分） 8（6 分） 9（6 分） 10（6 分）	38 分 /100 分	38.00%	选择题	有机物的氧化还原性质
					电化学知识
					氧化还原反应离子方程式的书写
					转移电子数的计算
	25（2 分） 26（4 分） 27（6 分） 28（2 分）			非选择题	元素周期律
					氧化还原反应在工业生产上的应用
					二氧化硫的氧化还原性
					有机物的加成反应

续表

试卷名称	题号（分值）	题总分 / 卷总分	比例	考查形式	考查内容
2011 年天津卷	2（6 分） 3（6 分） 5（6 分）	28 分 /100 分	28.00%	选择题	元素周期律
					氯气的氧化性
					金属铝的还原性
	7（2 分） 9（2 分） 10（6 分）			非选择题	稀硫酸的氧化性
					氧化还原反应方程式的书写
					电化学知识
2011 年广东卷	8（4 分） 9（4 分） 10（4 分） 12（4 分） 22（6 分） 23（6 分）	41 分 /100 分	41.00%	选择题	离子共存
					转移电子数的计算
					金属镁的还原性
					电化学知识
					元素周期律
					高锰酸钾的强氧化性
	31（3 分） 32（10 分）			非选择题	二氧化碳的氧化性
					电化学知识
2011 年山东卷	10（4 分） 12（4 分）	24 分 /78 分	30.77%	选择题	元素周期律
					金属活泼性的比较
	28（4 分） 29（8 分） 33（4 分）			非选择题	化学计算
					电化学知识
					有机物的氧化还原性
2011 年浙江卷	8（6 分） 10（6 分）	22 分 /100 分	22.00%	选择题	酸性高锰酸钾的氧化性
					电化学知识
	26（10 分）			非选择题	氧化还原反应的实际应用
2011 年福建卷	7（6 分） 8（6 分） 9（6 分） 11（6 分）	33 分 /100 分	33.00%	选择题	元素周期律
					有机物的燃烧
					物质之间的转化
					电化学知识
	23（4 分） 24（3 分） 25（2 分）			非选择题	化学计算
					氧化还原反应离子方程式的书写
					金属铁的还原性
2011 年安徽卷	7（6 分） 8（6 分） 10（6 分） 12（6 分）	32 分 /100 分	32.00%	选择题	氧化还原基本知识
					离子共存
					稀硝酸的氧化性
					电化学知识
	25（2 分） 26（2 分） 27（2 分） 28（2 分）			非选择题	气态氢化物稳定性的比较
					高锰酸钾的氧化性
					氧化还原反应离子方程式的书写
					稀硝酸的氧化性

续表

试卷名称	题号（分值）	题总分 / 卷总分	比例	考查形式	考查内容
2012 年江苏卷	3（2 分） 5（2 分） 7（2 分） 8（2 分） 9（2 分） 11（4 分） 12（4 分）	43 分 /120 分	35.83%	选择题	离子共存
					氧化还原反应的实际应用
					物质的转化
					电子转移
					氧化还原反应离子方程式的书写
					有机物的氧化性
					元素周期律
	16（2 分） 18（9 分） 19（8 分） 20（6 分）			填空题	氧化还原反应离子方程式的书写
					氧化还原反应离子方程式的书写与计算
					氧化还原反应方程式的书写和应用
					氧化还原方程式书写与计算
2012 年海南卷	6（2 分） 7（4 分） 10（4 分） 12（4 分） 13（6 分） 14（3 分） 16（4 分） 20（4 分）	31 分 /100 分	31.00%	选择题	化学计算
					电子转移
					电化学
					氧化还原反应离子方程式书写
				填空题	氧化还原反应方程式书写
					氧化还原反应方程式的书写
					电化学
					氧化还原反应方程式的书写
2012 年宁夏卷（注 2）	7（6 分） 9（6 分）	24 分 /100 分	24.00%	选择题	氧化还原反应的应用（氯气的检验）
					电子转移
	26（8 分） 27（4 分）			填空题	氧化还原反应离子方程式的书写
					氧化还原方程式的书写
2012 年北京卷	7（6 分） 8（6 分） 9（6 分） 10（6 分） 12（6 分）	50 分 /100 分	50.00%	选择题	氧化还原反应离子方程式的书写
					氧化还原反应的应用（氯气的吸收）
					元素周期律
					实验现象知识
					原电池
	25（7 分） 26（8 分） 27（2 分） 28（3 分）			填空题	氧化还原反应方程式的书写和电化学
					氧化剂与还原剂物质的量之比计算
					氧化还原反应方程式的书写
					氧化还原反应方程式的书写
2012 年天津卷	1（6 分） 2（6 分）	25 分 /100 分	25.00%	选择题	氧化还原反应的应用
					物质的性质
	7（6 分） 9（2 分） 10（5 分）			填空题	电化学
					氧化还原离子方程式书写
					氧化还原方程式书写和计算

续表

试卷名称	题号（分值）	题总分 / 卷总分	比例	考查形式	考查内容
2012 年广东卷	7（4 分） 8（4 分） 9（4 分） 10（4 分） 11（4 分） 12（4 分） 22（6 分） 31（8 分）	38 分 /100 分	38.00%	选择题	氧化还原反应的应用（金属腐蚀）
					离子共存
					化学实验知识
					氧化还原反应的实际应用
					电子转移
					氧化还原反应的应用
				填空题	元素周期律
					氧化还原反应的应用与计算
2012 年山东卷	7（6 分） 8（6 分） 10（6 分） 12（6 分） 13（6 分）	36 分 /78 分	46.15%	选择题	氧化还原反应化学概念
					电子转移
					有机物氧化性
					化学实验知识
					电化学
	28（4 分） 29（2 分）			填空题	电化学
					氧化剂判断
2012 年浙江卷	9（6 分） 10（6 分） 13（6 分） 26（6 分） 29（2 分）	26 分 /100 分	26.00%	选择题	电子转移
					电化学
					氧化还原反应方程式
				填空题	氧化还原反应方程式的书写
					有机物推断
2012 年福建卷	6（6 分） 8（6 分） 9（6 分）	22 分 /100 分	22.00%	选择题	氧化还原反应实际应用
					元素周期律
					电化学
	24（4 分）			填空题	氧化还原离子方程式书写和氧化剂或还原剂的选择
2012 年安徽卷	7（6 分） 8（6 分） 10（6 分） 11（6 分）	32 分 /100 分	32.00%	选择题	物质之间转化
					离子共存
					卤素的氧化性
					电化学知识
	25（4 分） 26（2 分） 27（2 分）			填空题	电子转移
					有机物的氧化性
					离子方程式的书写

注 1：宁夏、辽宁、黑龙江、吉林、陕西、湖南、山西、江西、河南、新疆 10 省区使用同一套试卷，统一由教育部考试中心命制。

注 2：宁夏、辽宁、黑龙江、吉林、陕西、湖南、山西、江西、河南、新疆、云南、内蒙古、河北、湖北 14 省区使用同一套试卷，统一由教育部考试中心命制。

3 新课程高考化学氧化还原反应试题分析

3.1 新课程高考化学氧化还原反应试题分值占较大比例

从近 6 年新课程高考化学卷可知氧化还原反应所占比例较大，在 12%~50% 之间，其渗透在选择题和非选择题中。在综合大题目中也均以这一知识点来考查，分值高达 10 分，如 2011 年浙江卷 26 题。对 2007~2012 年新课程高考化学卷中氧化还原反应的考查分值所占卷总分的比例进行统计，结果见表 2。从横向来看氧化还原反应所占的比例总体呈上升趋势的有广东、海南、山东、江苏、北京等省市，其余各地变化幅度不大。整体来看，氧化还原反应所占比例在 12%~50% 之间，在高考中所占比例较大，是高考的热点和难点。

表 2 近 6 年新课程高考化学卷中氧化还原反应所占的比例

试卷名称	2007 年	2008 年	2009 年	2010 年	2011 年	2012 年
广东卷	12%	22.67%	20%	22%	41%	38.00%
海南卷	20%	19%	41%	24%	22%	31.00%
山东卷	25.64%	25.64%	30.77%	17.95%	30.77%	46.15%
宁夏卷	25%	22%	25%	31%	30%	24.00%
江苏卷	—	22.5%	29.17%	21.67%	36.67%	35.83%
天津卷	—	—	28%	20%	28%	25.00%
浙江卷	—	—	22%	16%	22%	26.00%
福建卷	—	—	31%	37%	33%	22.00%
安徽卷	—	—	25%	40%	32%	32.00%
辽宁卷	—	—	25%	31%	30%	24.00%
北京卷	—	—	—	34%	38%	50.00%

3.2 新课程高考化学氧化还原反应试题考查内容多样化

新课程卷中氧化还原反应试题形式多样，信息丰富，注重化学与社会生产生活相联系。主要有氧化还原反应基本知识、氧化还原反应方程式的书写、元素周期律、氧化还原反应方程式的配平、离子共存、电化学、元素化合物的性质、离子方程式的书写、电子转移、化学计算、氧化还原反应的应用等 11 种考查内容，以 2011 年与 2012 年为例统计分析，具体情况见表 3。由表 3 可知单纯考查氧化还原反应基本知识的试题在高考中所占比例不大，2011 年与 2012 年分别占 1.40%、1.47%，主要以元素化合物的性质来侧面考查氧化还原反应，2011 年本考查内容所占比例高达 32.88%。要求考生在掌握氧化还原反应基本知识的前提下，结合学科综合知识来解答。电化学知识也与氧化还原反应紧密结合，2011 年本考查内容所占比例达 20.55%、2012 年占比例达 13.24%，电化学及元素化合物性质是经常考查的方向。此外，氧化还原反应离子方程式书写、化学方程式书写、元素周期律等均为常见考查内容。新课程卷中的氧化还原反应一般设计了完整的解答过程，解题灵活性很强，要答好这类题除思路清晰外，还应具备较强的逻辑思维能力和分析推理能力。对于氧化还原反应配平各省市都较少考查，因此不是氧化还原反应考查的重点。按所属知识模块考查方向可分为无机知识和有机知识，以2011年高考试题为例，其考查方向以无机知识为主，试题数目为64，占比例为88.89%；有机知识只占很少一部分，试题数目为8，所占比例为11.11%。考查的内容主要有有机物的燃烧反应、有机物的加成（还原）反应、高锰酸钾还原有机物、银氨溶液的还原性、烃的衍生物之间的转化等。

表3　2011年与2012年新课程高考化学卷中氧化还原反应题考查内容情况

试题考查内容	2011年		2012年	
	试题数目	所占比例	试题数目	所占比例
氧化还原的基本知识	1	1.37%	1	1.47%
氧化还原反应方程式的书写	3	4.11%	12	17.65%
元素周期律	9	12.33%	4	5.88%
氧化还原反应的配平	1	1.37%	0	0.00%
离子共存	3	4.11%	3	4.41%
电化学	15	20.55%	9	13.24%
元素化合物的性质	24	32.88%	12	17.65%
氧化还原反应离子方程式的书写	7	9.58%	9	13.24%
电子转移	4	5.48%	7	10.29%
化学计算	2	2.74%	3	4.41%
氧化还原反应的应用	4	5.48%	8	11.76%
总计	73	100.00%	68	100%

4　高中化学教学启示

4.1　掌握基础知识，构建网络体系

化学学科的特征之一就是知识点繁多且杂，但有规律。只要掌握氧化还原反应的核心知识，构建起知识网络体系，就能把众多看似零散的知识贯串起来，解此类试题就游刃有余了。故可将氧化还原反应做一专题复习，引导学生掌握氧化还原反应相关基础知识，归纳总结主干概念、原理、知识。例如，氧化还原反应的本质和判断依据：电子得失或偏移、元素化合价升高和降低；氧化还原反应相关概念：氧化剂、还原剂、氧化产物、还原产物、氧化反应、还原反应；氧化还原反应与四种基本反应类型的关系；常见的氧化剂和还原剂；氧化还原反应的表示方法；氧化性、还原性强弱的判断。如此，便可建构一个知识网络体系。

4.2　注重学科观念与方法

对氧化还原反应的考查主要是突出其概念原理的认知价值，运用基本知识指导后续学习，解决化学问题。这就离不开化学学科的观念与方法，故在化学教学中，应注重学科观

念与方法教育，这也是化学教育的重点内容，新课程改革更是将“过程与方法”作为化学科学素养的重要维度，列为课程目标之一。常见的化学学科观念有：元素观、微粒观、变化观、实验观、分类观和化学价值观等。科学方法有很多，可分为感性认知方法、理性认知方法、认知实践方法三大类，可引导学生重点掌握逻辑思维方法，如分析与综合法、对比与分类法、类比法、归纳与演绎法、证明与证伪法、假说法、判断法等及一些化学学科的特殊方法。

4.3 紧扣课标考纲，把握命题方向

以新课程标准、考纲为重点展开全面复习，认真研究考纲、命题说明，及时掌握高考的最新动向，把握复习方向。新课标是高中学生学习应该达到的标准，是学生学习、复习的基本参考；而新考纲则对命题的形式和要求作出了详细的解释，是学生备考的主要依据。紧扣新课标、考纲，了解命题的趋向和要求，必然会提高复习的针对性和效率。近几年，氧化还原反应试题保持了相对连续稳定出现的特点，试题不偏、不怪，符合新课程标准的要求。学生对近几年试题中的热点、重点题型要做到心中有数，只要时刻以新课标、考纲为依据，明确复习要求，把握复习方向，突出重点，突破难点，就一定能取得理想的效果。

4.4 强化训练，总结规律

实践是检验真理的唯一标准，做题是检验学习效果的有效手段，但并非试题做得越多越好，教师应引导学生有针对性地选做代表性试题。对于每一道试题，不仅做对，且会做相关拓展，更深层次的要求则是总结命题特点，归纳方法、技巧，即在掌握基础知识及学科思想的同时进行深层拓展，最终形成完整的能力结构，从而可以举一反三，触类旁通。

（1）研究历年高考真题，把握规律。历年真题是试题精华的体现，而且每年高考试题的命制原则基本保持稳定。研究真题，在真题中寻找规律并把握规律，对解题有很大的帮助。

（2）积累基础知识，寻找突破口。大部分试题不能直接看出其考查意图，它要求学生能认真分析，研读试题，找出其解题突破口。例如当我们看到酸性高锰酸钾溶液的时候就应该马上联想到其具有强氧化性的作用，此时溶液中若还存在有强还原性的物质则要明白其将发生氧化还原反应。

（3）强化基础练习，总结做题得失。俗话说“熟能生巧”，化学学习同样如此。教师应指导学生多加练习，但并不是搞题海战术，要达到做练习的基本目的，即检查我们对知识的掌握程度。在做练习中要反复研读试题，并总结自己在做题过程中的得失，以求下一次做题的科学准确。

（本文选自张世勇《内蒙古师范大学学报（教育科学版）》2012年第10期94~98页，略有修改。）

3.7 实验法

3.7.1 什么是实验法

实验法是研究者为了验证某假设，而模拟客观环境，控制无关变量，有计划地改变某些条件，从而引起被研究对象的变化，观察、记录、分析与研究改变的条件与研究对象的变化之间的关系的一种科学研究方法。

实验法的目的在于揭示单个或多个自变量与单个或多个因变量之间的因果关系。

3.7.2 实验法的特点

实验法的特点总体来说，可以归纳为以下五点：

（1）以科学的假设为前提。假设是实验研究的核心。研究者根据某些教育现象或者科学的理论，对一些尚未定论的事物之间的关系，进行陈述性的、假设性的推测，然后通过实验的检验，测定假设是否成立。

（2）要控制实验条件。为确保研究对象的变化是由改变的条件引起的，研究者要严格控制其他变量，排除其他研究因素的干扰。一般来说，会设立两个小组，改变的条件作用于实验组，另设一个无改变量的常规组。

（3）揭示了变量间的因果关系。实验法能够很好地控制变量，排除干扰，使得变量之间的因果关系明确清晰。

（4）具有科学性以及准确度高。实验法不同于其他的教育研究方法，它不仅可以对已经做过的教育实验进行重复实验，将重复实验得到的结果再进行验证，而且它对于实验中的变量有着严格的控制，对于如何观察变量也作出了明确的规定，使得实验结果既有科学性，准确度又高。

（5）对观察到的情景现象进行研究，从而扩大研究的范围。

3.7.3 化学教育实验的分类

根据不同的分类标准，可以将实验法分为以下几个类别。

1. 按照实验进行的场所分类

（1）实验室实验　指在特定的专门的实验室内，使用各种设备进行实验，以研究事物，包括人物因果关系的研究方法。实验室实验一般多用于研究心理活动变化及其规律，真正用于教育研究的较为少见。

（2）现场实验　指在日常生活环境下，控制变量，按照预设的目的和观察标准观察研究对象。但是现场实验容易受到生活中其他无关变量的干扰，在一定程度上，会影响实验结果的信度。

2. 按实验对象的质或量分类

（1）定性实验　旨在研究某些事物的性质之间的关系，不包括其数量关系。例如，研究在化学教学中哪种教学方法更好，类似这样的实验就是定性实验。

（2）定量实验　定量实验是以定性实验为基础的实验。旨在研究某些因素之间的数量关系，但要先确定这些因素的性质以及这些因素间确实存在联系，才可进一步进行定量实验，从大量的数据中确定其数量关系。例如，研究化学教学中，确定有效习题数量，目的是确定多少习题数量可以确保学生的有效学习。

3. 按自变量因素的多少分类

（1）单一变量实验　是指在实验中只施加一个实验因素的实验。例如，对比哪个版本的教材效果更好，在实验班用苏教版化学教材，在常规班用人教版化学教材。

（2）双变量实验　是指在实验中施加两种实验因素的实验。例如，化学研究性学习实验研究，同时考察学习时间和不同水平学生组合对学习结果的影响，就是双变量实验。

（3）组合变量实验　是指在实验中施加两种以上实验因素的实验。实验因素越多，对实验控制的要求就越高，如控制不当，则会难以确定实验结果与何种实验变量存在着因果关系，导致实验失败。例如，在研究化学高效率学习中，将学习样例、教师语言、具体模型作为实验因素进行实验，就是组合变量实验。

4. 按实验的组织形式分类

1）单组实验

单组实验是指在一个组内将实验前的情况与施加实验因素后的情况作比较的实验。可以用以下公式表达：

S——（IT——EFl——FT1——C1）

——（IT——EF2——FT2——C2）

C=FT–IT，实验结果 =C1–C2

符号解释：

S= 实验对象（被试），IT= 初次测验（前测），EF= 实验因子，FT= 末次测验（后测），C= 产生的变化，“——”表示实验进程前后连接顺序，“–”表示减号。

【例 3–1】 为了确定 A、B 两种不同版本的练习册哪一种对高一学生化学学习效果更好，可以在班级中做一个单组实验。

S（实验对象）= 高一（1）班的学生，IT= 在使用 A 练习册前的一个考试测验，EFl 和 EF2=A、B 两种不同版本的练习册。首先让高一（ 1 ）班的学生使用 A 练习册，FT1= 在使用 A 练习册后的一次考试测验，C1（使用 A 练习册后的变化）=FT1–IT；然后让高一（1）班的学生再使用 B 练习册，FT2= 在使用 B 练习册后的一次考试测验，C2（使用 B 练习册后的变化）=FT2–IT；最后将 C1–C2 就可以得出哪一种练习册的效果更好。

单组法的优点：单组法的研究对象是同一集体，省去分组的麻烦，同时研究对象的智力无关变量没有不同，减少了因为被试对象的不同而造成对结果的偏差影响。

单组法的缺点：研究对象的前后水平并不一致。例如上面的例子中，使用 A 练习册后学生的化学成绩水平会比原先无练习册时要高，使用 B 练习册后测试的成绩在一定程度上带有使用 A 练习册的作用，对实验结果有一定的影响。

使用单组法的注意事项：

（1）应使被试对象在第一实验因素影响前的水平与第二因素影响前的水平基本一致。例如，在使用 A 练习册后的一段时间空白。等到学生在 A 练习册的影响基本消除后，再进行 B 练习册的使用测验。

（2）两个实验因素的实验时间应该一样。

2）等组实验

按使两组被试的某些条件基本相同的原则，将被试分为两组，一组施加某种实验因素，称为实验组，一组不施加这种实验因素，称为控制组或对照组，实验结束后，将两组结果作比较。

等组实验法的基本公式：

S1——（IT1——EFl——FT1——C1）

S2——（IT2——EF2——FT2——C2）

实验结果 =C1–C2

符号解释：

S= 实验对象（被试），IT= 初次测验（前测），EF= 实验因子，FT= 末次测验（后测），C= 产生的变化，“——”表示实验进程前后连接顺序，“–”表示减号。

实验结果就是把 C1、C2 两种变化互相比较，为了使得实验组和对照组的研究对象除实验因素外其他条件基本相同，一般可以采用随机取样法、测量选择法、逐个分配法、随机取样法等。

【例 3–2】 为了确定 A、B 两种不同版本的练习册哪一种对高一学生化学学习效果更好，可以在两个班级中做等组实验。

S1（实验对象）= 高一（1）班的学生，IT1= 在高一（1）班使用 A 练习册前的一个考试测验，EFl 和 EF2=A、B 两种不同版本的练习册，FT1= 高一（1）班在使用 A 练习册后的一次考试测验，C1［高一（1）班使用 A 练习册后的变化］=FT1–IT1；S2（实验对象）= 高一（2）班的学生，IT2= 在高一（2）班使用 A 练习册前的一个考试测验，FT2= 高一（2）班在使用 B 练习册后的一次考试测验，C2［高一（2）班使用 B 练习册后的变化］=FT2–IT2；最后将 C1–C2 就可以得出哪一种练习册的效果更好。

等组法的优点：克服了单组法中第一实验因素会对第二实验因素的影响。

等组法的缺点：分组较为困难；很难找水平基本一致的实验组和对照组。

使用等组法的注意事项：若是用两种不同的分组方法，在对实验结果进行检验时，应采用不同的检验方法。例如，随机分组所得到的是独立样本，应用独立样本检验方法进行检验；配对分组所得到的是相关样本，应用相关样本检验方法进行检验。

3）轮组法

将两种实验因素分别放在两组研究对象中进行实验，经过一段时间后，将两种实验因素对换，并进行实验，该实验时间与上一次实验时间相同，然后对比得到结果。

轮组法的基本公式：

S1——（IT11——EFl1——FT11——C11）

——（IT12——EF12——FT12——C12）

S2——（IT21——EF21——FT21——C21）

——（IT22——EF22——FT22——C22）

符号解释：

S= 实验对象（被试），IT= 初次测验（前测），EF= 实验因子，FT= 末次测验（后测），C= 产生的变化，“——”表示实验进程前后连接顺序，“–”表示减号。

【例 3–3】 研究学生的化学成绩与使用练习册的种类和教师年龄之间关系。

第一种实验因素是 A、B 两种练习册；第二种实验因素是不同年龄 C、D 的教师。

S1 是高一（1）班的学生，IT11= 在高一（1）班使用 A 练习册前的一个考试测验，FT11= 高一（1）班在使用 A 练习册后的一次考试测验，C1［高一（1）班使用 A 练习册后的变化］=FT11–IT11，IT12= 年龄 C 的教师授课前高一（1）班学生的考试测验，FT12= 高一（1）班的学生在年龄 C 教师授课后的考试测验。与此同时，在 S2= 高一（2）班中也进行相应的实验，但是这里实施的实验因素的前后要与 S1 相反，即先进行年龄 D 教师的实验，而后进行练习册 B 的实验。

两种实验因素在两个研究对象组内的结果是：

A、B 练习册的实验效果 Q1=C11+C22

年龄 C、D 老师实验效果 Q2=C12+C21

实验结果（哪个实验因素的效果好）=Q1–Q2

轮组法的优点：

（1）各个实验因素轮流在研究对象中进行，使得实验因素产生影响的机会均等，并且各实验因素的实验次数增多，可以使得实验结果准确度增加。

（2）不要求各组研究对象的水平基本一致，避免分组的麻烦。

轮组法的缺点：

（1）实验操作复杂。

（2）各实验因素前后迁移的影响不相同。

（3）为抵消各个实验因素的迁移影响，颠倒使用实验因素，使得实验时间较长。

轮组法使用的注意事项：

若实验因素变为 3 个，那么实验组也应为 3 个，每组内的所有实验因素也应轮流实验一遍。实验因素的次序应当如下：

S1——（EF1——EF2——EF3）

S2——（EF2——EF3——EF1）

S3——（EF3——EF1——EF2）

5. 按照对实验控制的程度分类

（1）标准实验　是指严格控制所有会影响研究对象的因素的实验。同样分实验组和常规组进行对比。但在真实环境中，很难真正做到控制所有无关变量。

（2）半实验　是指不能完全控制所有无关变量，会缺少一个或者几个无关变量的实验。化学教育实验往往就是半实验。

6. 按教育实验的目的分类

（1）探索性实验　是指侧重于发现新的化学教学规律的实验。

（2）验证性实验　是指侧重于对已得出的科学理论进行检验，从而确定它或否定它的实验。

（3）应用性实验　是指侧重于把发现和验证过的科学理论应用于具体的教学实际，使得科学理论真正转化为教学实际的实验。

3.7.4　化学教学实验的步骤

化学教育实验一般分三个阶段进行，即准备阶段、实验阶段和结束阶段。每个阶段又包含多项步骤（见图 3–2）。

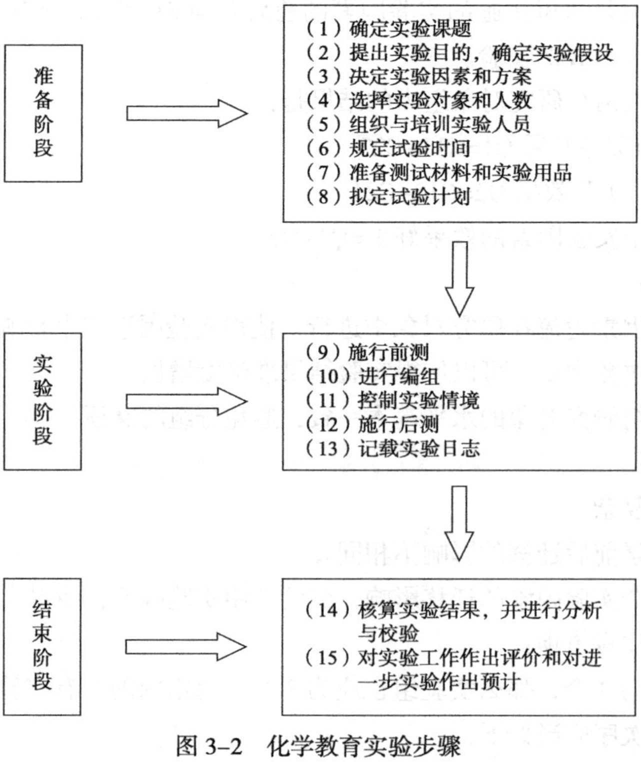

图 3–2　化学教育实验步骤

1. 实验的准备阶段

1）实验研究的选题范围确定

确定实验研究课题，首先要弄清研究的目的；其次要以具有科学价值、实用价值和解决问题为原则。课题的大小要看需要，要考虑完成的可能性。

2）假设的产生

假设可以从教学现象的观察中产生，也可以从一些教育理论中产生。假设是对某些因素之间关系的推测，这些推测需要经过检验，才可知道它是否成立。假设中会涉及一些变量和条件，研究者对于条件和变量的设定，要考虑到现实的可操作性，并且其变化有一定的方法可以测量。

3）假设的陈述

假设的陈述应符合以下三个标准：

（1）含有两个或两个以上变量及其之间的期望关系；

（2）用陈述句明确无误地表述；

（3）假设最终可以得到检验。

需要指出的是，许多实验假设都因过于宽泛笼统而不能准确反映所研究的问题。如假设"聪明的学生化学学得好"。这里，"聪明""学得好"等词用得就太笼统，没有针对具体的研究问题的概念，或者说不可操作，因而对研究没有什么指导作用。若对该假设进行如下陈述，也许就变得可以接受了：

IQ 测量分数排在前 25%的 14~16 岁学生在化学计算题测验中平均分比那些 IQ 测量分数排在后 75%的 14~16 岁学生要高。

这一陈述详细具体，表明了期望关系（IQ 测量分数排在前 25%的学生比排在后 75%的学生化学计算题得分高）。

以上假设还可进一步简化：

在 14~16 岁学生中 IQ 测量分数与化学计算题得分之间存在正相关。这一假设也包括了一个期望的关系，并可检验。

以上两例中，假设包含了有关变量的操作性定义——学习能力（这里指聪明程度）和化学学习水平（这里用解计算题水平表示），这两个变量都用具体测试或实验中的分数来定义。

假设的表述可采取定向形式或非定向形式。前者能示意结果有一定趋向，而后者则不能。一般而言，化学教育实验中的假设因为含有期望的结果，故多是定向的假设。请看以下几例：

（1）采用归纳、类比、提问式教学的化学成绩超过不采用归纳、类比、提问式教学的化学成绩。

（2）合作型学习中，教师的支架作用有助于小组研究结论的得出。

（3）代数的得分等级与化学得分等级之间有正相关。

当然，假设的陈述形式究竟是定向还是非定向，还要视期望的结果来定。如果文献表明我们能期望一个差异或一个有方向的结果，那么应采用定向假设；如果研究者对所研究对象的内在关系不甚了解，凭已有知识只能肯定研究对象的主变量之间存在相关，但不能肯定是什么样的相关，则应采用非定向假设为好。例如：

（1）能力强的学生与能力一般的学生化学平均成绩没有区别。

（2）能力强的学生化学平均成绩不等于能力一般的学生的成绩。

综上所述，假设的提出是以研究问题的确定和陈述为出发点的。设计假设的过程不仅仅是把问题定义得更具体，而且还要有效地限定研究的问题。假设的陈述涉及变量、操作性定义和条件。而所有这些都是依据相关理论和现有知识而得出的。假设提出以后，还要在研究过程中发挥导向作用。也许，有的假设最初不够精确，但随着研究的进展，原有的假设可以被修订、改进，或被舍弃而提出新的假设。总之，假设应成为构思实验研究的核心和依据。

4）实验的操作控制

实验过程，就是研究者通过控制无关变量和自变量，观察、分析、确定自变量和因变量之间关系的过程。

（1）自变量的操作定义与控制措施

要将变量由抽象的概念转换为现实中切实可以操作的变量。

（2）因变量的观测指标与观测方法

①中小学教育教学实验的观测指标多数是学生的考试成绩及自身素质的变化。

②确定因变量的观测指标就能把因变量的变化用数字表示出来。

③在选择实验的因变量即反应变量时，最好选择那些有量表或自己能够制造测量手段的品质来作反应变量，而且，要在实验计划中说清究竟怎样测出这些品质的变化。

（3）无关变量的控制措施

在教育实验中，通常采用消除法、恒定法、平衡法、随机抽样法和盲法控制来控制无关变量。

①消除法消除无关变量是最简便的控制无关变量的方法。在实验期间，可以设法消除某些无关变量的影响。如在比较不同的化学作业类型、作业量对学生学业成绩影响的教育试验中，应避免学生自己课后自我加压做大量习题。

②恒定法不能消除无关变量，便难在实验过程中保持恒定，也难在实验组与对照组中保持平衡。如在教学方法的比较试验中，除教法外其他条件如教师水平、所学材料等应保持相同。实验组和对照组的前测也应尽可能均等。由于两组无关变量的影响基本相同，所以两组反应之差，就可以认为是自变量带来的结果。当然在真正的化学教育实验中，难以做到使众多因素保持恒定，所以恒定法一般需要和其他方法一起使用。

③平衡法使顺序变量（自变量出现的先后顺序）对实验组和对照组的影响彼此相等。轮组实验就是采用这种方法，对顺序变量加以控制的。

④盲法控制使被试人员处于并不知道教育实验实施的自然状态，避免被试由于知道在进行教育实验而表现异常，如格外努力地学习等，影响教育实验的真实性。

2. 实验结果的总结评价阶段

实验后，对实验得出的数据，经过处理，得到结论，撰写实验报告。

1）化学教育实验结果的统计分析

化学教育科研中常用的统计检验方法有：Z 检验，它用正态分布理论来推论差异发生的概率，应用于数量较大（一般来说大于 30）的研究样本；t 检验，它以 t 分布的理论来推论误差发生的概率，从而判断两个研究样本均数差异是否显著，适用于样本小于30 的小样本。此外还有适合于计数资料的 χ^2 检验，适合于对多个均数差异全盘检验的 F 检验（在方差分析的基础上）以及符号检验等非参数检验方法。

2）教育实验报告的撰写

（1）标题

直接采用实验课题的名称。要使标题具体明确，在标题中应表明三点：研究对象、研究的问题、研究的方法。例如“初三化学自学辅导程序教学的实验研究”。

（2）署名与摘要

摘要一般讲述该研究的目的以及内容、方法和结果。字数一般为 200~300。

（3）前言

这是报告的第一部分，常以引言的形式简要地阐述下列内容：

①课题提出的缘由；

②研究的目的和意义；

③文献综述：目前国内外在这一方面研究的成果、现状、问题及趋势。

（4）方法与步骤

①被试对象的选样方法与组织形式；

②实验变量的操作方法及辅助措施；

③无关变量的控制方法；

④因变量的观察方法。

（5）结果

①对在研究中所收集到的原始资料和观察资料进行初步整理、分析后的结果，如对定性资料的归纳、概括，对定量资料列出的图表等；

②对资料初步整理分析后，采用一些逻辑的或统计的技术手段，推出的最后的结果或结论。

撰写这一部分应注意以下几点：

①不可以仅用几个事例来以一概全，从单纯的逻辑角度推出结论，而要重视定性定量的综合分析。

②对于数据资料，不应仅仅停留在举例的水平上，而应采取一些统计分析的技术，从数量的变化中揭示事物的本质。

③在统计图表上出现过的事实，没有必要再用文字重述一遍，只要指出这些数字所说明的问题即可。

④结果仅仅是对研究所收集的事实材料的客观归纳。在这一部分只可以列举客观材料，严谨地提出结论，切忌夸夸其谈、妄下结论和任意引申。

⑤以事实与数字为主，文字叙述要简明，结论要明确。

（6）结论、建议和启示

这是实验报告的最后部分，通常称为“结论”“结论及讨论”或“结论和建议”等。这一部分与研究结果不同，研究结果是数据分析的产物，结论则是作者根据结果作出的推论。这一部分一开始，通常对研究问题着重于怎样进行研究，再作一次概要叙述。结论必须合乎结果，避免对结果部分再进行不必要的重复。结论部分应包括以下几个方面：

①按意义大小的次序列出记录的结果；

②在相关研究或理论的背景下阐释与研究问题相关的结果，即推出结论；

③讨论研究结果的其他解释，说明为什么某一种解释更具有可能性；

④将自己的研究结果与相关的研究结果作比较，并对两者间的不一致作出解释；

⑤讨论自己研究的局限，诸如设计及研究方法中存在的问题；

⑥通过该研究为以后的研究提出建议和设想；

⑦讨论该研究的外部效度，指出对教育理论和实践的概括性意义及此概括的局限性；

⑧简要总结该项研究。

（7）参考文献

参考文献出现在报告末尾、结论部分之后，是指研究中参考引用的重要文献资料目录。

3.7.5 实验法案例

样例学习在中学化学教学中应用的初步研究

1 实验方法

1.1 被试

本实验以南京师范大学附属中学高二年级某文科班为研究样本，该班42名学生被随机分配到常规学习和样例学习条件下，其中常规组21人，样例组21人，实验之前他们已经完成了高一学年和高二上学期的化学学习，实验时正开始学习高二化学有机部分。通过作者与学生之间的接触发现学生们对化学学科比较重视，课堂纪律和气氛也比较正常，所以选择该班级为研究对象是比较适合的。

1.2 材料

本实验所选教材为人教社2000年12月第二版全日制普通高级中学教科书《化学》第二册（实验修订本·必修）。教学内容主要以该书第四章第二节“烷烃的命名”部分为主。之所以选此研究内容，主要是基于以下因素：①第四章是学生第一次比较全面地接触有机化学部分，学生对有机知识的了解基本上相互接近，可以排除前知识对研究结果的影响；②因为学生是第一次学习有机化学，相对来说都是新手，所以易于研究新手在样例学习和常规学习方式上的差异，从而更好地探究样例学习的有效性；③“烷烃的命名”中所隐含的命名规则比较明显，易于学生进行学习和归纳。

实验中我们按照由易到难的原则设计了样例、练习、测验三份材料。样例材料主要为样例组设计，包括6道已经标好碳原子数、标示起点并正确书写命名的例题和6道相似习题，要求学生在仔细学习样例的基础上完成这些练习；而练习材料则主要用于常规组，6道练习题与样例组中完全相同。测验材料则作为两个不同实验组测验所用，主要分为近迁移（共6题）和远迁移（共2题）两类，其中近迁移题和练习题比较相似，要求学生根据化学式对烷烃进行命名，而远迁移题则正好相反，它要求学生根据烷烃的命名写出化学式。

1.3 实施程序

研究主要分为一般介绍、实验、测验三个阶段，但在具体操作上两实验组略有差异，具体程序见表1。

表1 实验设计程序

一般介绍阶段（10min）	实验阶段（30min）		测试阶段（40min）
	样例组	常规组	
简要介绍烷烃命名的一般规则及步骤，并辅以例题讲解	仔细学习样例并完成6道相似习题	完成6道习题，题目与样例组完全相同	一周后进行

注：每节课课时为40min。

2 结果与分析

在记分上，我们确定样例学习材料和练习材料中的练习每题为4分，具体评分从以下四个方面考虑：①主链是否正确？②起点和支链位置是否正确？③数字和汉字之间是否用一短线隔开？④不同取代基的位置排列和合并是否正确？每正确一项给一分，总分为24分。测验材料记分方式则采用了两种不同的标准，其中6道近迁移题评分标准与练习材料评分方式相同，也是从以上四个方面进行考虑，总分24分；而远迁移题中由于是根据命名写出化学式，所以我们选择从以下三个方面进行记分：①主链是否正确？②支链是否书写正确？③支链位置是否正确？每项1分，2道远迁移题一共6分，所以测验试卷的总得分是30分。下面，我们从学习时间、学习结果和测验成绩三个方面进行分析。

2.1 学习时间

由表2中两组学习时间统计可以看出，在学习阶段样例组所花费时间要比常规组稍微多一点。这是因为样例组不仅要完成和常规组相同数目的练习，同时还要研究样例，但通过t检验我们发现，二者之间并不具有显著差异。这一点应该是广大教育工作者所乐于见到的，在一定程度上消除了人们对于进行样例学习时间消耗太多的担忧。但是我们也应意识到，本实验中这种差异之所以不显著，其中一个可能很重要的原因是学习内容不够复杂，而更广阔背景下二者时间的差异则有待我们做进一步研究。

表 2　样例组和常规组学习时间统计结果

样本	容量	平均分	标准差	t 检验结果
样例组	21	18.57	3.36	t=0.365
常规组	21	18.14	4.03	

注：时间单位为 min。

2.2　学习结果

表 3 为我们提供了样例组和常规组在学习结果上的统计结果。从中可以看出，6 道练习题中，样例组的平均分为 17.95，标准差为 3.07，常规组的平均分为 14.95，标准差为 3.17，样例组平均分成绩要明显地高于常规组，通过 t 检验发现二者差异显著（t=2.027），说明了样例在学习阶段起着非常重要的作用。但同时我们也在思考这样一个问题，之所以造成学习结果的差异，可能并不是由于样例组被试从样例中学到了其中隐含的原理和规则，而是由于样例和习题的相似性使得样例组学生能够很容易地进行套用，并不一定能表明被试进行了有效的学习。所以学习成绩的差异还不一定能使人信服地说明样例对认知技能习得的促进作用。

表 3　样例组和常规组学习成绩统计结果

样本	容量	平均分	标准差	t 检验结果
样例组	21	17.95	3.70	t=2.027
常规组	21	14.95	3.17	

2.3　测验成绩

为了解答以上所提出的疑问，我们有必要对测验成绩进行分析。之所以将测验选择在学习该内容之后的一周进行，这也是其中一个非常重要的原因。如果学习成绩的差异确实是因为有样例可以套用，那离开了样例之后的样例组学生和常规组学生二者之间的成绩应该不存在显著差异，但事实是否如此呢？

表 4 为我们提供了两种不同学习条件下二者在近迁移题目上的成绩统计。从近迁移上我们可以看到，样例组平均分要明显高于常规组，分别为 20.81 和 17.43，t 检验结果显示，二者之间存在着高度显著性差异（t=3.070），即样例学习要明显优于常规学习方式。在测验阶段由于二者均没有可以参照的样例，所以我们可以推测，造成显著差异的原因是由于样例组被试在学习阶段就已经从样例中习得了关于烷烃命名的更系统全面的规则，而不是仅仅简单生搬硬套。这从远迁移统计数据中得到了验证。

表 4　样例组和常规组测试成绩统计结果（近迁移）

样本	容量	均分	标准差	t 迁移结果
样例组	21	20.81	3.36	t=3.070
常规组	21	17.43	3.60	

通过分析表 5 的数据我们可以看出，样例组被试平均分要明显高于常规组，t 检验表明样例组和常规组之间存在高度显著性差异（t=2.728），这表明较之常规学习方式，样例

学习体现出明显的优越性。通过分析样例组和常规组在远迁移上的差异，我们可以推断出样例组被试在样例学习中确实比常规组习得了更具体全面的解决问题的方式和规则。

表 5　样例组和常规组测验结果统计结果（远迁移）

样本	容量	均分	标准差	t 迁移结果
样例组	21	3.95	2.81	t=2.728
常规组	21	1.25	1.33	

3　结论

根据上面的分析可以看出，对于新手而言，样例学习比常规的学习方式具有明显的优越性，它对近迁移、远迁移有着很好的促进作用，而二者在学习所需要的时间上并没有显著差异。迁移能力一直是教学所重点关注的，样例学习不仅可以促进学生在类似问题（近迁移）上有很好的迁移表现，更可喜的是它对不同类型（远迁移）的迁移也表现出较大的优越性，这说明了通过样例学习学生更容易习得样例中所隐含的抽象知识。同时样例学习是学生自己主动探究和学习的过程，这对培养学生自主学习的能力有很大帮助。样例学习摆脱了课堂上教师一味讲解、学生被动接受的局面，使学生真正成为学习的主体，这对提高学习者的学习兴趣、培养学生的思维能力、问题解决能力都起着重要作用。我们随后进行的对于学生的访谈也验证了这一点：在可以选择的情况下，更多的学生愿意选择样例这种学习模式。

（本文选自张四方、李广洲《现代中小学教育》2005 年第 6 期 37～39 页，略有修改。）

【案例点评】：本案例是一篇结构较为完整的化学教育实验报告论文。文章标题中即指出自变量样例教学，简洁明了，反映了实验的主要内容。文章开篇简要介绍了样例教学的优点，较为笼统地阐述了实验的假说和意义。

该教育实验对被试采用了随机分配，以南京师范大学附属中学高二年级某文科班为研究样本，该班 42 名学生被随机分配到常规组和样例组，采用等组法实验。

在实验教材的选择上体现出了实验者的细心与缜密，巧妙地选择便于进行样例教学研究的教学内容，并且有效地排除了前知识等影响实验的无关变量，保证了实验结果的有效性和准确性。

实验时间为一节课，在对样例组和常规组均简要介绍烷烃命名的一般规则及步骤，并辅以例题讲解后，对两组分别教学，一周后对教学内容进行测验。论文对实验产生的学习时间差异、学习结果、测验成绩等进行统计分析，分别得出结论。这种对由一个自变量对因变量产生的多方面的影响进行分析的方法值得借鉴，可以使教育研究进行得更加有效，对实验结果的认识更加全面。

文章最后对本教育实验进行了总结并提出了继续实验的设想。虽然无论是从被试人数还是从实验时间来说，该案例都是一则微型教育实验，但无论是实验的组织实施、数据的统计分析还是论文的撰写都较为标准和规范，符合教育实验的一般要求。此外，在教学中进行此种简便易行的微型教育实验也利于广大教育工作者在教育实践环节中更加有效地进行探索和改革。

3.8 行动研究法

随着基础教育改革的全面推进和新课程改革的不断深入，中学教学工作中出现了大量新的问题。传统的教育研究方法已经不能解决好这一问题，这就需要引入先进的教育研究理念。行动研究法是一种新兴的教育研究方法，在我国一些地区进行了推广，在教育实践中取得了很好的效果，对提高教师的教育实践水平有着积极的促进作用。

3.8.1 行动研究的概述

1. 行动研究的起源与定义

行动研究作为一种社会科学研究方法一开始出现在二战时期的美国。那时，在一般科研工作者眼中，“行动”与“研究”是两个用以说明不同的人从事不同性质活动的概念。“行动”主要指实际工作者的实践活动和实际工作；“研究”则主要指专业研究工作者和其他学者所从事的专业探索活动。

早在20世纪中期的美国，一些学者就对行动研究产生了兴趣并对其思想进行了研究。20世纪40年代，美国社会心理学家库尔勒·勒温认为行动研究是将科学研究者与实际工作者之智慧与能力结合起来以解决某一事实的一种方法，并指出了行动研究的几个典型特征：参与、民主、对于社会知识及社会变化的同时贡献。库尔勒·勒温利用“计划”“观察”“实施”“评价”等字眼，将行动研究描述成一个螺旋状且不断循环的过程。20世纪50年代，行动研究被介绍到教育领域，并得到教育界的广泛应用。现如今，行动研究更是受到我国中小学教师的青睐。

随着社会的发展，英国学者爱略特——当今行动研究的主要倡导者，他认为行动研究旨在提供社会具体情景中的行动质量，是对该社会情境的研究。《国际教育百科全书》中将行动研究定义为：“由社会情境（包括教育情境）的参加者，为提高对所从事的社会或教育实践的理性认识，为加深对实践活动及其依赖的背景的理解，而进行的反思研究。”发展到现在，行动研究，简单地说就是教师在实际教学情境中，为达到改进教学的目的，综合运用各种有效的研究方法，对自己的教学实践进行研究的教育科研活动。因此，行动研究并不是一种独立的研究方法，而是一种研究活动。行动研究的目的在于将研究活动与教学实践相结合，帮助教师提高对自己所从事的教学实践的理性认识，加深对教育理论与教学实践间联系的理解，使教育科研成为改进教学实践的直接推动者。

2. 行动研究的基本特征

不同于传统的教育研究，行动研究依从于教育教学实践中的问题及其研究，着眼于教学实践的不断改进，从而使教师的教学保持一种持续的创造性。因此，行动研究具有以下三个基本特征：

（1）为行动而研究 行动研究的根本目的不是为了获取“真理”，不是为了理论的产出，而是为了实践本身的改进。这种改进是针对研究者个人具体的教学实践，而不是他人的。由于实践的“改进”是一个难有终结的目标，所以，行动研究是一个不间断地螺旋上升、循环往复的过程。在教育研究中，行动研究不像一般科研注重的是科学理论的产出，它也不追求理论和方法的广泛性与普遍性，而是以解决教学实际问题、提高教育教学质量为首要目标，提高教师对教学实践情景的认知水平，不断改进和优化教学实践。

（2）对行动的研究 行动研究是一种“以问题为中心”的研究方式，“问题”是行动研究的出发点。因为特定情境中的实践者所面临的问题总是特定的，所以行动研究的研究对象往往也是特定的，而不必具有普遍的代表性。这就决定了行动研究不必遵循严格的程序，要依据具体“问题”而定。

（3）在行动中研究 行动研究不是在实验室里进行的研究，也不是在图书馆中进行的研究，行动研究贯穿于教学实践活动中。行动研究的对象是教师的实际教学情境，而行动研究的结果又被用来改进同一教学情境。教师既是“研究者”，又是“学习者”。行动研究过程实际上成为教师重要的“学习过程”。行动研究使教师的学习、思考、研究以及对教育教学的改善处于同一过程中，从而避免了理论研究与教学实践的分离。

3.8.2 行动研究的基本类型

行动研究内部有比较丰富的方法类型，我们可以从研究的侧重点、研究的发展历程、参与者的反映以及参与者的不同类型几个角度对行动研究进行分类。行动研究可以有以下三种模式：

（1）合作模式 在这种研究中，专家（或传统意义上的“研究者”）与实际工作者一起合作，共同进行研究。研究的问题是由专家和实际工作者一起协商提出，并给出研究结果的评价标准和方法。

（2）支持模式 在这种类型中，研究的动力来自实际工作者，他们自己选择需要研究的问题，自己决定行动的方案，专家则作为咨询者帮助实际工作者形成理论假设，计划具体的行动以及评价行动的过程和结果。

（3）独立模式 在这种类型中，实际工作者独立进行研究，不需要专家的帮助和指导。他们摆脱了传统的研究理论和实践规范的限制，对自己的研究进行批判性的思考，并且采取相应的行动对社会现实进行改造。

3.8.3 行动研究的适用范围

行动研究主要是适用于教育实际问题而不是理论问题的研究，单个教师的行动研究的特点是规模小，研究问题范围窄，易于实施，但力量单薄，很难从事深入的、细致的、说服力强的研究。协作性行动研究的特点是可以发挥多个教师的集体智慧和力量，但可能在理论的指导方面较欠缺。

学校范围内的联合行动研究是由专业研究人员、教师、政府部门、学校行政领导等组成的较为成熟的研究队伍从事的研究。这是较为理想的行动研究，它的特点是有专业人员参与，有较强的理论指导，研究力量大，充分地发挥领导、教师、研究人员的作用。

行动研究的适用范围主要是适用于教育实际问题而不是理论问题的研究，以及中小规模而不是宏观的实际研究。针对教育的实际情境而进行，从实际中来又回到实际中去。

具体表现为：

（1）课堂教学研究将改革措施实施于教学过程；

（2）对课程进行中小规模的改革研究；

（3）教师职业技能训练，提供新的技术和方法；

（4）学校管理评价；

（5）对已确诊的问题所施行的改革措施，如困难学生的教育措施、不良心理行为的矫正、环境因素的变革等。

3.8.4 行动研究的基本研究过程

1. 基本思想

由于行动研究是指向于特定情境中的问题解决，所以不同的研究者在实施行动研究的具体步骤上存在着差异。但在基本的操作过程方面，行动研究基本上遵循以下基本思想：

（1）行动研究的起点应该是对问题的“勘察”——问题的界定与分析；

（2）行动研究应该包含对计划及其适合情况的观察与评价，并在这种评价的基础上加以改进；

（3）从总体上看，行动研究的进程是一个螺旋循环的过程。

2. 行动研究的过程

1）国外行动研究的实施过程

20世纪40年代，库尔勒·勒温提出了行动研究循环模式，他认为可以用计划、调查、实施等概念来描述行动研究的过程，凯米斯等人对其进行概括，得到图3–3所示内容。

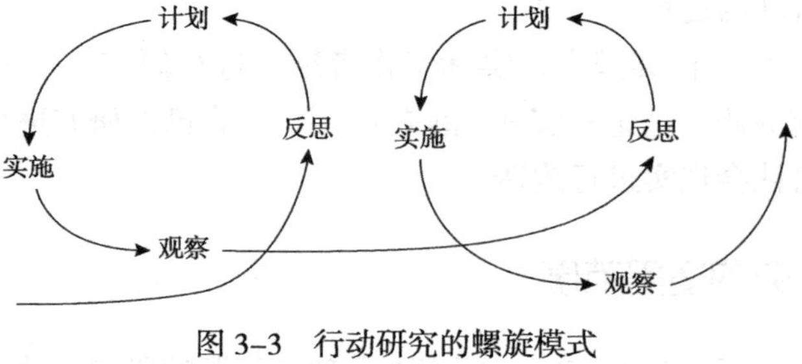

图3–3 行动研究的螺旋模式

凯米斯对行动研究过程的描述进一步继承并发展了勒温的传统，他认为行动研究的核心就在于由计划、行动、观察与反思等环节构成的螺旋式推进的循环过程。凯米斯广泛倡导“教育行动研究”，鼓励教师成为自己教育工作的反思性实践者，认为教育行动研究是一个可行性相当高的研究方法。

2）国内行动研究的实施过程

我国学者将不同行动研究流派的操作程序进行整合，逐渐形成较具有特色的观点。就总体而言，行动研究的操作步骤大体涉及确定问题、制定计划、实施行动、进行观察、进行反思、总结成果等几个环节。下面就从这几个环节对行动研究的实施进行分析和介绍。

（1）确定问题

进行教育行动研究必须要发现和确定问题，中学教师应该从自己的教学实践中去寻找问题，对自己的实际工作中已经存在的问题展开研究。

中学化学教师一直生活在教育工作的第一线，而在教育教学场景中存在大量亟需解决的问题，教师在自己的教学实践和与学生交往的过程中，应当密切观察，透过表面现象思考具体问题的存在，力求及时发现和捕捉到问题。

（2）制定计划

形成旨在改进现状的计划是行动研究的第一个环节。它包括以下几个方面的内容和要求：

①计划始于解决问题的需要，它要求研究者从现状调研、问题诊断入手，弄清楚现状如何？关键问题是什么？创造怎样的条件、采取哪些方法才能有所改进？什么样的设想是最佳的？

②计划包括总体设想和每一个具体行动的步骤。

③计划要有充分的灵活性、开放性，即随着对问题认识的加深和环境条件的改变随时调整计划。

（3）实施行动

即按计划进行变革。行动是在获得了关于背景和行动本身的反馈信息，经过思考并有一定程度的理解后的有目的、负责任、按计划采取的实际步骤。这样的行动具有贯彻计划和迫切解决问题的性质。

（4）进行观察

即收集研究的资料，检查行动的全过程，其方法可以包括观察法，也可以包括问卷法、访谈法等。观察的内容主要有：背景资料、过程资料和结果资料。

（5）反思与成果总结

即就行动的效果进行思考，并在此基础上计划下一步的行动。它是一个研究活动的终结，又是下一个研究循环的开始。这一环节至少包括：

①整理与描述，即对观察、感受到的与制定计划、实施计划有关的各种现象加以归纳整理，描述出行动研究的过程和结果。

②评价与解释，即对行动的过程和结果作出判断，对有关现象和原因作出分析解释，并决定下一步计划是否需要修正。

③写出研究报告。

施良方先生认为行动研究的循环过程可以转化成下列以教育活动为背景的陈述：

（1）当我的教育价值观遭到实践否定时，我碰到了问题（比如我的学生在我的课上并不如我所要求的那样积极参与）。

（2）我设想着解决这个问题（重新组织以使他们的积极性提高，是以小组活动还是进行结构性练习）。

（3）我实施这个想象中的解决方案（我让他们进行小组活动，并引入了有结构的练习，使他们在没有我经常监督的情况下提出和回答问题）。

（4）我评价我行动的结果（我的学生参与性加强了，但他们太吵闹，并且在有结构性练习的情况下仍依赖于我）。

（5）我根据自己的评价重新系统地阐明问题（我必须找到一种方法，使他们在自身的发展中更具独立性）。

3.8.5 开展行动研究对教师的要求

行动研究是促进教师专业化发展的有效途径，为顺利地开展行动研究，教师除了要遵循一定的研究程序外，还应注意以下问题：

（1）更新教育理念　教师想要成为研究者，积极主动地参与到行动研究中来，首要条件就是教师本身要具备自觉的专业发展意识，只有这样，才能实现教师自身角色上的转变。除此之外，教师还需要具备新时代的学生观与教学观，这样才能确保研究的有效性和科学性。如果没有先进的教育理论作指导，行动研究就只能是经验的重复，同时也会影响教师对教育、教学实践的理解，降低对教育、教学过程中问题的洞察水平，进而导致研究工作的盲目和低效。

（2）提高问题意识　行动研究始于问题的发现，正因为教师在日常的教育教学实践中能察觉到问题的存在，同时面临着教育、教学困境，才能意识到研究的必要性，也才能引发教师开展行动研究。没有问题意识、缺乏探究精神、不具备敏锐发现问题能力的教师是发现不了教育、教学中需要研究的问题的，当然也就不会开展行动研究。教师应以积极、探究的态度留心观察身边正在发生的各种教育现象与实施某项行动后的效果，然后对观察到的各种情况进行思考，并在初步分析的基础上，提出问题。可以说，提高行动研究的有效性有赖于教师准确而及时地发现并概括教育、教学中的问题。

（3）培养合作精神　行动研究仅仅靠教师的努力是不够的，虽然教师是研究行动的主体，但是这样很难保证研究的顺利进行，也难以取得卓越的成效。想要完美地做好行动研究，必须要教师与教育专家共同努力，携手前行。研究的问题可以由专家和教师一起协商提出，专家作为咨询者帮助教师形成理论假设、计划具体的行动以及评价行动的过程和结果。在行动研究中加强合作，注重集思广益，有利于避免教师个人认识的狭隘性，提高研究的科学化水平。

（4）发展反思能力　教师在行动研究中不仅仅扮演研究者一个角色，还是集研究者、分析者、改革者、实施者等角色的混合体。教师要把握好自身的行动并发挥好各个角色的作用，就需要提高自我反思能力。教师应增强自我反思的意识，随时反思自己的角色转变，不仅要做技术性的反思，更要做实际性、批判性的反思，只有这样才能增强研究的客观性，提高教师的研究水平。

理论研究和实践都证明，教师开展行动研究十分必要。面对教学问题时，教师只有对自己所处情景有一个真正的理解，作出明智而谨慎的决定，并有在实践中对理论进行检验的意向，才能结束长期以来消极被动的“教书匠”的形象，逐渐成长为教育和教学的行家里手，成为“专家型”“研究型”的教师。

3.8.6 行动研究法案例

基于课程整合的校本课程开发

基于基础教育实验课程现状及改革趋势，自2008年承接河南省教科所科研规划重点课题“整合课程资源，培养学科实验能力的研究”以来，河南省第二实验中学确立了以实验能力培养、科学素养提高为目标，运用课程整合方式，选择具有共性的“以实验为基础”的中学物理、化学、生物三个学科，经过几年来的研究与实践对综合课程进行了比较前沿的探索，解决了知识割裂、知识交叉和重复带来的尴尬，实现了不同材料、不同知识的有效组合，节约了教学时间，从对实验技巧的整合提升到各类实验方法运用的整合。实践结果表明，课程资源经过合理整合后极大地促进了学生学科实验能力和科学素养的提高，促进了教师的专业化发展，切实提高了教育教学质量。

1 课程整合研究背景

1.1 分科课程与整合课程的对比及课程发展诉求

分科课程强调不同学科门类之间的相对独立性，强调一门学科逻辑体系的完整性，但是容易导致将学科与学科彼此之间割裂，从而限制学生的视野，束缚了学生思维的广度。在分科课程中，学生出现在物理、化学、生物学科中学习三遍实验仪器的重复低效现象，增加了师生的课业负担，影响了新课程标准和素质教育的实施。同时，还存在学科之间不协调的状况，例如，生物学科在七年级的学习中会用到物理和化学学科的一些基础知识和基本技能，而七年级尚未开设物理和化学课程，学生存在学习困难。整合课程强调把知识作为一种工具、媒介和方法融入教学的各个层面中，培养学生的学习观念和综合实践能力。例如，物理、化学、生物这三个学科对常用仪器的目标要求基本一致，且存在实验课相互之间需要协调支持的需求，因此我们就可以将三学科常用仪器和需要协调的课程资源归纳整合，在七年级开设综合实验校本课程，优化实验教学，提高学生的学习效率。

1.2 课程资源、学科的相关整合选择

义务教育物理、化学、生物课程是注重实验的自然科学基础课程。此阶段的课程应注重让学生经历实验探究过程，学习科学知识和科学探究的方法，提高分析问题与解决问题的能力，养成理性思维的习惯，形成积极的科学态度，发展终身学习科学的能力。研究发现，三个学科的课程标准对培养学生实验技能的要求有一定共性，都是以实验为基础的自然科学。基于“以实验为基础”的这一共性，三个学科均培养学生提高实验能力，拥有以一定的知识作为基础，用思考和行为对未知事物（或现象）的探索或已知事物（或现象）求证的能力，即让学生亲自做实验和观察各种现象，亲身体验通过实验探索规律；结合实验事实和实验过程，让学生认识概念和理论的形成过程；结合典型的学科史实，让学生了解学科科学的发展进程；让学生通过实验并运用已学得的知识去解决问题，使他们在科学态度、科学方法以及分析和解决问题的能力等方面得到培养和训练。

2 课程整合的实施过程

2.1 第一阶段（2008 年 9 月 ~2009 年 9 月）：制定计划、初步尝试

物理、化学、生物三个学科教师罗列初中常用仪器，了解三科课程标准在常用仪器使用方面的不同要求并作出整合，在七年级开设常用仪器使用的整合课程。一开始就给学生规范的操作要求，为生物等实验课做必要的准备，也可以使物理、化学关于基本实验仪器的使用在七年级学习压力不大时通过校本课程提前学会，在八、九年级物理、化学课程中不再重复讲解，既节约了课时，又可以提高教学效率。整合内容选择涉及三科的公共常用仪器，考虑三科要求，遵循学生的心理特点和发展规律，在此基础上细化解读课程标准，整合课程资源，制定课程目标及课程计划，开发课例。这样做使研究更加贴近教学实际，也为后续的研究提供更加科学和实用的依据。

2.2 第二阶段（2009 年 9 月 ~2012 年 9 月）：行动研究、调整策略

在行动研究过程中，学校逐步对“常用仪器使用”校本课程作调整。时间安排为 4 节课，每一节课的设计都是边讲边练习，且重在使用。例如，“基础四课时”内容安排。第一课时：长度测量；第二课时：温度计、湿度计的使用；第三课时：天平的使用；第四课时：酒精灯的使用以及药品的取用等。并且，前三节课对物理学科的要求最高，教材中内容介绍得也最详细，就由物理老师来讲，最后一节由化学老师讲。这种改变使讲课的专业性更强了，仪器使用要领及要求更加规范，时间更为充裕，可以做到讲练结合，提高教学效果。

同时，三个学科各自针对课标内容，细化解读，将课程标准中关于技能部分的要求分解，制定初中学段三学科技能方面学生应该达到的标准：初中生物学科细化后标准（技能方面）；初中化学学科细化后标准；初中物理学科关于科学探究方面的细化后标准。同时，学校规范了综合实验操作能力：提出问题、猜想与假设、制定计划与设计实验、进行实验与收集证据、分析与论证、评估、交流与合作。例如，物理老师在七年级讲温度计、天平、刻度尺的使用时，原理讲得多，一不留神讲多了，几乎成为一堂原汁原味的物理课，其结果就是学习的重点有所转移，留给学生的操作练习时间少。

经研讨大家达成共识：我们并非将物理课和化学课提前在七年级来上，而是在七年级的校本课堂上让学生学会常用仪器的使用，然后在三年的初中物理、化学、生物学习中能轻松地操作这些实验仪器，进行各种探究活动，提高学生基本的实验技能。至于科学知识方面的问题，留待今后物理和化学课堂上去解决。此校本课程的教学中心就是讲明白常用仪器的操作要领，让学生掌握规范的操作方法，多做练习，实战演练最重要。学校多次召开三科教师研讨会，听取大家对课程实施的建议，并形成初步模式。例如，在课程资源方

面，学校整合了以下资源：一是校本教材《常用仪器的使用》；二是现有的实验室仪器设备、多媒体教学设备、班班通教具，丰富学生的学习体验，自编校本作业，提高教学效益和学习效率；三是利用“课程超市”、课外小实验、探究活动等课外活动方式加强对“常用仪器使用”的认识。

2.3 第三阶段（2011~2012年）：内容整理、撰写教材

自2011年起，在学校领导大力支持下，这一校本课程增加了课时和操作内容。此时，两轮实验研究之后，反复实施、对比效果。结果表明，课程效果好，实验内容趋于稳定。为了高效复制教学，学校开始了校本课程资料的整理工作，由物理张瑞老师和化学王国英老师开始执笔起草“常用仪器使用”的课程纲要和校本教材以及学案指导。总体看来，第二阶段是课题研究最重要，也是最关键的阶段。重点的研究内容是调整课时计划和教学内容，完善并实施课程目标及课程计划，编写校本课程、课例教材（学案及教案）。此阶段通过行动研究，获得最直接的一手资料，同时也不断修改和完善相关的教学资源，为固定模式、高效教学奠定良好基础。

3 研究结果反馈

第一，助推新的相关校本课程的研发。学校结合校情、学情，继续开发了“走进科学探究实验室”等校本课程，使孩子们都快乐地沉浸于科学研究中，体验过程，享受成果。例如，“走进科学探究实验室”——植物的呼吸作用，基于生物学科的“植物的呼吸作用”，结合化学学科的基本实验操作“排水集气法”，同时又结合探究实验室新型的仪器设备“传感器”的使用开展一个研究性学习整合课例，将最先进的探究实验室引入到学生的生活中。学生快乐地收集数据、分析数据，通过数据的对比和差异引发了学生浓厚的兴趣。

第二，助推实验考试新模式的研发。自2011年以来，学校实施的中招模拟实验方案中，均是培养八年级学生做九年级中招模拟实验的小监考官，在物理、化学、生物中招实验考试中屡获佳绩。学生当监考，教师对学生的工作非常满意。不但实验的每一个扣分点把握准确，而且因为学生是一对一监考，比教师看得更仔细，监考得更严格。当考官的经历也为他们将来的化学学科学习乃至九年级的物理、化学、生物实验操作考试打下了非常好的基础。

第三，实现实验考试成绩提升。学校中招物理、化学、生物实验操作考试自2009年以来保持好的成绩，2009年实验操作考试满分率市第一名，2010年、2011年、2012年、2013年满分率均在70%以上（见表1）。

表1 2012届与2013届中招理化生实验考试成绩对比

	满分率（满分15）	14分以上比率
2012届	70.77%	90%
2013届	83.75%	95%

第四，助推教师专业化发展和学生科学素养形成。整合后的教学工作，能够节约时间，提高教学效率，使教师的教和学生的学更见成效，真正减轻师生课业负担，实现教学增值，实现教育均衡发展，对教师和学生的学科能力建设有着重要的意义。

4 课程资源整合研究反思

4.1 研究的关键

本研究主要通过行动研究、前后对比说明，整合课程资源，将物理、化学、生物三科初中学段涉及的常用实验仪器整合后，在初中入学阶段学习是一种有效的途径。整合是一种再创造，它重塑了学科体系。在整合中，学科里过于分化、窄化的观点被打通，相类、相同的内容被放在一起研究，同时也对照着课程标准一一落实。整合也并非把学科简单地“摞”在一起，而是基于课程间内在联系发生的“化学反应”，使原来分科教学中容易被忽视的课程素养被“唤醒”。课程整合让学科教师跳出学科本位，还原了生活情境，让学生在更加整体、综合的情境下认识事物。

4.2 研究过程中的教师改变

教师的工作积极性提高，内驱力的影响使教师喜欢尝试开发课程资源。例如，教师根据教材要求选教材外的课程资源；根据教学经验，给予学生学习方法指导；运用实践总结实施下一步教学计划。

教师开始并不认为“协作互助”在校本课程开发中占有重要地位，在校本课程开发过程中个人倾向较为严重。从专家给教师提供许多建议和帮助之后，习惯了“单打独斗”的教师也克服了原先的偏见，积极表达自己的意见，与他人分享课程资源，一起制定课程方案，一起对课程资源开发与整合进行评估。这种团结协作的精神不仅能使课程资源开发的主体不再孤单，而且有助于学校形成团结奋进的文化氛围。

4.3 研究的创新点

一是理念创新。原有的学科整合大多是理论课，本研究进行的是多学科实验课的有机整合，实现了实验课程综合化。

二是实践创新。通过完整的研究过程，将物理、化学、生物三学科相关实验仪器整理，并在细化课程标准和整合的基础上编写教材、课程纲要、学案等相关教学资源，为广大教科研工作者和一线教师提供了可以参考和直接使用的有形资源。本着问题即课题的实用性原则，结合实际教学，有目的、有计划地开展行动研究，为其他学校开展类似的研究提供了具体、可操作性的做法，具有较明显的实践意义。

三是教师专业发展上的创新。教师由只能设计和实施本学科实验发展为能够从提高学生科学素养的角度综合设计实验课程。

四是学生成长上的创新。学生的实验能力提高并养成了科学探究的意识和实验工作的习惯，能够从过去在实验室做单科实验发展为灵活运用实验技能、按照科学思维的方法解决生活中的综合实践问题。

由于目前的研究方法侧重于行动研究，对于学生来说重点在于技能的训练和提高，而技能的训练需要在平时不断地进行强化。所以，学生学习情况的评价方式是下一步我们要继续研究的问题，一方面可以考虑通过学案进行评价，另一方面可考虑制定详细的评价细则，通过实际操作进行评价。

（本文选自刘新平《中国教育学刊》2014 年第 5 期 73~75 页，略有修改。）

参考文献

[1] 朱智贤，等. 发展心理学研究方法 [M]. 北京：北京师范大学出版社，1991.

[2] 孙邦正. 教育研究法 [M]. 台北：台湾商务印书馆，1981.

[3] 郝德元，周谦编译. 教育科学研究法 [M]. 北京：教育科学出版社，1990.

[4] 陈志君，李红，王丹. 对一个早慧超常儿童的研究 [M]. 重庆：西南师范大学学报，1991（4）：40–44.

[5] 钟启泉，李其龙. 教育科学新进展 [M]. 西安：陕西人民出版社，1993.

[6] 黄建君. 关于优秀班主任工作的实证研究——以上海市中学为例 [J]. 教育研究，1996（2）：32–41.

[7] 吴增基. 不同社会群体的社会心理承受能力比较 [J]. 社会心理研究，1995：9–15.

[8] 赵中建. 英国比较教育专业研究生培养的个案分析——以伦敦大学教育学院国际与比较教育系为例 [J]. 比较教育研究，1995（3）：43.

[9] 张立. 澳大利亚第一所私立大学——邦德大学 [J]. 比较教育研究，1995（1）：35.

[10] 刘电芝. 教育与心理研究方法 [M]. 重庆：西南师范大学出版社，1997.

[11] 梁光斐. 高二年级化学研究性学习教学个案研究及思考 [J]. 黔南民族师范学院学报，2007（3）：74–77.

[12] 苗深花. 现代化学教育研究方法 [M]. 北京：科学出版社，2009.

[13] 威廉·维尔斯马，斯蒂芬·G. 于尔斯. 教育研究方法导论 [M]. 北京：教育科学出版社，2010.

[14] 乔金锁. 化学教育科研探究 [M]. 太原：山西人民出版社，2009.

[15] 齐梅. 教育研究方法 [M]. 北京：高等教育出版社，2015.

[16] 秦宗熙. 人类社会研究法 [M]. 武汉：武汉大学出版社，1987.

[17] 毕华林. 化学教育科研方法 [M]. 济南：山东教育出版社，2001.

[18] 叶澜. 教育研究及其方法 [M]. 北京：中国科学技术出版社，1990.

[19] 李秉德. 教育科学研究方法 [M]. 北京：人民教育出版社，1986.

[20] 衷明华. 化学教育科研法 [M]. 广州：华南理工大学出版社，2009.

[21] 闫蒙钢. 化学教育科学研究方法 [M]. 合肥：安徽人民出版社，2008.

[22] 徐敏，刘春生. 化学史教学案例——水分子中的化学史 [J]. 化学教育，2009（6）：73–75.

[23] 李俊. 例析化学教育经验总结中的若干问题 [J]. 教学与管理，2001（17）：50–51.

[24] 乔羽娇. 高中化学教学中融合 STS 教育的策略研究 [J]. 高等函授学报，2013（2）：100–102.

[25] 徐宇峰. 基于学习任务分析和学情的教学设计——以苏教版必修 1 “氧化还原反应” 为例 [J]. 现代中小学教育，2014（9）：44–47.

[26] 仇荣亚. 新课改背景下如何进行化学实验教学 [J]. 中学教学参考，2013（35）：104.

[27] Krippendorff K. Content analysis : an introduction to its methodology [J]. Seikeigeka Orthopedic Surgery, 2004, 79 : 204.

[28] Lasswell H D, Leites N C, Fadner R. Language of politics : studies in quantitative semantics [M] // Language of Politics : Studies in Quantitative Semantics. George W. Stewart, 1999.

[29] 赵蓉英，邹菲. 内容分析法学科基本理论问题探讨 [J]. 图书情报工作，2005，49（6）：14–18，23.

[30] 迈克尔·辛格尔特里. 大众传播研究：现代方法与应用 [M]. 刘燕南，等. 译. 北京：华夏出版社，2000.

[31] 丹尼尔·里夫，斯蒂文·赖斯，弗雷德里克·G. 菲克 . 内容分析法：媒介信息量化研究技巧 [M]. 北京：清华大学出版社，2010.
[32] Wester F P J. K. Krippendorff, Content analysis : An introduction to its methodology, ThousandOaks, CA : Sage, 2004 978-0-7619-1545-4 [J] . Communications, 2005 : 124-126.
[33] 周翔 . 传播学内容分析研究与应用 [M] . 重庆：重庆大学出版社，2014.
[34] 梅雷迪斯·D. 高尔 . 教育研究方法导论（第 6 版）[M] . 南京：江苏教育出版社，2009.
[35] 杨小微 . 教育研究的原理与方法（第二版）[M] . 上海：华东师范大学出版社，2010.
[36] 金哲华，俞爱宗 . 教育科学研究方法 [M] . 北京：科学出版社，2011.
[37] 花芳 . 文献检索与利用（第 2 版）[M] . 北京：清华大学出版社，2014.
[38] 李方 . 现代教育研究方法（第五版）[M] . 广州：广东高等教育出版社，2000.
[39] 颜玖 . 文献检索法在社会科学研究中的运用 [J] . 北京市总工会职工大学学报，2001（2）：44-51.
[40] 赵晖，张小兵 . 谈读者文献检索的误区及对策 [J] . 常州工学院学报，2006，19（5）：74-77.
[41] 王蓓 . 浅议现代文献检索方式 [J] . 成功（教育），2012（4）：132-132.
[42] 严而清 . 信息检索在科研选题中的重要作用 [J] . 现代情报，2005（4）：28.
[43] 齐梅 . 教育研究方法 [M] . 北京：高等教育出版社，2015.
[44] 陈昌曙 . 自然科学的发展与认识论 [M] . 北京：人民出版社，1983.
[45] 张巨青 . 自然科学认识论问题 [M] . 长沙：湖南人民出版社，1984.
[46] 魏宏森 . 现代科学技术的发展与科学方法 [M] . 北京：清华大学出版社，1985.
[47] 吴岱明 . 科学研究方法学 [M] . 长沙：湖南人民出版社，1987.
[48] 张世勇，胡乔生，李玲 . 三种中等化学教育类期刊关于高考研究文献的统计分析 [J] . 上海教育科研，2010（7）：67-70.
[49] 裴娣娜 . 教育研究方法导论 [M] . 合肥：安徽教育出版社，1995.
[50] 温忠麟 . 教育研究方法基础 [M] . 北京：高等教育出版社，2005.
[51] 沈理明 . 化学教学研究 [M] . 镇江：江苏大学出版社，2010.
[52] 刘知新 . 化学教学论第二版 [M] . 北京：高等教育出版社，1997.
[53] 解守宗 . 中学化学教学与实践研究 [M] . 北京：高等教育出版社，2003.
[54] 景海荣，梁永平 . 中学生从化学视角理解自然与社会的调查研究 [J] . 化学教育，2006（3）：46-47.
[55] 刘志军 . 教育研究方法基础 [M] . 北京：人民教育出版社，2006.
[56] 张世勇 . “环境保护”专题学习网站的设计与实践研究 [D] . 桂林：广西师范大学，2007.
[57] 张世勇 . 新课程高考化学氧化还原反应试题分析及启示 [J] . 内蒙古师范大学学报（教育科学版），2012（10）：94-98.
[58] 林正雄 . 化学教育研究案例与实践 [M] . 北京：科学出版社，2017.
[59] 徐培成 . 国际教育百科全书 [M] . 贵阳：贵州教育出版社，1990.
[60] 施良方，崔允漷 . 教学理论：课堂教学理论、策略与研究 [M] . 上海：华东师范大学出版社，1999.
[61] 施良方 . 中学教育学 [M] . 福州：福建教育出版社，1996.
[62] 孙正霞 . 兰州六中初三化学教学中实施合作学习的行动研究 [D] . 兰州：西北师范大学，2005.
[63] 毕华林，亓英丽 . 化学教育新视角 [M] . 济南：山东教育出版社，2004.

第4章　化学教育研究数理统计方法

化学教育研究所用到的统计方法是应用统计学的一个分支，是教育学与数理统计学相结合的一门交叉学科，即教育统计学。在化学教育研究领域，不可避免地涉及数据统计与整理的工作，如何让你收集的数据更好地佐证你的研究结果，这就需要对教育统计学进行系统的学习。但作为学科教学（化学）的专业学生，跨专业去啃一本《教育统计学》又显得不那么实际，而且《教育统计学》中的知识也不是全部都能充分应用到化学教育研究中来。因此，本章将重点介绍化学教育研究中常用的一些统计方法和测量方法，以期望在有限的时间里能高效率地掌握这些测量和统计方法，为化学教育研究带来一些便利。

4.1　化学教育研究中常用的统计方法

在化学教育研究中，统计方法的使用其实就是把化学教育调查和教育实验所得来的数据用数理统计的方法进行处理。在化学教育研究中常用的统计方法有Z检验、t检验、F检验、χ^2（卡方）检验等。化学教育研究之所以采用这些统计检验方法是因为统计检验法能客观地解释化学教育调查和化学教育实验中所获得的结果，避免了个人的主观色彩，统计检验方法的使用是教育研究从定性分析向定量分析所跨出的重要一步。

在研究化学教育问题时，应该根据自己的需要去选择合适的统计检验方法，因地制宜，以便对所进行的研究给予科学合理的解释，并且在数据分析的基础上进一步提出自己的见解和建议。

4.1.1　假设检验

在介绍Z检验、t检验、F检验、χ^2（卡方）检验之前，有必要介绍假设检验。假设检验（Hypothesis Testing）是数理统计学中根据一定假设条件由样本推断总体的一种方法，同时它也是进行以上四种统计检验方法的基础。

1. 假设检验的基本思想

假设检验的基本思想是小概率反证法思想。小概率思想是指小概率事件（$P<0.01$或$P<0.05$），即在一次试验中基本上不会发生（发生的概率太小而看作不会发生）。反证法思想是先提出假设（检验假设H_0），再用适当的统计检验方法确定假设成立的可能性大小，如可能性小（$P<0.01$或$P<0.05$），则认为假设不成立，若可能性大，则认为

假设成立。

2. 基本步骤

（1）提出检验假设又称无效假设，符号是 H_0；备择假设的符号是 H_1。

H_0：样本与总体或样本与样本间的差异是由抽样误差引起的（无显著差异）；

H_1：样本与总体或样本与样本间存在本质差异（有显著差异）。

（2）选定统计方法，根据资料的类型和特点，可分别选用Z检验、t检验和卡方检验等。由样本观察值按相应的公式计算出统计量的大小，如 χ^2 值、t 值等。

（3）对给定的显著性水平 α 确定临界值（统计学中通常取 $\alpha=0.05$ 或 $\alpha=0.01$）。

（4）根据统计量的大小及其分布确定检验假设成立的可能性 P 的大小并判断结果。如果 $P>\alpha$，结论为按 α 所取水准不显著，不拒绝 H_0，即认为差别很可能是由于抽样误差造成的，在统计上不成立；如果 $P\leqslant\alpha$，结论为按所取 α 水准显著，拒绝 H_0，接受 H_1，则认为此差别不大可能仅由抽样误差所致，很可能是由实验因素不同造成的，故在统计上成立。P 值的大小一般可通过查阅相应的界值表得到。

3. 案例

在这我们以Z检验来分析说明如何判断备择假设成立或不成立的条件，以便大家直观具体地了解什么时候我们认为差异显著，什么时候差异不显著。

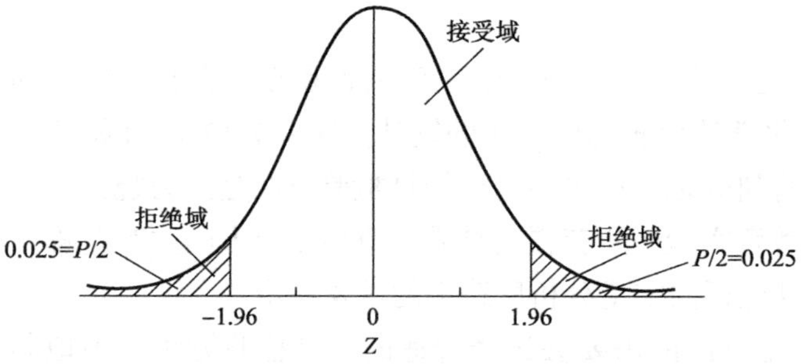

图 4–1　正态分布图

Z检验所符合的分布为正态分布，如图4–1所示，根据微积分中的知识我们可以知道，正态分布曲线与横轴（Z轴）所围成的面积为1，也就是整个事件发生与不发生的概率之和为1。在假设检验中我们的无效假设（H_0）为样本之间无显著差异，备择假设（H_1）为样本之间有显著差异。通过Z检验可以求得样本 Z 值，如果样本的 $|Z|<1.96$，那么显著性概率 $P>0.05$（阴影部分面积 >0.05），即 Z 值落入了图4–1中的接受域，这时我们认为接受无效假设，也就是差异不显著；反之，如果 $|Z|>1.96$，即 Z 值落入了图4–1中的拒绝域，理所当然阴影部分面积减小，那么显著性概率 $P<0.05$（意思是备择假设事件发生的概率小于0.05，属于小概率事件，我们认为在一次试验中备择假设基本不会发生），这时我们认为拒绝无效假设，选择备择假设。

当 $|Z|=1.96$ 时，其对应的 P 值为 $P/2\times2=0.05$，这个 P 值我们也叫作显著性水平，用 $\alpha=0.05$ 表示。我们所求的 Z 值就是与这个临界值作比较。

同样地，在教育统计学中我们还会选择 $\alpha=0.01$ 这个显著性水平作为比较，它与 $\alpha=0.05$ 作为显著性水平时Z检验统计决断规则如表4–1所示。

表 4–1

$\lvert Z \rvert$ 与临界值的比较	P 值	检验结果	显著性
$\lvert Z \rvert <1.96=Z_{0.05}$	$P>0.05$	保留 H_0 拒绝 H_1	不显著
$Z_{0.05}=1.96 \leqslant \lvert Z \rvert <2.58=Z_{0.01}$	$0.01<P \leqslant 0.05$	在 0.05 显著性水平上拒绝 H_0 接受 H_1	显著
$\lvert Z \rvert \geqslant 2.58=Z_{0.01}$	$P \leqslant 0.01$	在 0.01 显著性水平上拒绝 H_0 接受 H_1	极其显著

4.1.2　Z 检验

Z 检验又叫 U 检验，它是利用正态分布理论来推测差异发生概率的平均值检验方法，从而比较两个平均数差异是否显著，适用于总体平均分 μ、总体标准偏差 σ 已知的情况，一般可用于大样本的研究（$N \geqslant 30$）。

Z 检验又可以分为单总体 Z 检验和双总体 Z 检验。

1. 单总体 Z 检验

单总体 Z 检验是检验一个样本平均数与一个已知的总体平均数的差异是否显著的检验方法。

单总体 Z 检验计算公式如下：

$$Z=\frac{\overline{X}-\mu}{\dfrac{\sigma}{\sqrt{N}}}$$

式中　Z——样本平均数与已知总体平均数的标准离差分数；

$\overline{X}$——样本平均数；

μ——总体平均数；

σ——总体标准差；

N——样本容量。

【例 4–1】 某中学历届毕业生化学测验平均分数为 66，标准差为 11.7。现以同样的试题测验应届毕业生，并从中随机抽取 18 份试卷，算得平均分为 69。问：该校应届与历届毕业生化学测验成绩是否一样？

统计分析：本题目属于探究一个样本平均数与一个已知的总体平均数之间的差异显著性问题，因此，采用单总体 Z 检验。

检验步骤如下：

（1）建立无效假设 H_0：应届与历届毕业生化学测试成绩无显著性差异。

（2）根据单总体 Z 检验计算公式计算 Z 值。

$$Z=\frac{\overline{X}-\mu}{\dfrac{\sigma}{\sqrt{N}}}=\frac{69-66}{\dfrac{11.7}{\sqrt{18}}}=1.09$$

（3）判断。

查阅 Z 值表可知 Z 检验的临界值是：$Z_{0.05}$=1.96，$Z_{0.01}$=2.58。

Z=1.09<$Z_{0.05}$=1.96，也就是说 Z 值落在了接受域，接受无效假设 H_0，即应届与历届毕业生化学测试成绩无显著性差异。

其结论为：该校应届毕业与历届毕业生化学测验成绩无显著性差异。

2. 双总体 Z 检验

双总体检验是检验两个样本平均数各自代表的总体的差异是否显著，主要适用于检验独立大样本平均数差异的显著性检验。独立大样本是指样本容量大于 30 的独立样本。而独立样本是指各实验处理组之间没有相关存在。

双总体 Z 检验计算公式如下：

$$Z=\frac{\overline{X}_1-\overline{X}_2}{\sqrt{\frac{S_1^2}{N_1}+\frac{S_2^2}{N_2}}}$$

式中 $\overline{X}_1$，$\overline{X}_2$——分别为两样本平均数；

S_1^2，S_2^2——分别为两样本方差；

N_1，N_2——分别为两样本容量。

【例 4–2】某教师教初中二年级化学课，为了研究美国教育家布鲁纳提出的“发现法”教学方法，在化学教学中选甲班为实验对象，采用“发现法”教学，而选乙班为对照班，采用传统讲授法教学。实验前两个班的化学成绩相当，实验一年后统一测试两个班的化学成绩，其统计结果如表 4–2 所示。问：该教师的“发现法”教改实验对学生化学学习成绩是否有影响？

表 4–2

	N	$\overline{X}$	S
实验班	50	79.5	8.7
对照班	48	76.5	11.4

统计分析：本题目属于探究两个总体的随机大样本（N>30）的平均数差异显著性问题，而且两个总体是独立的，因此，采用双总体 Z 检验法。

检验步骤如下：

（1）建立无效假设 H_0：两种教学方法对学生化学成绩影响无显著差异。

（2）根据双总体 Z 检验的计算公式计算 Z 值。

$$Z=\frac{\overline{X}_1-\overline{X}_2}{\sqrt{\frac{S_1^2}{N_1}+\frac{S_2^2}{N_2}}}=\frac{79.5-76.5}{\sqrt{\frac{8.7^2}{50}+\frac{11.4^2}{48}}}=1.460$$

（3）判断。

查阅 Z 值表可知，Z 检验的临界值是：$Z_{0.05}$=1.96，$Z_{0.01}$=2.58。

Z=1.460<$Z_{0.05}$=1.96，Z 值落在了接受域，接受无效假设 H_0，即两种教学方法对学生化

学成绩影响无显著差异。

其结论为：该教师的“发现法”教改实验对学生的化学学习成绩无影响。

将 Z 值与 P 值放入统计表格中可以更清楚、直观、简明地反映出研究的效果，因此，可将表 4–2 重新编制成表 4–3。

表 4–3

	N	$\overline{X}$	S	Z	P
实验班	50	79.5	8.7	1.460	>0.05
对照班	48	76.5	11.4		

【例 4–3】在《化学教育》期刊中，徐承先以高中生为研究对象对高中生的化学学习兴趣进行了测量，运用 Z 检验方法比较了不同的学生群体（重点中学学生与非重点中学学生、男生与女生、不同年级学生）之间的化学学习水平差异。其中男生与女生的化学学习兴趣统计分析结果如表 4–4 所示。

表 4–4

项目	平均值	标准差	兴趣水平分级占总人数的百分比		
			兴趣浓	感兴趣	不感兴趣
男生	63.3	4.13	18.2%	62.1%	19.7%
女生	62.0	3.42	9.2%	68.9%	21.9%
显著性检验	$Z=1.203<1.96$ $P>0.05$	$Z=0.256<1.96$ $P>0.05$			

由表 4–4 可知：男生学习化学的兴趣水平略高于女生，且离散程度也略高于女生，但是对化学兴趣量表得分进行显著性检验分析，Z 值落入了接受域，即接受无效假设，男女生的化学兴趣水平无显著性差异。

4.1.3　t 检验

当总体呈正态分布，如果总体标准差 σ 未知，而且样本容量 $N<30$，那么这时一切可能的样本平均数与总体平均数的离差统计量呈 t 分布。t 检验便是用 t 分布理论来推论差异发生的概率，从而比较两个平均数的差异是否显著。

t 检验又分为单总体 t 检验和双总体 t 检验。

1. 单总体 t 检验

单总体 t 检验是检验一个样本平均数与一已知的总体平均数的差异是否显著。

单总体 t 检验计算公式如下：

$$t=\frac{\overline{X}-\mu}{\dfrac{S}{\sqrt{N-1}}}$$

式中　t——样本平均数与总体平均数的标准离差分数；

$\overline{X}$——样本平均数；

S——样本标准差；

μ——总体平均数；

N——样本容量。

【例 4–4】某校初中二年级学生期中物理考试成绩的平均分数为 73，标准差为 17。期末考试后，随机抽取 20 人的物理成绩，其平均分数为 79.2。问：二年级学生的物理成绩是否有显著性进步？

统计分析：本题目是探究一个样本平均数与一已知的总体平均数之间的差异是否显著，而且样本人数小于 30，因此，可用单总体 t 检验法。

检验步骤如下：

（1）建立无效假设 H_0：该校初中二年级学生物理期末考试与期中考试无显著性差异（二年级学生的物理成绩没有显著性进步）。

（2）根据单总体 t 检验计算公式计算 t 值。

$$t=\frac{\overline{X}-\mu}{\frac{S}{\sqrt{N-1}}}=\frac{79.2-73}{\frac{17}{\sqrt{20-1}}}=1.59$$

（3）判断。

查 t 值表得到 t 检验的临界值：$t_{0.05}=2.093$（其中 $d_f=N-1=19$）。

$t=1.59<t_{0.05}=2.093$，t 值落在了接受域，接受无效假设 H_0，即该校初中二年级学生物理期末考试与期中考试无显著性差异。

其结论为：二年级学生的物理成绩没有显著的进步。

2. 双总体 t 检验

双总体 t 检验是检验两个样本平均数与其各自所属于的总体差异是否显著。双总体 t 检验分为两种情况：第一种是相关样本差异的显著性检验，相关样本是指给两个相同的样本匹配不同的条件或者环境从而获得数据上的差异性，由这两种情况而组成的样本，又叫匹配样本；第二种是独立样本平均数差异的显著性检验，独立样本指的是样本本身就不同，毫不相关的样本。

1）相关样本双总体 t 检验

相关样本双总体 t 检验计算公式如下：

$$t=\frac{\overline{X}_1-\overline{X}_2}{\sqrt{\frac{S_1^2+S_2^2-2rS_1S_2}{N-1}}}$$

式中 $\overline{X}_1$，$\overline{X}_2$——分别为两样本平均数；

S_1^2，S_2^2——分别为两样本方差；

r——相关样本的相关系数；

N——样本容量。

【例 4–5】在某实验班学生中随机抽 10 名学生，在学期初和学期末分别进行了两次推理能力测验，其成绩如表 4–5 所示。问：两次测验成绩是否有显著的差异？

表 4–5

	$\overline{X}$	S	r
学期初	71	9.94	0.704
学期末	79.5	9.124	

统计分析：该题目是 10 个学生推理能力的前后测比较。因此，它属于相关样本的平均数差异显著性检验，需用相关样本检验法。

检验步骤如下：

（1）建立无效假设 H_0：两次测验成无显著性差异。

（2）根据相关样本双总体 t 检验公式计算 t 值。

$$t=\frac{\overline{X}_1-\overline{X}_2}{\sqrt{\frac{S_1^2+S_2^2-2rS_1S_2}{N-1}}}=\frac{79.5-71}{\sqrt{\frac{9.124^2+9.94^2-2\times 0.704\times 9.124\times 9.94}{10-1}}}=3.459$$

（3）判断。

查 t 值表得到 t 检验的临界值：$t_{(90)\,0.01}=3.25$（其中 $d_f=N-1$）。

$t=3.459>t_{(90)\,0.01}=3.25$，$t$ 值落在了拒绝域，即拒绝无效假设，选择备择假设（两次测验成绩有显著性差异）。

其结论为：两次测验成绩有极其显著（极其显著是因为选择的显著性水平为 0.01）的差异。

同理，将 t 值、P 值放入统计表格可更清楚、直观、简明地反映出研究的效果，因此，可将表 4–5 重新编制成表 4–6。

表 4–6

	$\overline{X}$	S	r	t	P
学期初	71	9.94	0.704	3.459**	<0.01
学期末	79.5	9.124			

注：* 为在 0.05 的显著性水平下，若查表得到的 $P<0.05$，则说明差异显著；** 为在 0.01 的显著性水平下，若查表得到的 $P<0.01$，则说明差异极为显著。

2）独立样本双总体 t 检验

独立样本双总体 t 检验计算公式如下：

$$t=\frac{\overline{X}_1-\overline{X}_2}{\sqrt{\frac{(N_1-1)S_1^2+(N_2-1)S_2^2}{N_1+N_2-2}\left(\frac{1}{N_1}+\frac{1}{N_2}\right)}}$$

式中 $\overline{X}_1$，$\overline{X}_2$——分别为两个样本的平均数；

S_2，S_2——分别为两个样本的方差；

N_1，N_2——分别为两样本容量。

【例 4–6】张老师为了研究在初中阶段男生、女生学习化学方面存在的差异，把全班 49 名同学的化学成绩按男生、女生进行分类统计，统计结果如表 4–7 所示。问：初中阶段男生、女生在化学成绩方面是否存在差异？

表 4–7

	N	$\overline{X}$	S
男生	21	70.4	10.6
女生	28	66.8	9.4

统计分析：该课题的两个研究样本 N_1 和 N_2 都小于 30，不满足 Z 检验的近似条件，两个样本又属于独立样本，因此可采用独立样本 t 检验方法。

检验步骤如下：

（1）建立无效假设 H_0：初中阶段男生、女生在化学成绩方面无显著性差异。

（2）根据独立样本 t 检验的计算公式求 t 值。

$$t=\frac{\overline{X}_1-\overline{X}_2}{\sqrt{\frac{(N_1-1)S_1^2+(N_2-1)S_2^2}{N_1+N_2-2}\left(\frac{1}{N_1}+\frac{1}{N_2}\right)}}=\frac{70.4-66.8}{2.866}=1.25$$

查 t 值表得到 t 检验的临界值：$t_{(47)\,0.05}$=2.014（其中 $d_f=N_1+N_2-2$）。

由于 $t=1.25<t_{(47)\,0.05}=2.014$，$t$ 值落在了接受域，接受无效假设，即初中阶段男生、女生在化学成绩方面无显著性差异。

其结论为：初中阶段男生、女生化学成绩的真实水平并无差异。

将 t 值与 P 值放入统计表中可以更清楚、直观、简明地反映出研究的效果，因此，可将表 4–7 重新编制成表 4–8。

表 4–8

	N	$\overline{X}$	S	t	P
男生	21	70.4	10.6	1.25	>0.05
女生	28	66.8	9.4		

【例 4–7】杨玉琴在其“高中生化学符号表征的测评研究”一文中对高中生进行了化学符号表征能力测评，并用 SPSS 软件对所得数据进行分析，表 4–9 是对学生化学符号表征能力性别差异的 t 检验结果。结果表明，男、女两组的方差齐性，测验的 *Sig.*（显著性水平）为 0.002，小于显著性水平 0.05，即男、女生之间具有极其显著性差异，男生的表现优于女生。

表 4–9

测验	性别	N	M	F	*Sig.*	t	*Sig.*
S	男	445	1.818	2.582	0.109	3.051	0.002
	女	268	1.628				

【例 4–8】李志红在“高中生化学学习的性别差异研究”中以学生的中考入学成绩作为数据，将化学学业成绩按性别分成两类（见表 4–10），利用 SPSS 14.0 软件包进行分析，结果见表 4–11。

表 4–10

	性别	N（样本容量）	M（平均分）	S（标准差）
成绩	男	62	66.4194	3.54617
	女	62	64.6129	4.49472

表 4–11

成绩	Levene's 方差齐性检验		T–Test 均数齐性检验						
	F 值	显著系数	t	自由度	双侧检验概率	平均差	差值的标准误差	95% 置信区间	
								Lower	Upper
	1.402	0.239	2.485	122	0.014	1.80645	0.72680	0.36690	3.245

注：在进行 t 检验时，我们通常要求样本容量小于 30，而在用 SPSS 进行 t 检验时，常常忽略样本容量对于结果的影响，即认为样本容量对于计算结果的影响是极其轻微的。

由表 4–11 可以看出：双侧检验概率 $P=0.014<0.05$，即拒绝无效假设，选择备择假设，即男生和女生中考入学成绩有显著性差异。

4.1.4　F 检验

F 检验又叫作方差的齐性检验，是检验两组数据离散程度是否有显著性不同的一种检验方法，常在 SPSS 统计分析中与 t 检验共同使用来说明显著性问题。F 检验主要用于两个独立样本方差的齐性检验。

独立样本的方差齐性检验步骤如下：

（1）提出假设。

H_0：$\sigma_1^2=\sigma_2^2$；H_1：$\sigma_1^2 \neq \sigma_2^2$（$\sigma^2$ 表示的是方差，无效假设的意思是两组数据的方差一致，不存在显著性差异；备择假设的意思是两组数据方差不一致，存在显著性差异）。

（2）计算 F 值。

$$F=\frac{S_{\max}^2}{S_{\min}^2}$$

式中　$S_{\max}^2$——各种处理的最大方差；

　　　$S_{\min}^2$——各种处理的最小方差。

（3）判断。

将计算所得的 F 值查 F 值表与临界值比较，从而得出结论（见表 4–12）。

表 4–12

F 值与临界值的比较	P 值	显著性
$F<F_{(d_{f1},\ d_{f2})\ 0.05}$	$P>0.05$	不显著
$F_{(d_{f1},\ d_{f2})\ 0.05} \leqslant F<F_{(d_{f1},\ d_{f2})\ 0.01}$	$0.01<P \leqslant 0.05$	显著
$F \geqslant F_{(d_{f1},\ d_{f2})\ 0.01}$	$P \leqslant 0.01$	极其显著

【例 4–9】一次英语考试后，从两个学校分别抽取试卷 N_1=10 份和 N_2=9 份，算得的样本修正方差即总体方差估计值为 S_1^2=236.8，S_2^2=63.36。问：这两次考试的离散程度是否有比较显著的差异？

解答步骤为：

（1）假设离散程度无显著性差异，即 $\sigma_1^2=\sigma_2^2$。

（2）计算 F 值。 $$F=\frac{S_{\max}^2}{S_{\min}^2}=\frac{236.8}{63.36}=3.7$$

（3）判断。 $$d_{f1}=N_1-1=10-1=9$$
$$d_{f2}=N_2-1=9-1=8$$

取显著性水平 α=0.05，查表得 $F_{(9,\ 8)\ 0.05}$=3.39。

F=3.7>$F_{(9,\ 8)\ 0.05}$=3.39，故两学校这次考试离散程度有比较显著的差异。

【例 4–10】在例 4–8 中也出现了 F 检验，在使用 SPSS 进行统计分析时经常会对数据的方差齐性进行检验，检验结果如表 4–11 所示。

分析表 4–11 可以得知对高中生男女入学成绩进行方差齐性检验得到的 F=1.402，P=0.239，P=0.239>0.05，因此我们拒绝备择假设，接受无效假设，即高中生男女入学成绩的离散程度并没有显著性差异。

4.1.5 χ²（卡方）检验

χ^2 检验是对样本的频数分布所来自的总体分布是否服从某种理论分布或某种假设分布所作的假设检验，主要适用于计数资料的检验。计数检验指的是不宜用计量分类的检验，只能用计数分类的数据，比如按性别分男、女，按等级分优秀、良好、合格、不合格等，这些计数资料都适用于卡方检验。

卡方检验计算公式如下：

$$\chi^2=\frac{\sum(f_0-f_t)^2}{f_t}$$

$$f_t=\frac{\text{所在行的总频数}\times\text{所在列的总频数}}{\text{总频数}}$$

式中 f_0——实际频数；

f_t——理论频数；

Σ——求和。

【例 4–11】在一个语文教学实验中，实验班和对照班学生在优、良、中、差等级分配上的情况如表 4–13 所示。问：实验班和对照班在优、良、中、差等级分配上是否存在显著差异？

表 4–13

	优	良	中	差
实验班	16	20	12	2
对照班	8	11	23	8

统计分析：该题目所涉及的数据都是以频数为单位。以频数为单位的数据进行差异检验时，一般都用 χ^2 检验。

检验步骤如下：

（1）建立零假设 H_0：实验班和对照班在优、良、中、差分配上不存在显著性差异。

（2）根据 χ^2 检验的计算公式计算卡方值，将各理论频数列表如表 4–14 所示。

表 4–14

	优	良	中	差	合计
实验班	16（12）	20（15.5）	12（17.5）	2（5）	50
对照班	8（12）	11（15.5）	23（17.5）	8（5）	50
合计	24	31	3	10	100

$$\chi^2=\frac{\sum(f_0-f_t)^2}{f_t}$$
$$=\frac{(16-12)^2}{12}+\frac{(8-12)^2}{12}+\frac{(20-15.5)^2}{15.5}+\dots+\frac{(8-5)^2}{5}$$
$$=12.337$$

（3）判断。

查 χ^2 检验临界值表得到：$\chi^2_{0.05}=7.815$，其中 $d_f=(m-1)\times(n-1)=(4-1)\times(2-1)=3$。

所以 $\chi^2>\chi^2_{0.05}$。

因此，实验班和对照班在优、良、中、差的等级分配上存在显著差异。

【例 4–12】张宇在其“新课程背景下初中化学学习兴趣调查研究”中通过问卷对初中生对化学学习兴趣进行调查，调查结果如表 4–15 所示。

表 4–15

	非常感兴趣	感兴趣	兴趣不稳定	没兴趣
男生 /%	36.19	53.06	8.80	1.96
女生 /%	32.83	57.08	9.23	0.86

运用 SPSS 11.5 进行了卡方检验，经检验得出 $\chi^2=3.09$，自由度为 3，则 $\chi^2<\chi^2_{0.05}(3)=7.815$，$P=0.346>\alpha=0.05$，由此可以判断出性别不同对学生学习初中化学的兴趣没有显著差异。

4.2 化学教育研究中常用的测量方法

本节介绍的主要是化学教育研究中常用的“四度”测量方法，分别是信度、效度、难度、区分度，以实际案例和例题为桥梁，将信度、效度、难度、区分度的基本思想与计算方法作了有机整合，致力于在让学生理解方法原理的同时，还能够将计算方法灵活运用到实际的工具和项目中去。当然，不管是上一节的Z检验、t检验、F检验和 χ^2（卡方）检验，还是这一节的“四度”测量，在使用统计软件高度便利的今天，都可以通过Excel或者SPSS来实现，这无疑给我们的教育研究带来了巨大的便利，这些软件就像“黑箱”一样，懂得操作便好，至于原理方法是什么可以一概不论，但古语有云“知其然而知其所以然”，在知道操作的同时又懂得它的原理和方法，岂不妙哉？这也是编写教育测量与统计内容的出发点。

4.2.1 信度

信度对教育测量有着重要的意义，任何一个测量必然要考虑信度问题。信度是指测量结果的稳定性程度或者可靠性程度。它是表示用同一种测验对学生在不同场合、不同时间进行几次考核所得结果的一致性程度。

1. 信度的定义

信度是指测量结果的可靠性或者稳定性程度，在经典测量理论的真分数模型中，受测者在测验中所获得的测定值叫作实得分数或观察分数，记为 X；受测者在测验中预测的心理特质上所具有的真实水平值叫作真分数，记为 T；在测验中，实得分数和真分数不会完全相等，两者之差称为测量误差，记为 E。因此理论上三者关系式可以表示为：

$$X = T + E$$

上式中，E 可正可负，是随机产生的，从理论上来说误差分数的期望值为0，且 E 与 T 相互独立，也就是说两者相关性为0，根据这一公式可以推导出以下公式：

$$S_X^2 = S_T^2 + S_E^2$$

式中 S_X^2——实得分数的方差；

S_T^2——真分数的方差；

S_E^2——误差分数的方差。

由此，信度 r_{XX} 可以定义为真分数方差 S_T^2 与实得分数方差 S_X^2 的比率，用公式表示为：

$$r_{XX} = \frac{S_T^2}{S_X^2}$$

由此公式可以很容易得出公式：

$$r_{XX} = 1 - \frac{S_E^2}{S_X^2}$$

由此可以看出，信度的取值范围为［0，1］，误差分数的方差越小，信度的取值也就越接近 1，也就是说，测量信度越高。

2. 信度的计算

在进行信度的计算时，由于误差的来源不同，以及分析检查一致性的侧重点不同，信度计算的方法也有很多，比较常用的有再测法、等式法、两半法、α 系数法四种方法。

1）再测法（再测信度）

再测法测得的信度叫再测信度，它是用同一套测验在不同场合或不同时间对相同的学生进行重复测验考试。所得二次结果相关系数就是信度系数。

再测法计算信度常采用皮尔逊积差相关公式：

$$r_{XY}=\frac{N\sum XY-\sum X\sum Y}{\sqrt{N\sum X^2-(\sum X)^2}\sqrt{N\sum Y^2-(\sum Y)^2}}$$

式中　r_{XY}——两次测验结果的相关系数；

N——受测者人数；

$\sum XY$——每位受测者两次测验分数的乘积之和；

$\sum X$，$\sum Y$——分别是第一次测验分数和第二次测验分数之和；

$\sum X^2$，$\sum Y^2$——分别是第一次测验分数和第二次测验分数的平方和。

【例 4-13】以量表对 10 位同学进行一次测验，三个月后用原量表对其重测一次，前后两次得分分别记为 X 和 Y，则两次测验成绩如表 4-16 所示，计算其重测信度。

表 4-16

学生	X	Y	X^2	Y^2	XY
1	64	72	4096	5184	4608
2	61	67	3721	4489	4087
3	70	74	4900	5476	5180
4	75	80	5625	6400	6000
5	65	72	4225	5184	4680
6	67	79	4489	6241	5293
7	60	72	3600	5184	4320
8	67	78	4489	6084	5226
9	63	70	3969	4900	4410
10	65	75	4225	5625	4875
合计	$\sum X$=657	$\sum Y$=739	$\sum X^2$=43339	$\sum Y^2$=54767	$\sum XY$=48679

将表 4-16 中各统计量代入公式中可得：

$$r_{XY}=\frac{N\sum XY-\sum X\sum Y}{\sqrt{N\sum X^2-(\sum X)^2}\sqrt{N\sum Y^2-(\sum Y)^2}}$$
$$=\frac{10\times48679-657\times739}{\sqrt{10\times43339-657^2}\sqrt{10\times54767-739^2}}$$
$$=0.77$$

注：在实际测验样本中样本应该至少取到 30 以上，否则会因为数据太少而使得求出的积差相关系数失去意义。本例是为了便于计算，帮助理解和熟悉公式而采用小样本。

2）等式法（复本信度）

等式法测得的信度叫作复本信度，等式法就是将原来一套试题改换分成二套形式相同、属于同一内容、具体问题不同、性质相同的问题。让同一批学生分别进行测验、考核，根据两次成绩的相关情况，用上述同样的公式进行计算，得出信度系数。

等式法计算信度也采用皮尔逊积差相关公式：

$$r_{XY}=\frac{N\sum XY-\sum X\sum Y}{\sqrt{N\sum X^2-(\sum X)^2}\sqrt{N\sum Y^2-(\sum Y)^2}}$$

式中　r_{XY}——两次测验结果的相关系数；

N——受测者人数；

$\sum XY$——每位受测者两次测验分数的乘积之和；

$\sum X$，$\sum Y$——分别是第一次测验分数和第二次测验分数之和；

$\sum X^2$，$\sum Y^2$——分别是第一次测验分数和第二次测验分数的平方和。

3）两半法（分半信度）

在一种测验既无复本，又不可能重复测量的情况下，我们通常用分半信度来估计测验的信度。两半法是将一个测验分裂为两个假定相等而独立的部分来记分，通常以项目的奇数为一组，偶数为另一组，不宜将前后两部分分组。分组之后，用皮尔逊积差相关公式求其两组分数的相关系数，最后用斯皮尔曼 – 布朗（ Spearman–Brown ）公式校正，以求得整个测验的信度系数。

斯皮尔曼 – 布朗公式如下：

$$r_{XX}=\frac{2r_{hh}}{1+r_{hh}}$$

式中　r_{XX}——矫正后的整个测验的信度系数；

r_{hh}——分半信度系数。

【例 4–14】有一份由 100 题构成的测验试卷，对 10 位学生施测，测验结果如表 4–17 所示，用分半法计算该测验信度。

表 4–17

学生	奇数题总分（X_1）	偶数题总分（X_2）	X_1^2	X_2^2	X_1X_2
1	42	41	1764	1681	1722
2	40	38	1600	1444	1520

续表

学生	奇数题总分（X_1）	偶数题总分（X_2）	X_1^2	X_2^2	X_1X_2
3	41	35	1681	1225	1435
4	42	38	1764	1444	1596
5	40	37	1600	1369	1480
6	37	33	1369	1089	1221
7	38	36	1444	1296	1368
8	37	36	1369	1296	1332
9	36	33	1294	1089	1188
10	29	32	841	1024	928
合计	$\sum X_1=382$	$\sum X_2=359$	$\sum X_1^2=14728$	$\sum X_2^2=12957$	$\sum X_1X_2=13790$

将表 4–17 中各统计量代入皮尔逊积差相关公式可得：

$$r_{XY}=\frac{N\sum XY-\sum X\sum Y}{\sqrt{N\sum X^2-(\sum X)^2}\sqrt{N\sum Y^2-(\sum Y)^2}}$$
$$=\frac{10\times13790-382\times359}{\sqrt{10\times14728-382^2}\sqrt{10\times12957-359^2}}$$
$$=0.75$$

用斯皮尔曼 – 布朗公式校正如下：

$$r_{XY}=\frac{2\times0.75}{1+0.75}$$

结论：整个测验的分半信度为 0.86。

4）克隆巴赫 α 系数法

如果测验不全是选择题，还有论述题等题目，这些题目不可能拆分成等效的两半时，要估计这种类型测验的信度可以采用克隆巴赫（Cronbach）α 系数。其公式为：

$$\alpha=\frac{K}{K-1}(1-\frac{\sum S_i^2}{S_X^2})$$

式中　S_i^2——所有受测者在第 i 题上得分的方差；

S_X^2——测验总分的方差；

K——题目数。

【例 4–15】设有一种包含五个论文式论述类型的题目测验，对 5 个被试施测，得分如表 4–18 所示，试求该测验的信度。

表 4–18

题号 \ 被试	A	B	C	D	E	$\sum$	S_X^2
1	8	12	9	12	12	53	3.04
2	7	10	8	9	10	44	1.36

续表

题号 \ 被试	A	B	C	D	E	Σ	S_X^2
3	7	11	7	9	10	44	2.56
4	9	12	7	9	4	41	6.96
5	8	12	9	12	12	53	3.04
Σ	39	57	40	51	48	235	16.96

计算被试者各自总分的方差 $S_X^2=46$，将有关统计量代入 α 系数公式得：

$$\alpha=\frac{K}{K-1}(1-\frac{\sum S_i^2}{S_X^2})$$
$$=\frac{5}{5-1}(1-\frac{16.96}{46})$$
$$=0.79$$

结论：该测验的信度系数很高，能反应被测者的能力程度。

4.2.2 效度

效度是测验正确性的一个重要指标。它的大小可以表明测验能够正确测出被测者能力的程度，也是一个统计的概念。效度的最高值为 1，说明测验结果能完全反映学生的实际水平。效度值为 0，表明考试结果和学生实际水平毫无关系。一般国外标准化考试的效度值在 0.4~0.7 之间。

1. 效度的定义

效度（Validity）是指有效性或正确性程度，而测验效度是指某测验或量表能实际测出其所要测量的特性的程度。在教育测量理论中，效度被定义为在测量中与测量目的有关的真实变异数（由所要测量的特性引起的有效变异）在总变异数中所占的比例，即：

$$效度=r_{XY}=\frac{S_V^2}{S_X^2}$$

2. 效度的计算

对于效度的计算，需要用到的有两次测验的成绩，常用积差相关的基本公式进行计算：

$$r_{XY}=\frac{\sum_{i=1}^{n}x_iy_i-n\overline{x}\overline{y}}{(n-1)S_XS_Y}$$

其中 S_X 和 S_Y 分别为两次考试的标准差。

【例 4-16】有 5 个学生参加化学考试，他们的化学平时成绩（实际水平）和某一次化学考试的成绩如表 4-19 所示，试求该测验的效度。

表 4–19

	1	2	3	4	5	平均值
X	60	70	88	66	84	73.6
Y	65	70	90	70	85	76

将数据代入积差相关公式：r_{XY}=0.99，表明这次考试反映出来的学生实际水平程度非常高，一般情况下 r_{XY} 要求在 0.4～0.7 之间。

4.2.3　难度

难度是指测验项目的难易程度，在教育测量中，一般是以能够正确回答试题的人数与参加测验的总人数之比，作为难度指标。难度是测验中项目分析的重要内容，测验项目的难度对测验的信度和效度都会产生直接影响。

1. 难度的定义

难度是指测验试题或测试项目的难易程度，通常用字母 P 表示，在能力测验领域被称为项目的难度水平。在教育测量中，难度一般等于答对题的人数与参加答题的总人数之比；也可以是某次测验试题或测量项目的平均得分与满分之比。

2. 难度的计算

难度的计算公式较简单，表示如下：

$$P=\frac{R}{N}$$

式中　P——难度值；

R——答对该题的人数；

N——参加测验的总人数。

【例 4–17】有 200 名学生参加某学科标准化测验，第一题有 120 名答对，第二题有 140 名答对，则第一题的难度为：

$$P_1=\frac{120}{200}=0.60$$

第二题的难度为：

$$P_2=\frac{140}{200}=0.70$$

因此，第二题比第一题容易。

4.2.4　区分度

1. 区分度的定义

区分度是测验对考生实际水平的区分程度。区分度是测验项目分析的重要内容，它是评价项目质量、筛选项目的主要指标与依据。

2. 区分度的计算

1）分组法

取全部测验成绩最高的 1/3 为高分组，成绩最低的 1/3 为低分组，其中设高分组答对某题的人数为 P_H，低分组答对某题的人数为 P_L，则区分度 r_D 可用下列公式计算：

$$r_D=P_H-P_L$$

2）积差相关法

其计算公式为：

$$r=\frac{\sum(X-\overline{X})(Y-\overline{Y})}{N\sqrt{\sum(X-\overline{X})^2}\sqrt{\sum(Y-\overline{Y})^2}} \quad (-1\leqslant r\leqslant 1)$$

式中 r——积差相关公式；

X——受测者某题得分；

Y——受测者测验总分；

N——受测者总人数。

在这里，求出积差相关系数后，要对相关系数进行显著性检验。可直接采用查表法，即查“积差相关系数 r 显著性临界值表”，根据 $d_f=n-2$ 与显著性水平 $\alpha=0.05$ 或 $\alpha=0.01$ 时，查找相对应的临界值。若求得的相关系数等于或大于该临界值，则说明求得的相关系数结果具有显著意义，也就是说该项目的区分度达到了显著水平。

【例 4–18】如某地有一所中学，化学测验有 36 人参加，试题共 8 道，测验后分析得到的数据如表 4–20 所示，试求该测验的区分度。

表 4–20

题号	高分组 H（12 人）	中分组 M（12 人）	低分组 L（12 人）	差别（H–L）	区分度 r_D
1	11	8	5	6	0.5
2	6	6	6	0	0
3	3	4	5	–2	–0.17

通常 r_D 如在 0.4 以上，那么说明这个试题有很好的鉴别能力；r_D 在 0.3～0.39 之间，那么试题有良好的鉴别能力；r_D 在 0.20～0.29 之间，那么试题有一定的鉴别能力，但使用时要修改；r_D 在 0.19 以下，表明试题不适宜作选拔学生用。表 4–20 中的第一题 r_D=0.5，表明有很好的鉴别能力；第二题 r_D=0，表明该题无鉴别能力；第三题 r_D=–0.17，表明低分组答对的人数多于高分组答对的人数，这种题不可以用。如果一份试卷，多数试题区分度较好，那么就是一份好的试卷，反之，就是一份质量不高的试卷。

4.3 SPSS 统计分析在化学教育研究中的运用

以上两节是从定义和计算公式角度说明了教育统计和教育测量的意义、应用与价值，在实际的论文写作过程中，学者们更多地是应用 SPSS 软件来分析差异是否显著和信度、效度、难度、区分度的多少，进而对数据结果进行分析。SPSS 软件因其操作简便、计算精确、功能多样而受到教育研究者的喜爱，教育数据处理也越来越离不开 SPSS 软件。

参考文献

[1] 王孝玲 . 教育统计学（修订版）[M]. 上海：华东师范大学出版社，1993.
[2] 衷明华 . 高中生化学学习兴趣的测量 [J]. 化学教育，1997：14–17.
[3] 朱德全，宋乃庆 . 现代教育统计与测评技术 [M]. 重庆：西南师范大学出版社，1998.
[4] 杨玉琴 . 高中生化学符号表征能力的测评研究 [J]. 化学教育（中英文），2016，37（19）：46–52.
[5] 李志红 . 高中学生化学学习的性别差异研究 [D]. 南京：南京师范大学，2009.
[6] 张磊 . 教育统计分析方法 [M]. 北京：科学出版社，2007.
[7] 朱德全，宋乃庆 . 现代教育统计与测评技术 [M]. 重庆：西南师范大学出版社，1998：82.
[8] 张宇 . 新课程背景下初中生化学学习兴趣研究 [D]. 石家庄：河北师范大学，2010.
[9] 朱德全 . 教学测量与评价 [M]. 北京：高等教育出版社，2016：63–65.
[10] 范杰 . 教育统计学基础知识及其在化学教育研究中的应用（上）[J]. 中学化学教学参考，1986（3）：4.

第 5 章　化学教育研究课题申报

课题的申报可以根据不同的渠道、不同的级别申报不同等级的课题，如国家级、省级、校级等。课题申报成功可以获得一定的科研经费，从而增强研究者科研的动力和信心。

5.1　江西省教育教研课题申报

5.1.1　江西省教育科学规划课题申报

申报要求：

（1）江西省教育科学规划课题强调围绕江西教育改革发展大局和年度中心工作，坚持在“实事”中“求是”，即通过对教育实践的观察和实验，去发现教育现象的本质及其客观规律，为教育发展和改革提供事实依据和理论支持。

（2）江西省教育科学规划课题突出“规范研究导向、实证研究导向、专业视角导向、连续性研究导向和事实判断优先价值判断的导向”5 大研究立项导向，反对缺乏客观事实基础的主观思辨和低水平重复研究。学科分类系指课题研究所属学科范围。分类如下：教育基本理论、教育心理、教育信息技术、比较教育、德育、教育经济与管理、教育发展战略、基础教育、高等教育、职业技术教育、成人教育、体育卫生美育、民族教育、国防军事教育、教育史、跨学科的课题，请选为主的学科填写。

（3）江西省教育科学规划课题鼓励课题申请人在充分考虑个人研究志趣和专长的基础上自主进行课题设计并申报。做到选题有单一的问题指向，研究有真实的经验事实，结论有充分的客观依据。

（4）江西省教育科学“十三五”规划课题分重点课题及一般课题两大类别。

（5）江西省教育科学规划课题实行课题申请人负责制。课题申请人限填报一人；一人不得同时申请 2 个以上（含 2 个）课题；尚未结题的江西省教育科学规划在研课题申请人不得申报新课题。

（6）课题申请人要如实填报申请材料，对申请书所填内容承担信誉责任，并保证没有知识产权争议。凡在申报江西省教育科学规划课题中弄虚作假者，一经发现并查实后，取消个人 5 年申报资格，如获准立项一律按撤项处理。

5.1.2 江西省基础教育研究课题立项申报

1. 申报要求

（1）课题负责人正在承担省课题基地办研究课题尚未结题的，不予受理。

（2）教师课题，负责人限 1 人，课题组核心成员不得超过 5 人（不含课题负责人）。龙头课题，负责人限校长 1 人，课题组核心成员不得超过 10 人（不含课题负责人）。

（3）申报人应填写《江西省基础教育研究课题申报书》（登录课题管理云平台），申报书中课题负责人单位要按照公章名称规范表述，课题名称及其他栏目内容都要规范表述，并严格按照盲审要求填写《课题活页》（活页内不能出现课题申报人与参与人姓名、所在单位名称和所在县区市名称等，如若出现，取消该课题参评资格。活页中申报人与参与人姓名、学校、所在县市区名称均用 ××× 代替）。

（4）各级申报单位，要将本单位教师申报江西省教育研究课题申报汇总表纸质稿，认真核对准确无误后加盖公章，上报上级课题基地办存档。

（5）各设区市、省直管县（市）教育局教研室要及时通知所属学校，组织教师、校长申报。

（6）课题立项申报不得收取任何费用。

2. 申报程序

1）个人申报

登录江西教研网 http://jiaoyan.jxedu.gov.cn，点击页面上的网上课题申报栏目进入江西省基础教育研究课题管理云平台（以下简称云平台），按流程提示完成用户注册（若已经注册的教师请用原注册的账号登录），并提交申报材料。申报人员可在江西教研网课题资源栏目中下载《申报书》和《申报书活页》预填，系统开通后，再正式填报。

2）材料审核

各级课题基地办要认真审核所有申报材料，确保申报者符合申报条件，并严把质量关，保证申报材料的原创性、真实性，申报材料出现差错和弄虚作假、抄袭等现象，由申报单位承担责任，除取消该课题的立项资格，还要追究相关人员的责任。

3）逐级评审

请学校和各级课题基地办按照省课题基地办颁布的《江西省中小学课题立项标准》认真组织专家逐级严格评审，并将评审结果通过云平台在规定的时间内逐级统一上报。

学校和县、市课题基地办评审结束后，对通过评审的课题要按申报书相应级别审批意见表格中的格式，签署同意立项的意见并加盖单位公章，签署单位负责人姓名，填写好日期后，再拍照或扫描到云平台相应的表格栏目内。具体操作要求请登入云平台查阅相关手册。

省课题基地办组织专家终评，评选出重点课题和一般课题，评审结果将在江西教研网上公布，同时下发纸质通知给各设区市、省直管县（市）教研室。

3. 江西省基础教育研究课题指南

基于国家和江西省基础教育课程改革的实际情况和要求，围绕教育改革中的重点问题给出了一些参考。与这些参考相关的内容需要创新、细化、分解和本土化处理。因此，各地教师在筹备申报立项课题时，应从自己所处的地域、学校、学段和学科实际出发，基于自身教育教学实践和教研工作中发现的真实问题，选定有推广应用价值的具体课题开展研究。参考内容如下：

（1）学习宣传贯彻党的十九大精神，加强中小学校党建工作，不断提高党的建设质量，为加快教育改革发展稳定提供坚强政治、思想和组织保证研究。

（2）习近平新时代中国特色社会主义思想融入基础教育研究。

（3）贯彻落实《关于全面深化新时代教师队伍建设改革的意见》，探索全面深化新时代教师队伍建设，培养造就党和人民满意的高素质专业化创新型教师队伍路径研究。

（4）以五大发展理念引领基础教育质量提升，实现内涵发展，让每个孩子都能享有公平而有质量的教育研究。

（5）学前教育普惠发展研究，义务教育均衡发展研究，高中教育特色发展研究，特殊教育融合发展研究。

（6）以社会主义核心价值观为引领，营造健康的教育生态，丰富育人载体，创新育人方式，构建长效机制，促进学校教育、家庭教育、社会教育有机融合，形成全员育人、全过程育人、全方位育人、全社会育人的强大合力，构建中小幼一体化德育体系，全方位落实立德树人根本任务研究。

（7）井冈山精神与落实立德树人根本任务研究，中国优秀传统文化与落实立德树人根本任务研究。

（8）校长领导力与现代学校发展研究。

（9）构建基础教育学校优质课程体系研究。

（10）稳妥推进义务教育三科统编教材统一优质使用，真正发挥好教材的育人功能研究；新修订的普通高中课程方案和课程标准研究，以及基于核心素养的各学段其他各学科课标、教材、教学和评价等研究。

（11）互联网、大数据、人工智能和虚拟现实技术与教育改革深度融合，以教育信息化促进基础教育现代化研究。

（12）基于核心素养的中小幼学生发展研究。

（13）基础教育师生终身学习能力培养研究。

（14）新高考背景下学校教育变革研究。

（15）国际视野下基础教育比较研究。

（16）基础教育教育教学质量监测与评价研究。

（17）提升特殊教育群体受教育水平，进城务工人员随迁子女、农村留守儿童、残疾儿童等特殊群体教育研究。

（18）基础教育中的创客教育、STEAM 教育、机器人教育、编程教育、开源硬件教育等新教育模式研究。

（19）落实《中小学综合实践活动课程指导纲要》，指导中小学社会服务、劳动教育、研学旅行和职业体验等实践活动研究。

（20）减轻学业负担、加强安全教育研究。

（21）乡村振兴战略背景下乡村中小学教研常态化研究。

（22）乡村振兴战略背景下中等职业教育发展路径研究。

（23）基础教育优秀成果的推广应用研究。

5.2　全国教育科学课题申报
——以 2019 年度课题组织申报为例

5.2.1　申报办法

（1）申报教育科学规划课题的指导思想是，高举中国特色社会主义伟大旗帜，以马克思列宁主义、毛泽东思想、邓小平理论、“三个代表”重要思想、科学发展观、习近平新时代中国特色社会主义思想为指导，深入贯彻党的十九大和十九届二中、三中全会精神，落实全国教育大会精神，以教育改革和发展中的重大理论和现实问题为主攻方向，解放思想、实事求是、与时俱进、求真务实，大力推进新时代理论创新、制度创新和方法创新，发挥全国教育科学规划课题的示范引导作用，推动教育科学为教育事业发展服务、为教育强国建设服务。

（2）申报全国教育科学规划课题，要体现鲜明的问题导向和创新意识，着力推出体现国家水准的研究成果。基础研究要密切跟踪国内外学术发展和学科建设的前沿和动态，着力推进学科体系、学术体系、话语体系建设和创新，力求具有原创性、开拓性和较高的学术思想价值；应用研究要立足党和国家事业发展需要，聚焦教育发展中的全局性、战略性和前瞻性的重大理论与实践问题，力求具有现实性、针对性和较强的决策参考价值。

（3）课题申请人须具备下列条件：遵守中华人民共和国宪法和法律；具有独立开展研究和组织开展研究的能力，能够承担实质性研究工作；国家重大和重点课题申请人须具有正高级专业技术职称（职务），能够担负起课题研究实际组织者和指导者的责任；国家一般课题申请人须具有副高级以上（含）专业技术职称（职务）或博士学位。不具有副高级以上（含）专业技术职称（职务）或者博士学位的，可以申请国家青年课题、教育部重点和教育部青年课题，但须由两名具有正高级专业技术职务的同行专家书面推荐。国家青年及教育部青年课题申请人和课题组成员的年龄均不超过 35 周岁（1984 年 3 月 15 日之后出生）。课题组成员或推荐人须征得本人同意并签字确认，否则视为违规申报。申请人可以根据研究的实际需要，吸收境外研究人员作为课题组成员参与申请。全日制在读研究生不能申请，具备申报条件的在职博士生（博士后）从所在工作单位申请。

（4）课题申请单位必须符合以下条件：在相关领域具有较雄厚的学术资源和研究实力；设有科研管理的职能部门；能够提供开展研究工作的必要条件并承诺信誉保证。以兼职人员身份从所兼职单位申报全国教育科学规划课题的，兼职单位须审核兼职人员正式聘用关系的真实性，承担项目管理职责并承诺信誉保证。

（5）本年度拟设国家重大和重点（含重大和重点的委托项目）课题若干，对教育发展中出现的一些重大问题快速作出反应，为党和政府高层科学决策及时提供政策建议。委托课题的研究内容及课题承担者由全国教育科学规划领导小组领导确定。

（6）本年度继续设置国家社科基金教育学西部项目。该项目用于资助在西部地区工作的教育研究人员，重点围绕西部教育改革和发展中的重大理论和现实问题开展研究，更好地服务西部教育和社会发展。西部项目设国家一般和国家青年课题，与年度项目一同申报评审，申报时无需单独注明为西部项目，资助强度和要求与国家一般和国家青年相同，其管理办法按全国教育科学规划的国家一般或国家青年的课题管理要求执行。

（7）本年度只设国家重大招标和重点课题指南，其他类别课题不设指南。申报重大招标和重点课题的，其名称须与指南保持一致，不得自行更改或添加副标题；重大招标课题需参加现场答辩，不参加答辩视为自动放弃。流标的重大和重点课题，可以通过委托形式进行研究。其他类别课题由申请人自拟的课题名称，鼓励开展反映国家需要和国际趋势的前瞻性、创新性课题研究，不支持以编译著作、编写教材、编写丛书、编写工具书为直接目的课题研究。自拟课题名称的表述应科学、严谨、规范、简明，一般不加副标题。

（8）全国教育科学规划涉及 14 个学科。依照《申请书》列出的学科分类代码填写相应学科，跨学科课题根据“尽量靠近”原则选定一类学科进行申报。国防军事教育课题申报评审工作由全军军事教育科学规划办公室负责另行组织。

（9）本年度全国教育科学规划课题继续实行限额申报，限额指标另行下达。各省级教育科学规划领导小组办公室、教育部直属高校和部内司局、直属单位要着力把关提高申报质量，适当控制申报数量，特别是要减少同类选题重复申报。

（10）申报课题的资助额度为：国家社科基金教育学重大招标课题为 50 万元、国家重点课题为 35 万元、国家一般课题为 20 万元，国家青年基金课题为 20 万元；西部项目为 20 万元；教育部重点课题为 3 万元、教育部青年专项为 2 万元。申请人要根据《全国教育科学规划课题成果鉴定结题细则》和《国家社会科学基金项目经费管理办法》的要求，确定申报课题类别，并根据实际需要编制合理科学的经费预算。

（11）全国教育科学规划课题的完成时限，国家重大、重点招标课题原则上要求在 2 年内完成；其他类别课题基础理论研究一般为 3~5 年，应用对策研究一般为 2~3 年。最长年限不超过 5 年。

（12）为避免一题多报、交叉申请和重复立项，确保申请人有足够的时间和精力从事课题研究，对课题申请作如下限定：①课题负责人同年度只能申报一个全国教育科学规划课题，且不能作为课题组成员参与全国教育科学规划课题的申请；课题组成员同年度最多参与两个全国教育科学规划课题申请。在研国家级项目的课题组成员最多参与一个全国教育科学规划项目申请。②在研的国家社科基金项目、国家自然科学基金项目、全国教育科学规划课题、教育部人文社会科学课题及其他国家级科研项目的负责人不能申请新的全国教育科学规划课题（结题证书标注日期在 2019 年 3 月 15 日之前的，或在 3 月 15 日前我办已经收到提交合格结题材料的，可以申请，但需附证明或与我办核实）。③申请国家自然科学基金项目、国家社科基金项目、教育部人文社会科学课题及其他国家级科研项目的负责人同年度不能申请全国教育科学规划课题，其课题组成员也不能作为负责人以内容相同或相近选题申请全国教育科学规划课题。④国家重大课题投标者的要求与国家社科基金重大项目投标者的要求相同。⑤凡在内容上与在研或已结项的各级各类项目有较大关联的申请课题，须在《申请书》中详细说明所申请项目与已承担项目的联系和区别，否则视为重复申请；不得以内容基本相同或相近的同一成果申请多家基金项目结项。⑥凡以博士学位论文或博士后出站报告为基础申报全国教育科学规划课题，须在《申请书》中注明所申请项目与学位论文（出站报告）的联系和区别，申请鉴定结项时须提交学位论文（出站报告）原件。⑦不得以已出版的内容基本相同的研究成果申请全国教育科学规划课题。⑧凡以全国教育科学规划课题名义发表阶段性成果或最终成果，不得同时标注多家基金项目资助字样。

（13）贯彻落实中央《关于进一步加强科研诚信建设的若干意见》，申请人应如实填写申请材料，保证没有知识产权争议，不得有违背科研诚信要求的行为。凡存在弄虚作假、抄袭剽窃等行为的，一经发现查实，取消 5 年申报资格；如获立项即予撤项并通报批评。为保证申报评审的公正性和严肃性，评审会议召开前申报单位或个人不得以任何名义走访、咨询学科评审组专家或邀请学科评审组专家进行申报辅导。凡行贿评审专家者，一经查实将予通报批评；如获立项即予撤项，5 年内不得申报全国教育科学规划课题。凡在课题申报和评审中发现严重违规违纪行为的，除按规定进行处理外，均被列入不良科研信用记录。

（14）课题实行同行专家通讯评审初评和专家会议集中复评方式。中小学和幼儿园申请人申报课题，实行单列单评，并给予一定比例的立项数量倾斜。

（15）课题负责人在项目执行期间要遵守相关承诺，履行约定义务，按期完成研究任务，结项成果形式原则上须与预期成果一致，不得低于《全国教育科学规划结题鉴定细则》中的相应要求；获准立项的《全国教育科学规划课题申请书》视为具有约束力的资助合同文本。最终成果实行结题鉴定制度，鉴定等级予以公布。除特殊情况外，国家社科基金项目的最终研究成果须先鉴定、后出版，擅自出版者视为自行终止资助协议。

（16）全国教育科学规划课题申报采用三级审核管理制度。第一级为“申报者所在单位”（如学校、院系、科研院所等），第二级为“省部级管理部门”（含各省级教育规划办、教育部直属高校和直属单位），第三级为“全国教育科学规划领导小组办公室”（以下简称全规办）。各级管理机构要加强对课题申报工作的组织和指导，严格审核申报资格、前期研究成果的真实性、课题组的研究实力和必备条件等，签署明确意见。各级科研管理部门不得收取任何申报评审费用。全规办不直接受理个人申报。

（17）项目申报材料从全规办网站（http://onsgep.moe.edu.cn）下载。申请书文本须经所在单位审查盖章后，报送至省部级管理部门，最后由省部级管理部门审核盖章后报全规办。

（18）申请书文本要求统一用计算机填写、A3 纸双面印制、中缝装订。报送全规办的纸质材料包括：①审查合格的国家重大招标和重点课题《投标书》一式 6 份（原件 1 份，复印件 5 份）；其他类别课题《申请书》一式 2 份（原件 1 份，复印件 1 份），活页 5 份。②加盖公章的用统一表格制作的申报数据汇总表。同时报送上述材料的电子版到指定邮箱。

（19）申报时间为 2019 年 1 月 7 日起至 3 月 15 日止，逾期不予受理。办公室咨询电话：010—62003471，62003307；各省规划办和教育部直属高校、直属单位报送材料的电子邮箱：qgb@moe.edu.cn；邮政编码：100088；地址：北京市海淀区北三环中路 46 号全国教育科学规划领导小组办公室。

5.2.2 示例

教师教材观及对教学行为影响的研究

宁波大学教师教育学院国家社会科学基金“十一五”规划教育学青年课题负责人陈柏华教授主持完成了“教师教材观及对教学行为影响的研究”（课题批准号 CFA090103）”。课题组主要成员有仲建维、王华蓉、熊金菊、吴月文、徐霞、方莹莹。现将成果公告如下：

1 内容与方法

1.1 研究内容

1.1.1 教材观研究

主要从教材目标观、教材内容观、教材结构观及其教材教学观四个维度对二十世纪至今的教材观研究进行系统研究。

1.1.2 教师教材观研究

通过访谈、课堂观察、察看教师日志等质的研究方法，对教师教材观的实然状况进行深入描述和分析，归纳出教师教材观的类型、特点及其相互关系。

1.1.3 教师教材观成因分析

从地方教育局、学校和个人专业发展三个层面来剖析教师教材观的影响因素。

1.1.4 教师教学行为研究

重点探讨教师教的行为及其师生互动行为。其中教师教的行为包括教学导入行为、呈示行为、指导行为和监控行为。师生互动行为分为提问中的互动行为、课堂讨论中的互动行为和情感交流中的互动行为。

1.2 研究方法

本研究主要采取文献法、访谈、观察与文件收集的方法收集所需资料，然后按照质的研究方法对之进行分析。具体来说，通过文献法来归纳已有教材观及其教师教材观的研究成果，以此构建本研究分析框架；通过访谈法来揭示教师教材观的特点、成因及其教学行为背后的个人理论；通过观察法来分析教师的课堂教学行为；通过文件收集的方法来收集教师的日志、教学设计以及教学反思等材料，以便提高研究的信度和效度。

2 结论与对策

2.1 结论

其一，不同教师表现出不同的教材观，可以把它们归纳为保守型、妥协型和创生型、观光者式、朝圣者式和流浪者式共六种。其中持保守型和流浪者式教材观的教师更多依赖教材进行课堂教学，认为只有教材是最为“可靠”的课程资源，持妥协型和朝圣者式教材观的教师则会适当补充一些课外教学资源但主要还是依赖于教材本身，持创生型和观光者式教材观的教师则认为教材完全不等同教科书，任何能够促进学生学习的语言文字材料（特别是名著）都可以当作教材来使用。

其二，教师教材观在课程改革前后发生了变化，不同教师的变化程度不一，其中对保守型教材观的教师影响较大，而对创生型教材观的教师影响较小。这主要是源于保守型教材观的教师受到了新课程改革理念的较大冲击，而创生型教材观的教师在观念上与新课程改革理念较为一致，所以冲击相对较小。

其三，教师教材观的特点非常复杂，不同的教材观在四个维度上既有相同点又有不同点，它们跟专家提及或宣称的教材观不完全一样。就相同点而言，它们在教材结构观上具有较大的一致性，但在教材目标观、内容观以及教学观上存在较多差异，其中在教材教学观上的差异最大。另外，教材与学生生活相联系也是教师对教材的共同看法。相对于专家提及的圣经式或建构主义教材观等，教师教材观更具实践性和非极端性特点，它们既不像圣经式教材观那样绝对保守，又不像建构主义教材观、人本主义教材观那样过于理想。教师教材观更多是对现实问题的反思，专家所提及或宣称的教材观更多是纯粹理性思辨的结果。

其四，教师教材观的形成是地方教育局、学校以及个人专业发展等多因素的结果，它们经常交织在一起影响着教师教材观的形成，其中个人专业发展对教师教材观的影响最大。地方教育局的考试评价制度、学校的文化以及校长的要求，确实也影响着教师教材观的形成，但是对教师教材观影响最为深远的还是他们个人的专业学习和受教育经历。

其五，教师的教学行为总体呈现稳定性，且教师教材观与其教学行为之间既有一致性的一面，也有冲突性的一面。就一致性而言，保守型和流浪者式教材观教师的教学行为更多地表现为教教材、采取单纯讲授式进行教学；妥协型和朝圣者式教材观的教师教学行为既有相对开放性的一面，也有相对保守型的一面。就冲突性的一面来讲，主要表现为区教育局的期末统一考试对教师教学行为的冲击。

其六，教师教学行为既具有可观察和可解释性的一面，但也有难以观察和诠释的一面。在教学行为研究过程中，我们设计了大量的观察量表，同时通过现场观察和课堂录像的笔录，分析了教师教学行为的表现形式、特点，但是由于课堂教学情境本身的复杂性，我们无法观察到课堂发生的所有教学行为。加上不同教师所表现出来的教学行为背后有他的个人教学哲学作为支撑，单纯的观察也难以达成对教师教学行为的完全准确地解释。

2.2 对策

（1）通过改进课程教材培训内容与方式，能促进教师教材观的积极转变。所有受访者对现行教材培训内容与方式均表示不同程度的不满。他们认为专家培训的理论性太强，操作性不够。培训过程中经常是专家一言堂式，教师在培训中的话语权被剥夺。教育局教研室组织的教材培训主要是讲教材重难点，也缺乏操作性。为有助于教师更好地理解和把握教材，课程教材专家在培训过程中要以参与式培训取代传统一言堂式培训，以案例式培训取代纯理论（理念）式培训，以改变长期教师在培训中的“失语”状态。

（2）减少对教师的“威胁”、增加教师的自我发展与生存空间可以更好地促进教师教材观的转变。美国学者哈维（T. Harvey，1990）在论及课程改革时提到，人们抵制课程改革的原因之一是缺乏安全感（Insecurity），因为人们往往反对那些对他们的安全造成威胁的东西。为了有效地促进教师的专业发展，转变相对保守的教材观，教育行政部门需要给教师一定的自由支配时间与发展空间，减少无关事务的干扰。这样教师的自我专业发展才有可能实现，保守的教材观才能得以转变；也只有这样，资源型、开放性、范例式的教材观才能得以真正树立。

（3）建立完善的、旨在促进教师专业发展的评价体系有助于教师专业发展的持续性。从表面上看，当前基础教育课程改革重视教师的自主专业发展和自我评价，但教育局组织的统一考试事实上强化了对教师的控制，学校对教师的评价变成了以考试成绩高低论英雄的尴尬境地。为了使教师对教材目标、内容、结构和教学有一个更为全面的认识，以便更好地把握和处理教材，最终变成促进学生的发展，建立一个完善的旨在促进教师专业发展的评价体系已刻不容缓，这种评价体系需要地方教育局的“干预”。而如何让“干预”成为教师专业发展的动力而非阻力，这是教育行政部门需深思的问题。

（4）对教师教育者（研究者）或教材编写者的教材观进行研究有助于更好地理解教师教材观，开发出更适合师生需要的教材。从已有教材观研究来看，除了一些纯理论探讨外，对教材观的实证研究主要有本人及其研究团队开展的教师教材观，还没有人对教师教育者或教材编写者的教材观开展过研究。为了更好地促进中小学教师教材观的积极转变，提高他们的专业意识和专业发展能力，有必要对教育研究者和教材编写者的教材观进行研究，以便开发出更为适合的中小学教材，同时减少研究者与实践者的隔阂与冲突。

（5）地方教育行政部门、教育研究者以及教师之间需要建立紧密的学习和实践共同体，培养教师的课程教材开发意识，促使他们超越以课本为本的狭隘教材观。为了促进教师教材观的积极转变，需要构建多方力量组成的学习与实践共同体，同时要对教师专业发展的内在动力机制、教师教材观的成因进行跟踪研究，根据教师教材观中存在的问题，有针对性地实施教师培训，并逐步培养教师的课程开发意识，让他们学会对不同课程教材资源的整合和创生，逐渐树立起资源型、材料型教材观。

（6）教师教学行为的改进需要教育评价配套政策的跟进。我们通过对教师教学行为的研究，发现教师能够积极反思自己的教学，并提高了教师的课堂教学设计能力、课堂教学行为观察能力和教学研究能力。为了提高课堂教学的有效性，需要相配套的有关教学评价、教师评价的政策，以便更好地促进教师的教学反思、教师专业发展以及学生的学习。否则，开放式、创生型教材观在教学实践中仍然难以实现。

3 研究成果

（1）通过文献分析，归纳出二十世纪至本世纪初专家学者所提及或倡导的七种主要教材观。其中圣经式教材观强调传授毋庸置疑的真理；经验自然主义教材观重视儿童的经验作为主要的教材资源；科学取向教材观对知识技能的重视和强调按照目标进行教学和评价；结构主义教材观以“任何知识可以以某种恰当的方式教给任何儿童”为假设，重视学科的基本概念、基本原理和基本结构；范例式教材观非常重视与学生生活的联系，按照主题来编写教材和组织教学，重视师生在教学中的主体地位的发挥；人本取向的教材观非常重视学生的情感体验、重视学生学习的自发性和自由性等。研究中归纳出的教材目标观、内容观、结构观和教学观四个维度，构成了教师教材观研究的理论分析框架，对同类研究有重要的借鉴价值。

（2）通过课堂观察、访谈、查看教师日志等方法，归纳出保守型、妥协型、创生型、观光者式、朝圣者式和流浪者式六种教师教材观。其中：①保守型教材观倡导“依纲靠本”。在教材目标观上把考试作为教材要实现的首要目标；在教材内容观上，他们认为主要包括教科书图像、文本以及相配套的教学参考书与练习册；在教材结构观上，赞同主题式编排；就教材教学观而言，奉行“依纲靠本”进行教学。②妥协型教材观主张“各让一步”。在教材目标观上，一方面要满足统一考试的需要，另一方面要重视正确人生观和价值观的引导和提高学生的写作能力；在教材内容观上，倡导“地域互补”同时考虑为学生未来生活做准备；在教材结构观上，主张按照主题式进行编排，同时遵循螺旋式编排原则；在教材教学观上，一方面信奉教材的“权威性”，同时会根据学生需要对教材进行适当“取舍”。③创生型教材观：超越平凡。在教材目标观上，强调促进人的全面发展；在教材内容观上，关注学生的生活需要，同时要体现不同学科的知识，倡导“草根与精英文化并举”；在教材结构观上，倡导圆周式与螺旋式相结合的编排体系，这与其他教师的观点基本一致；在教材教学观上，把教材看作教学的范例、引子，教师可以据此对教材进行改编。④观光者式教材观认为“不唯新、不唯旧”。在教材目标观上，教材要体现积极向上的情感，能让学生从中学到人生的意义，同时促进学生全面和谐的发展；在教材内容观上，认为教材要包括学科知识和其他跨学科知识；在教材结构观上，倡导话题、结构式编排体系；在教材教学观上，倡导多种方法的灵活运用。⑤朝圣者式教材观觉得“新亦可，旧亦可”。就教材目标观而言，特别重视基础知识和基本技能目标；在教材内容观上，认为教材要与学生的生活相联系，关心学生对教材中基本语言知识的掌握；就教材结构观而言，倡导以话题－功能的方式来进行教材编排；就教材教学观来说，以教材为中心进行教学，但能对教材目标和内容进行适当调整，能有意识地采用新的语言教学方法来提高学生的语言运用能力。⑥流浪者式教材观觉得“新不如旧，无所适从”。在教材目标观上，主要是为完成教学任务，应付区教育局的统一考试，兼顾学生的学习兴趣；在教材内容观上，重视与学生生活相联系，另外要迎合考试的需要；在教材结构观上，以话题为主线来编排，兼具基本语言知识、功能项目等形式、功能、情景的组织方式；就教材教学观而言，实施依纲靠本的教学。

（3）通过对教师教材观影响因素分析，构建了影响教师教材观的三维度因素，包括地方教育局、学校和个人专业发展。其中地方教育局对教师教材观的影响主要包括应试教育、市区教育局组织的教研活动以及教材培训的影响；学校对教师教材观的影响主要包括学校领导的压力、同课异构的影响以及非正式组织的影响；教师个人成长对教师教材观的影响主要包括上网与看书、上公开课、外出听课、跟师傅、个人教学反思以及童年的影响等。

（4）构建了基于教师教、学生学和师生互动三维度教学行为观察量表，并对课堂教学行为进行了观察与分析，发表了一系列相关论文。其中教师教的行为是教师在教学过程中用语言、声像、板书等向学生所呈示的一切言语和非言语行为，包括教学准备行为、导入行为、呈示行为、指导行为和监控行为。学生学的行为主要指学生在教师指导下的倾听行为、笔记行为、情感投入和自主学习行为等；师生互动行为则是指涵盖课堂提问中的互动行为、课堂讨论中的互动行为、情感交流中的互动行为。我们根据这些维度，制定了每个维度的详细观察量表，并对课堂教学行为进行了详细的观察、记录与分析。这些量表对于一线教师进行课堂观察和研究者进行教学行为研究具有重要的借鉴意义。

（5）发展了质的研究理论。本课题主要运用质的方法开展研究，通过该研究我们发展了一些本土概念，如“依纲靠本”“上纲上线”“雅俗共赏”“渗透”“不唯新，不唯旧，只唯实”“无所适从”“新亦可，旧亦可”等。这些本土概念反映了教师不同的教材观。另外，本研究提出了“问题－归纳－分析－理论构建－反思”的互动设计模式，通过对问题的诠释、提炼，然后再通过课堂观察、访谈等方式分析了教师教材观的特点和表现形式，在此基础上进行了教材观的理论构建，最后对研究问题、研究样本、研究方法、研究者自身以及研究发现进行了深入反思，发现质的研究方法本身是一个不断发现、不断反思和不断诠释的过程。通过这一研究，使我们对质的研究有了一个新的认识。

（本文来源于全国教育科学规划领导小组办公室，2014年7月7日发表，略有修改。）

参考文献

[1] 闫蒙钢．化学教育科学研究方法［M］．合肥：安徽人民出版社，2008.

[2] http://www.jxedu.gov.cn/info/1121/114093.htm

[3] http://www.jxedu.gov.cn/info/1123/38340.htm

[4] http://onsgep.moe.edu.cn

第 6 章　化学教育研究论文撰写

化学教育研究最后的步骤就是论文的撰写。把研究过程和研究结果写成论文，传播化学价值，助力教师发展，服务科教事业。

6.1　化学教育研究论文撰写

6.1.1　研究论文的类型

1. 经验总结

经验总结是指教师对自身教学经历或教学实践的经验性描述，如参加某项课程与教学改革，或是在某个教学活动中对某些教学现象深有体悟，事后把这种感触与体悟以书面的形式表征出来。经验总结由于直接来源于亲身教学实践，一般具有较强的实际应用价值和启发意义。

2. 实验报告

实验报告是指对化学教学实践中的某个问题进行实验，或对某种教学方法（他人的或自己的）进行教学实验后，写出的关于该实验的总结式研究论文。

3. 调查研究报告

调查研究报告是指针对化学教育教学中的某个问题或现象，设计调查提纲、确定调查对象、实施调查、分析整理调查结果，并在此基础上进行分析讨论写出的论文。

4. 学术论文

学术论文一般指较为全面、系统、深入、规范地就某个专题、采用多种研究方法进行探索写成的学术性研究论文。

上述四种论文类型中，前三种主要是用事实来说明问题，或者是基于教学事实的感想与体悟，通过典型事例的分析，找出规律性的东西，提出经验、办法、建议、存在的问题等。后一种一般是作者自己的论点和论述，或者是对既往研究的综述，一般具有较高的学术性、理论性和较大的参考价值，研究方法也较多，要求较高。但以上分类方法只是一个参考，各种类型的论文间没有不可逾越的界限。

6.1.2 化学教学研究论文的结构

1. 题目及署名

论文题目必须反映论文的实质内容，尽量鲜明、醒目、确切、中肯、简练，让人一看便知道论文主要论述的问题。论文署名一般包括姓名及工作单位等，以表明著作权人，便于明确文责。有些杂志报刊还要求附上作者简介，还要有职务、地址与邮编、著作与文章、主要工作经历等。

2. 摘要及关键词

摘要要做到以能概括论文内容为目的，简明扼要、恰当适切地记述论文的主要内容及观点。摘要不要对论文本身作评价，而是要“记述”。摘要极为重要，很多国内外的数据库都是只作摘要综述，不收录全文。

关键词是从论文标题、摘要、内容中选择最具实质性的关键性词语，来揭示主题内容。国家标准 GB/T 7713.1 和 GB/T 7713.3 中规定：每篇报告、论文选取 3~8 个词作为关键词。

摘要和关键词极为重要，特别是在科学知识极为丰富、科学技术极为发达的今天，好的摘要和关键词不光是论文的重要部分，对于论文的完善起着不可或缺的作用，更为使用者的检索提供了极大的方便。

3. 引言

引言是为了读者在通读正文前对作者研究的全过程有所了解，为阅读正文做准备。它可以是对研究课题所作的说明：如研究的缘起、研究目的、要解决的问题、研究的价值与意义，介绍前人所做的工作及未解决的问题等。它也可以是对课题研究方案的说明：大体介绍研究方法和研究的过程等。

4. 正文

它是研究论文的主体和关键部分。正文的主要内容包括：课题的理论依据、研究方法、研究对象的选择、观察到的事实、收集到的材料数据、对材料数据的分析处理结果等。但各类论文的内容有所侧重。如调查报告的正文着重叙述所调查问题的现状和实质，产生问题的原因及发展趋势；实验报告的正文包括实验目的、实验过程、实验数据或结果、结果分析和讨论等；经验报告应该指出所总结的经验是什么，并对此分析、归纳、论证及指出经验的实践意义。

5. 结论与讨论

结论是对研究中所观察到的事实、收集到的材料、数据进行处理，并在此基础上分析、判断、推理得出的对事物本质的规律性的认识。它是一篇文章的总论点，一般包括所发现的规律、得出的结论、解决的问题等。

讨论的主要内容是本研究的局限性、仍然存在的问题、今后努力的方向和设想等。

6. 注释和参考文献

注释和参考文献是研究论文必不可少的一部分。目的在于表明作者科学严谨的研究态度和对前人研究成果的尊重，是对知识产权的尊重，并方便读者对本课题有全面、历史的了解，有利于进一步研究。注释是论文中所引用和采纳的观点和论述，所列文献应是作者在研究和撰写过程中参考并引用的文献成果。

6.1.3　化学教学研究论文写作要求

1. 观点新颖、概念清晰

观点是一篇论文的“眼睛”，它的“明眸善睐”“勾魂夺魄”是吸引读者的第一“武器”。新颖的观点可以启发读者从非常规的维度进行崭新的思考，从而发现问题的另一面，或者重新诠释问题的不同涵义。观点新颖，不是胡编乱造，不是空中楼阁，更不能凭空捏造，它来源于教学实践，是作者在教学实践和思考过程中“有感而发”并经过审慎思考的产物。

论文所涉及的概念一定要清晰准确，杜绝含混不清的现象。特别是相近或相似的而内涵不同的概念在使用的时候，更要注意使用的场景。

2. 结构合理、内容充实

合理的结构对于论文来说是一个首要的问题，应有所依据和考究，不合理的结构不能支持作者很好地表达自己的思想。正如一个人的身体如果不协调，就很难完成优美的体操动作一样。要合理安排文中各种材料、各个部分的顺序，全文前后连贯、布局合理、内容充实。

另外，论文内容应丰富、资料翔实、分析充分，使论文“有血有肉”“耐人寻味”“内蕴隽永”。

3. 论证坚实、有理有据

作者的观点应该是基于雄厚的事实依据和对前人工作的广泛吸收、借鉴，而一个观点树立起来后，如何才能使人信服、自圆其说，这就是论证的任务了。论证要基于扎实的事实依据、丰富的文献资料、逻辑化的论证过程，有理有据、扎扎实实，而不能想当然。

4. 表达顺畅、准确无误

首先，在陈述上应该通顺合理，没有语句不通、逻辑混乱等情况，文字要精练平实，要言之成文、言之成理；其次，表达要准确无误，不能含糊其词、模棱两可，不能任意扩大或缩小。

5. 言简意赅、一针见血

行文杜绝啰唆。说明一个问题或事实如果一句话足够，就不要用两句。指证问题要明确，不要在问题外围兜圈圈，要抓住问题要害、直达问题核心。

6. 实事求是、严肃认真

科学研究的态度应当实事求是、严肃认真。教学研究是个严肃的问题，不能马马虎虎、随心所欲，不能敷衍了事、随便杜撰。

下面以 2018 年《化学教育》投稿要求与格式要求为例进行说明。

中文标题（3 号黑体）

张三[1]　李四六[2]　王五七[1]（5 号仿宋体）

（1. 北京师范大学化学学院　北京　100875；

2. 东北师范大学化学学院　吉林长春　130024）（6 号宋体）

摘　要（5 号黑体）××××××××（5 号仿宋体）。

关键词（5 号黑体）×××　×××　×××（5 号仿宋体）

×××××××××××××××[1]（文章前言不加标题，正文用5号宋体，1.25倍行距）

1　一级标题（小 4 号黑体）

××××××××××××××××××[2]。（5 号宋体，1.25 倍行距）

1.1　二级标题（5 号黑体）

××××××××××××××××××[3]，见表 1。（5 号宋体，1.25 倍行距，以下正文同此）

（表格要有表序和表题，放在相应文字附近，并在正文中有指示语）

表 1　×××××××××（6 号黑体）

Table 1　×××××××××（6 号 Times New Roman，加粗）

×××××（6号宋体）	×××	×××	×××	×××	×××	×××
×××××	×××	×××	×××	×××	×××	×××
×××××	×××	×××	×××	×××	×××	×××

表注：×××××××。（6 号宋体）

1.1.1　三级标题（5 号宋体，与正文字号字体一样）

×××××××××××××[4]，见图 1。（图片要清晰、美观、规范，放在相应文字附近，格式为“嵌入式”，居中排，在正文中有指示语，并有图序和图题）

图 1　×××××××××（6 号黑体）

Fig.1　×××××××××（6 号 Times New Roman，加粗）

图注：××××××××。（6 号宋体）

参考文献（小 5 号黑体）

[1] Matthew R Siebert，Todd E Daniel，Brian D High. Boot Camp to Improve Student Perception and Performance in Sophomore Organic Chemistry [J]. Journal of Chemical Education，2017，94（12）：1860–1865（6 号宋体）（英文期刊文献）

[2] 萧钰. 出版业信息化迈入快车道 [EB/OL].（2001-12-19）[2002-04-15]. http://www.creader.com/news/200112190019.htm（网络文献）

[3] 周贤亚，聂丽，黄磊，等. 通识课“趣味化学实验”存在的问题与对策 [J]. 化学教育（中英文），2017，38（24）：11–16（中文期刊文献）

[4] 刘知新. 化学教学论 [M]. 4 版. 北京：高等教育出版社，2009：23–34（图书文献）

[5] 冯冬红，李济英. 会提问，最具创造力的品质 [N]. 中国教育报，2005-03-25（6）

（报纸文献）
[6] 白书农．植物开花研究［M］// 李承森．植物科学进展．北京：高等教育出版社，1998：146-163（图书或者论文集里析出的文献）
[7] 刘永增．解读教师人生：关于教师自身和谐发展的思考［R］．北京：中国教育学会，2006：34-35（报告文献）
[8] 中华人民共和国教育部．普通高中化学课程标准（实验）［S］．北京：人民教育出版社，2003：8（标准文献）
[9] 姜锡洲．一种温热外敷药制备方案：中国，88105607.3［P］.1989-07-26（专利文献）
[10] 罗杰斯．西方文明史：问题与源头［M］．潘惠霞，魏婧，杨艳，等译．大连：东北财经大学出版社，2011：15-16（翻译图书文献）
[11] MORRI I. Why the west rules for now: the patterns of history, and what they reveal about the future［M］.New York: Farrar, Straus and Giroux，2010：260（英文图书文献）
[12] 江家发．中国近代化学溯源与体制化演进［D］．芜湖：安徽师范大学博士学位论文，2009：15（学位论文文献）

【注意：参考文献一定要在正文相应位置标注。】

英文标题（小4号 Times New Roman，加粗）

ZHANG San[1]　LI Si-Liu[2]　WANG Wu-Qi[1]（5号 Times New Roman）
（1.College of Chemistry, Beijing Normal University, Beijing 100875，China；
2. College of Chemistry, Northeast Normal University, Changchun 130024, China）（6号 Times New Roman）

Abstract（5号 Times New Roman，加粗）××××××××××（5号 Times New Roman）

Keywords（5号 Times New Roman，加粗）××××；×××；×××（5号 Times New Roman）

另外，论文课题信息及联系人信息以页下注的方式放在论文首页。

课题资助信息

通信联系人，E-mail

6.1.4 研究论文案例

改革开放以来我国初中化学教科书中溶液内容的演变研究

1 结果与分析

1.1 溶液内容选择的演变

1.1.1 内容广度（G）

内容广度是指课程内容所涉及的范围和领域的广泛程度，通常用“知识点”来量化。参考各版教科书相应的教学大纲、课程标准，将六套化学教科书中溶液内容的“知识点”

量化统计，确定其内容广度分别为：$G_{1978}=18$，$G_{1982}=16$，$G_{1987}=16$，$G_{1995}=10$，$G_{2001}=10$，$G_{2012}=10$（具体见表 1）。

1.1.2 内容深度（S）

内容深度是指课程内容所需要的思维深度，它涉及概念的抽象程度和概念之间的关联程度，以及课程内容的推理与运算步骤。深度的计算可通过课程目标的不同要求加权平均来刻画。根据教学大纲、课程标准对内容知识点的要求，从低到高依次分为：常识性介绍、了解和掌握三个层次，深度赋值分别为 1、2、3。

基于以上赋值，计算出六套初中化学教科书中溶液的内容深度为：$S_{1978}=2.17$，$S_{1982}=2.06$，$S_{1987}=2.00$，$S_{1995}=2.30$，$S_{2001}=2.00$，$S_{2012}=2.00$（具体见表 1）。

表 1　溶液内容深度与广度统计表

版本	“溶液”内容知识点	
1978 版	悬浊液 乳浊液：3 溶解时的吸热与放热现象：2 固体的溶解度：2 关于溶解度的计算：3 结晶水合物：1 过滤：2 萃取：2 纸上层析：2 ppm 浓度的计算：2	溶质 溶剂 溶液：3 溶解平衡：3 温度压强对气体溶解度的影响：1 结晶：3 风化 潮解：1 重结晶：2 蒸馏：2 百分比浓度的计算：3 体积比浓度的计算：2
	$G_{1978}=18$　$S_{1978}=2.17$	
1982 版	悬浊液 乳浊液：3 溶解时的吸热与放热现象：2 固体的溶解度：2 关于溶解度的计算：3 结晶水 结晶水合物：1 过滤：2 蒸馏：2 ppm 浓度：1	溶质 溶剂 溶液：3 饱和溶液和不饱和溶液：3 温度压强对气体溶解度的影响：1 结晶：3 风化 潮解：1 重结晶：2 百分比浓度的计算：3 体积比浓度：1
	$G_{1982}=16$　$S_{1982}=2.06$	
1987 版	悬浊液 乳浊液：3 溶解时的吸热与放热现象：2 固体的溶解度：2 关于溶解度的计算：3 结晶水 结晶水合物：1 过滤：2 蒸馏：1 ppm 浓度：1	溶质 溶剂 溶液：3 饱和溶解和不饱和溶液：3 温度压强对气体溶解度的影响：1 结晶：3 风化 潮解：1 重结晶：2 百分比浓度：3 体积比浓度：1
	$G_{1987}=16$　$S_{1987}=2.00$	

续表

版本	“溶液”内容知识点	
1995版	悬浊液 乳浊液：3 饱和溶液和不饱和溶液：3 温度压强对气体溶解度的影响：1 过滤：2 重结晶（*） 液体的体积分数：1	溶质 溶剂 溶液：3 固体溶解度：2 溶解度的计算：3 结晶：2 溶质的质量分数的计算：3
	G_{1995}=10 S_{1995}=2.30	
2001版	溶质 溶剂 溶液：3 溶解时的吸热与放热现象：2 结晶：2 溶解度的定义：2 温度压强对气体溶解度的影响：1 溶液 乳浊液和悬浊液（*）	乳浊液的形成：2 饱和溶液和不饱和溶液：2 海水中提取食盐：1 绘制溶解度曲线：2 溶质的质量分数：3
	G_{2001}=10 S_{2001}=2.00	
2012版	溶质 溶剂 溶液：3 乳化现象：2 海水晒盐：1 溶解度定义：2 气体溶解度：1	溶解时的吸热与放热现象：2 饱和溶液与不饱和溶液：2 结晶方法：2 溶解度曲线：2 溶质的质量分数：3
	G_{2012}=10 S_{2012}=2.00	

注：“*”表示选学内容，不计入广度中知识点的分析。

由表1可知：

（1）教科书中溶液的内容广度有所下降，知识点有所变革。1982版在1978版的基础上，在混合物的分离一节中减少萃取、纸上层析等知识点，且在溶液的浓度一节中又降低对ppm浓度、体积比浓度等知识点的要求；1987版溶液与1982版一样，没有调整；1995版在1987版的基础上删除蒸馏的知识点，并将百分比浓度更名为溶质的质量分数，一直沿用至今；2001版在1995版的基础上将过滤、蒸馏等知识划分到上册第四章水的净化一节中，并且弱化关于溶解度的计算。

（2）教科书中溶液的内容深度在1978版、1982版、1987版教科书中有下降趋势，但在1995版教科书中表现最高达到2.30，而新课标教科书中的内容深度保持在2.00。

1.2 溶液内容组织的演变

1.2.1 编排顺序

为了方便对六个版本教科书中溶液内容的编排进行对比分析，将各版本教科书中溶液内容的编排顺序列表如表2所示。

表 2　溶液内容编排顺序表

版本	章（节）	课　题
1978 版	第三章：溶液	1. 悬浊液 乳浊液 溶液
		2. 溶解的过程
		3. 溶解度
		4. 物质的结晶
		5. 混合物的分离
		6. 溶液的浓度
1982 版	第四章：溶液	1. 悬浊液 乳浊液 溶液
		2. 溶解的过程
		3. 溶解度
		4. 物质的结晶
		5. 混合物的分离
		6. 溶液的浓度
1995 版	第七章：溶液	1. 悬浊液 乳浊液 溶液
		2. 饱和溶液和不饱和溶液
		3. 溶解度
		4. 过滤和结晶
		5. 溶液组成的表示方法
2001 版	第九单元：溶液	1. 溶液的形成
		2. 溶解度
		3. 溶质的质量分数

注：1987 版的编排基本与 1982 版同，2012 版的编排基本与 2001 版同，为节省篇幅，略去 1987 版、2012 版的编排顺序表。

1.2.2　编排原则

课程编制工作在确定教学目的，选好教学内容之后，要使其成为一本便教易学的教科书，在编制过程中必须把握以下原则：

（1）教材的逻辑顺序　教材的逻辑顺序是由学科内容的知识结构、技能结构、能力结构和科学过程结构四要素经过科学排列、整合之后构成的。1978 版、1982 版、1995 版在溶液内容的编排上大致相同，2001 版则在编排时将过滤蒸馏等知识点放入第四章中，以便教学中更利于学生能力的培养和科学方法的训练。

（2）学生的认识顺序　学生的认识顺序，是指学生学习知识、技能的认识规律。这些规律相当复杂，在认识过程中往往不是某一条规律孤立起作用，而是几条规律相互联系、渗透，交错起作用。2001 版在编写过程中加入蔗糖的溶解、餐具的洗涤等生活现象，符合从感知到理解、从已知到未知、从易到难的认知顺序，使教学活动能够取得较好效果。

（3）学生的心理发展顺序　学生心理发展顺序，主要指不同年龄段学生的认识能力水平以及兴趣、需要、情感、态度、意志、性格等心理特性的发展顺序。初中学生学习化学往往是从好奇和直接兴趣出发，属于直接和近景的动机，不够稳定。学习上遇到困难就容易产生厌倦情绪。2001版在编制时加入大量的彩色实物图以及实验现象图，使得学生有直观的感受，使得抽象知识的学习确立在具体事实知识基础之上，激发学生学习兴趣，符合学生的心理发展顺序。

（4）社会发展需求　教科书内容的编排不仅要注重知识的逻辑、关注学生需要，还应顺应社会发展。1978版和1982版编排的内容大体相同。1995版加入家庭小实验，贴近学生生活经验。2001版又增加对生活中常见现象的讨论，如汽水中含有大量二氧化碳。同时增加资料等栏目，内容的选择更加注重STS教育理念，增加与科学、技术、社会相关的内容，符合社会发展需求。

2.1　溶液内容呈现的演变

2.1.1　栏目

教科书栏目在教学中具有导航作用，故其成为教科书的重要组成部分。参阅《人教版高中化学新课程教材栏目的实证分析》一文，根据初中化学教科书栏目内容的性质，大致把教科书中的栏目分为三种，即活动性栏目、方法性栏目和资料性栏目。六个版本教科书栏目设置情况统计见表3。

表3　溶液内容栏目统计表

<table>
<tr><th>版本</th><th>栏目类型</th><th>栏　目</th><th>出现频次</th><th colspan="2">总　计</th><th>百分比/%</th></tr>
<tr><td>1978版</td><td>活动性栏目</td><td>实验</td><td>18</td><td colspan="2">18</td><td>100</td></tr>
<tr><td rowspan="2">1982版</td><td rowspan="2">活动性栏目</td><td>实验</td><td>13</td><td colspan="2" rowspan="2">14</td><td rowspan="2">100</td></tr>
<tr><td>讨论</td><td>1</td></tr>
<tr><td>1987版</td><td>活动性栏目</td><td>实验</td><td>13</td><td colspan="2">13</td><td>100</td></tr>
<tr><td rowspan="4">1995版</td><td rowspan="3">活动性栏目</td><td>实验</td><td>10</td><td rowspan="3">13</td><td rowspan="4">14</td><td rowspan="3">92.9</td></tr>
<tr><td>讨论</td><td>1</td></tr>
<tr><td>家庭小实验</td><td>2</td></tr>
<tr><td>资料性栏目</td><td>选学</td><td>1</td><td>1</td><td>7.1</td></tr>
<tr><td rowspan="8">2001版</td><td rowspan="5">活动性栏目</td><td>实验</td><td>7</td><td rowspan="5">19</td><td rowspan="8">27</td><td rowspan="5">70.4</td></tr>
<tr><td>讨论</td><td>5</td></tr>
<tr><td>家庭小实验</td><td>3</td></tr>
<tr><td>活动与探究</td><td>3</td></tr>
<tr><td>调查与研究</td><td>1</td></tr>
<tr><td>方法性栏目</td><td>学完本课题你应该知道</td><td>3</td><td>3</td><td>11.1</td></tr>
<tr><td rowspan="2">资料性栏目</td><td>资料</td><td>4</td><td rowspan="2">5</td><td rowspan="2">18.5</td></tr>
<tr><td>拓展性课题</td><td>1</td></tr>
</table>

续表

版本	栏目类型	栏目	出现频次	总计		百分比/%
2012版	活动性栏目	实验	8	17	26	65.4
		探究	2			
		调查与研究	1			
		讨论	3			
		课外实验	2			
		实验活动	1			
	资料性栏目	资料卡片	4	5		19.2
		注意	1			
	方法性栏目	学完本课你应该知道	3	4		15.4
		方法引导	1			

由表3可知：

（1）教科书栏目类型越来越多。1978版、1982版和1987版三个版本只有活动性栏目，1995版在1987版的基础上增加资料性栏目，2001版在1995版的基础上又增加方法性栏目。

（2）活动性栏目的栏目形式越来越多样化。1978版活动栏目的栏目形式只有实验一种；1982版有实验和讨论两种；1995版又增加了家庭小实验；2001版又引入活动与探究和调查与研究；而2012版又添加了实验活动，进一步培养学生实验动手能力。

（3）教科书栏目的出现频次越来越大，类型越来越多。

2.1.2 插图

参阅《改革开放以来我国初中化学教科书插图的演变研究》一文，对初中化学教科书中的插图按表现形式分为图片和表格两类。其中图片包括章图、实验图、微观或原理模拟图、知识点结构图、实物图及其他等五种，表格可以分为实验探究表格和知识点表格两类。六个版本教科书插图类型的分类统计见表4。

表4 溶液内容图片统计表

版次	图片数目				图片总数（百分比%）	表格数目		表格总数（百分比%）	插图总数
	实验图	微观示意图	知识点结构图	实物图及其他		知识点	实验探究		
1978版	8	1	2	1	12（85.7）	2	0	2（14.3）	14
1982版	6	0	3	1	10（83.3）	2	0	2（16.7）	12
1987版	6	0	3	1	10（83.3）	2	0	2（16.7）	12
1995版	3	0	2	2	7(77.8）	2	0	2（22.2）	9
2001版	7	0	5	7	19（61.3）	3	9	12（38.7）	31
2012版	10	0	2	9	21（67.7）	2	8	10（32.2）	31

由表4可知：

（1）6个版本的教科书插图总数先减少和增加。

（2）1995 版的实验图在六个版本中是最少的；溶液的内容只在 1978 版出现过微观模拟图（溶解和溶解平衡示意图）；实物图及其他与实验探究表格在新课标（2001 版和 2012 版）中出现次数明显增大。

（3）1978 版、1982 版、1987 版和 1995 版表格的数量完全一样，且全是知识点。1982 版和 1987 版的插图没有做改变。

2.1.3 习题

参阅《改革开放以来我国初中化学教科书习题的演变研究》一文，对初中化学教科书中的习题按呈现形式分为简答题、选择题、计算题、判断题、填空题、图表题六类，对六个版本教科书溶液内容习题数进行了统计分析，具体见表 5。

表 5 溶液内容习题统计表

版本	习题类型	习题数量	习题总数	百分比 /%
1978 版	简答题	16	31	51.6
	计算题	14		45.2
	判断题	1		3.2
1982 版	简答题	10	37	27.0
	选择题	4		10.8
	判断题	30		8.1
	计算题	20		54.1
1987 版	简答题	5	31	16.1
	选择题	5		16.1
	判断题	2		6.5
	计算题	18		58.1
	填空题	1		3.2
1995 版	简答题	4	31	12.9
	选择题	4		12.9
	判断题	4		12.9
	填空题	2		6.5
	计算题	17		54.8
2001 版	简答题	12	25	48.0
	选择题	1		4.0
	填空题	1		4.0
	计算题	9		36.0
	图表题	2		8.0
2012 版	简答题	6	22	27.3
	选择题	1		4.6
	图表题	5		22.7
	填空题	3		13.6
	计算题	7		31.8

由表 5 可知：

（1）习题总数随版本更新呈先增大后减小的趋势。新课标中大大减少了习题量，减轻了学生的负担。习题数量的减少，究其原因，跟内容广度的变化也有一定关系。

（2）习题的种类与形式越来越多，1982 版在 1978 版的基础上增加了选择题，1987 版在 1982 版的基础上增加了填空题，2001 版在 1995 版的基础上又增加了图表题，但删除了判断题，计算题的比例先增加后减少。

3 结论与思考

综上分析可知，改革开放以来我国初中化学教科书中溶液在内容的选择上删除了一些不常使用的知识点，如纸上层析、ppm 溶度；在内容的组织编排上不再严格遵循学科知识的逻辑顺序，更加关注学生需求与社会发展；在内容的呈现上不再只是文本的陈述，而是插入了多种形式的栏目和大量的插图，不仅扩大了学生学习视野，也使教科书内容形象生动、活泼，更好地激发了学生的学习兴趣。习题形式的多样化和习题数量的减少有利于发挥习题评价促进学生发展的功能。

对于溶液内容在化学教科书中的编写以及教学：①在内容的选择上，要把握好溶液内容的深广度。课程内容的广度与深度，在课时有限的情况下，是互相矛盾的，所以二者间必须配置合理，达到适当的平衡，从改革开放以来我国 6 套初中化学教科书的变化特点可知溶液内容的深广度呈现下降趋势，现行的新课标教科书中的内容深度保持在 2.00，广度保持在 10。②在内容的组织编排上，应紧扣化学课程目标，充分考虑影响课程的学生、社会、学科三因素，以学生的发展为本，促进学生的科学素养全面发展。③在内容的呈现上，应采用多功能、多样化形式，如体现各种教学设计思想的教科书栏目、除文字陈述外的表格、图形、各种类型的习题等形式。充分挖掘教科书在内容、编排、呈现方面的教学价值，如引导学生积极参与“活动与探究”，紧密联系学生已有经验和生活实际。学生在日常生活中已经有了一些有关溶液的生活概念，教师一方面应了解学生已有的有关溶液的知识，尽量从学生熟悉的事物中引入溶液的学习；另一方面要充分利用新旧知识经验的冲突，以及由此而引发的认知结构的重组，引导学生把生活概念向科学概念转化。例如，由糖水、盐水等生活概念，经过分析形成溶液的科学概念；由水是溶剂的生活概念，分析碘酒的溶剂，形成溶剂的科学概念；由水是溶剂的生活概念，分析酒精中的溶剂，形成“两种液体互相溶解，相对而言，量多者为溶剂”的正确认识。

（本文选自张世勇、陈琪、李勋《化学教育》2015 年第 9 期 14～19 页，略有修改。）

6.2 本科毕业论文写作要求

本科生在结束了大学的学业课程学习后，应提交一份毕业论文，表明除了掌握了学科的基础理论知识和基本技能外，并具有了从事科学研究工作的基本能力。本科生毕业论文是本科人才培养方案的重要组成部分，是培养学生创新思维、提高学生实践能力的有效途径，是学生综合运用所学专业知识解决学术和实际问题的重要方式，是反映学生全面素质和综合能力的重要标志。

6.2.1　毕业论文内容基本要求

1. 专业性

论文题目要符合专业培养目标，满足人才培养基本要求，使学生在专业知识应用方面得到比较全面的训练。理工农科类专业学生要尽量选择实验类、工程实践类的毕业论文题目，人文社科类及艺术类专业学生应根据专业特点，结合社会实践，设立题目。鼓励教师教育专业学生根据基础教育改革发展，结合学科课程改革现状，设立题目，使学生通过完成毕业论文加深对教育教学规律的认识和基础教育改革实际的了解，并初步掌握教育科学（包括各学科教学法）的研究方法，为树立牢固的专业思想和进行教育科学研究打下基础。

拟题要有明确的针对性，切忌题目立意过大，内容空泛。要通过做毕业论文，使学生具备运用所学专业知识解决实际问题的能力。

2. 实践性

论文题目应尽可能结合教育实践、社会实践和科研实践，鼓励教学学院与外单位各级各类学校、科研院所、企事业研发和生产单位联合拟定论文题目，符合要求的可采取联合指导的方式。毕业设计的选题要注重与实际工程项目结合，难度和工作量应高于课程设计，并体现出一定的综合性。

3. 创新性

论文题目应突出创新性，要结合学科创新、理论创新、技术创新和具体产品创新，使论文题目在难度适中的情况下尽可能地反映科技创新、社会变革和社会生产创意的需要。

4. 可行性

论文题目要具有可行性，符合本科生知识、能力、水平和学习条件的实际，切实满足本科毕业论文工作量的要求，避免过多和过少两个极端。保证学生在规定时间内通过努力能够完成任务或取得阶段性成果。

5. 个性化

论文题目要体现因材施教的教育方针，避免千篇一律，鼓励学生根据兴趣在教师指导下自拟题目，并创造性地开展工作，同时鼓励学生根据兴趣参与教师的科研课题，使不同能力和水平的学生都能得到较大的提高。

6.2.2　毕业论文写作基本要求

参照中国国家标准标准化管理委员会所发布的《学位论文编写规则》（GB/T 7713.1—2006）和《信息与文献　参考文献著录规则》（GB/T 7714—2015）等标准，以及中华人民共和国新闻出版广播电影电视总局和中国国家语言文字工作委员会等机构发布的相关规则，以赣南师范大学为例，结合化学等学科专业特点，阐述本科毕业论文的写作要求。

毕业论文（设计）应包括以下项目：①封面；②作者声明；③论文（设计）题目及署名；④中外（英）文摘要及关键词；⑤目录；⑥正文；⑦注释；⑧主要参考文献；⑨附录

（非必选项）；⑩后记（非必选项）。以上各项目的基本内容与要求如下。

1. 封面

（1）封面信息　封面信息包括学校名称与本科生毕业论文（设计）的全称、毕业论文标题（含毕业设计，以下简称论文）、学生个人信息、指导老师信息以及论文完成（提交答辩）时间等。

（2）封面格式　封面格式由学校统一设计、学生个人印制。封面上有题目、姓名、学号、班级、年级、专业、院系、指导教师姓名及职称等内容，以及论文完成时间。封面提倡打印填列，所有项目填列的内容均须排列整齐、美观。

2. 作者声明

（1）声明内容　作者声明是论文的著作权人对论文形成的知识产权与使用的知识产权，以及可能产生的相应法律责任所作的公开表述和承诺，其内容包括声明文本和作者个人信息（专业、学号、姓名、时间）等。

（2）声明格式　作者声明应另起页，“作者声明”字样占一行，二号宋体，加粗，居中，段前、段后各空一行（提倡用 Word 软件下“格式”—“段落”—“间距”—“段前和段后”定义，不宜用空行回车方式，下同），结尾处无标点符号。作者声明的内容由学校统一拟定，四号宋体。

（3）声明生效　须由论文作者在作者签名处用中文手写签字，声明方才有效。时间也要求手写。

3. 论文（设计）题目及署名

（1）题名排列　毕业论文（设计）题目、署名与完成时间接“作者声明”页后单设一页。

（2）题目要求　毕业论文（设计）题目字数一般不得超过 20 个汉字，题目过长时可加设副标题，副标题前加破折号，即“××××××××——××××××××”，副标题需另起一行与主标题居中对齐。

（3）题目格式　毕业论文（设计）题目需按中、外（英）文分别列示，二号黑体，居中。中文标题在上，段前空 8 行，段后空 1 行，下接中文署名；外（英）文标题置于中文署名下，段前空一行。外（英）文标题与中文标题应在内涵上一致，斜体。此外，正文中若未设“引论”条次的标题，正文前也可冠以论文题目，三号黑体，居中，段前、段后各空一行。

（4）署名格式　毕业论文（设计）作者的中文署名置于中文标题下一行，三号宋体，加粗，居中，段前空一行。作者姓名的译名署名置于外（英）文标题下一行，三号字体，加粗，居中，段前空一行。中文译名一般用汉语拼音：姓前名后，中间空格；姓氏的第一个字母大写，复姓连写；名字的首字母大写，双名中间空一格；名字不缩写；斜体。如：*Zhang Ying*（张颖）；*Wang Xi lian*（王锡联）；*Zhuge Hua*（诸葛华）。

（5）时间格式　毕业论文（设计）完成时间以“××××年×月×日”格式列页底，三号宋体，加粗，段后空两行，与签名居中对齐。

4. 中外（英）文摘要及关键词

1）中文摘要及关键词

（1）摘要内容 摘要是论文内容的简要陈述，应尽量反映论文的主要信息，主要包括研究意义、目的、方法、成果和重要结论。摘要具有相对的独立性和完整性，其间不应含图表和注释。若论文摘要中需分层次表述内容时，一般应采用文字表达的方式，而不宜使用数字表达的方式。中文摘要字数一般为300字左右。

（2）摘要格式 中文摘要应当单独设页。“摘要”两字间空两格，小二号宋体，加粗，占一行，居中，段前、段后各空一行，结尾处无标点符号。摘要内容的版面设置与正文相同。

（3）关键词内容 中文关键词是反映论文主题内容的名词，是供文献检索使用的重要信息。关键词的词条应为通用词汇，不得自造关键词。关键词一般为3~5个，按其外延层次（学科目录分类）由高至低顺序排列。

（4）关键词格式 中文“关键词”应当排在“摘要”正文下一自然段。“关键词”前空两格，小二号宋体，加粗，后接冒号“：”，各个关键词用小四号宋体，其间用分号“；”分隔，段前空一行。

2）外（英）文摘要与关键词

“外（英）文摘要及关键词”的翻译信息应与“中文摘要及关键词”同页。

（1）外文摘要格式 外文摘要项的英文标示词用“Abstract”，小二号字体，加粗，占一行，居中，段前、段后各空一行，结尾处无标点符号。摘要内容与中文一致，版面设置按后述英文行文要求。

（2）外文关键词格式 外文关键词排在外文摘要正文下一自然段。英文用“Key words”，小三号字体，加粗，左顶格对齐，后接英文状态下的冒号“：”，各个关键词用小四号字体，其间用英文状态下的分号“；”分隔。第一个关键词的第一个字母大写，段前空一行。

5. 目录

（1）目录内容 目录内容应当层次清晰，并与正文题序层次、标题内容完全一致。主要包括引论（或导论、绪论）、正文主体（一般只到二级标题，即条次与款次）、结语（或结论）、主要参考文献、附录和后记等项。

（2）目录格式 目录应单设一页。“目录”两字间空两格，小二号宋体，加粗，占一行，居中，段前、段后各空一行，结尾处无标点符号。目录下各项内容应标明与论文正文中相应内容相互对应的页序，标题与页序之间的空格应当用中圆点填充。目录内容只列两级：条次级（即“一、”）用四号黑体，加粗，左顶格；款次级［即“（一）”］用小四号宋体，左边缩进两个空格。目录各项相应页序统一为右顶格对齐。

6. 正文

论文正文部分包括引论（或导论、绪论）、论文主体及结语（或结论）三个主要部分，总字数以5000~10000字为宜（理科和特殊专业的毕业设计以2000字以上为宜）。三个主要部分的基本要求如下：

（1）引论（可选） 论文的引论部分主要说明论文选题的目的和意义、国内外相关文献的简要评述，以及论文所拟研究的主要内容。“引论”可作为一个单独条次排列，“引论”两字间空两格，但在标题前不加题序，格式规范同条次。一般情况下，论文应当有“引论”项，但其内容不宜分设款和项来表达作者观点，可用文字表达必须的层次。如果引论内容不长，也可不列“引论”字样作为标题，只用一个自然段综合表达即可。

（2）论文主体 它是论文的主要组成部分，要求紧扣主题，层次清楚，逻辑性强，文字简练，表达通顺，标点符号使用得当，文法规范，图表规范、整洁、美观，引注准确，重点突出。

（3）结语（可选） 结语部分是整个论文的总结，应以简练的文字说明论文所做的工作以及所得到的主要结论，也可涉及论文存在的研究局限和需要进一步研究的问题等。结语一般不宜过长。它可以作为一个单独条次排列，“结语”两字间空两格，但在标题前不加题序，规范要求同条次。如果结语内容不长，也可不加“结语”字样，而只是在正文后另起自然段写出结语类的文字即可（如：综上所述……），但段前空一行。

7. 注释

（1）注释范围 论文中的注释主要用于以下三个方面：①直接引文注释，即文中引用他人原话和相关资料所载数据时对出处的交待；②间接引用注释，即文中吸收他人观点时对出处的交待；③内容说明注释，即对文中需要补充说明而在正文中又不便详细阐述的其他问题所作出的解释。

（2）注释形式 论文中的注释一律采用随文加注的方式，运用脚注形式标注。

（3）注释序号 注释序号一律以带圈的数字用上标编号，如“×××××[①]，……”（提倡用Word软件的“插入”—“脚注”中的自动编码功能）。注释的序号每页从“①”起重新编号，且不宜直接置于单列一行的条、款、项、目上，也不宜直接置于相关表格名、插图名以及公式之后，而应当置于相应的导入性文字中。除直接引注外，注释序号一般宜插于文尾的标点符号内。

（4）注释格式 注释的内容用小五号宋体（即通用Word软件的默认标准）。注释中凡是涉及引用相关文献时，其标示内容及格式规范与后述参考文献的要求相同。

8. 主要参考文献

（1）涉及范围 主要参考文献是指与论文内容有密切关系，且在写作中部分参考或者借鉴了他人文献的观点和材料时，为了对其成果表示尊重，同时也为了指明主要资料出处并便于检索而列出的一项论文要素。其范围不仅包括注释中已涉及的文献，还可包括论文写作过程所涉及的其他文献。

（2）列示数量 主要参考文献的列示数量不少于15项（其中至少应包括3部以上的著作，还应当至少包括2项以上的外文文献）。

（3）列示方位 主要参考文献列于文末，应另起页。“主要参考文献”字样位置居中，段前、段后各空一行，小二号宋体，加粗，结尾处无标点符号。

（4）列示顺序　主要参考文献列示顺序为中文在前，外文在后。中文文献按第一作者姓氏的拼音增序排列，外文文献按第一作者名的字母增序排列，第一作者相同的文献则按发表时间增序排列。

（5）列示格式　主要参考文献的字号一律用五号宋体。各条参考文献首行缩进两个字符后列序号，序号在方括号（即“[X]”）内列示，括号后空一格，再接相应的文献信息。一项文献的信息列示超过一行时，应“悬挂缩进”两个字符。中文文献各要素之间的小圆点宜用全角状态下的圆点符号（即“.”），外文文献中的论题宜用斜体标示。著作类文献凡属第 1 版时则不必标明版次信息。

（6）著者列示　主要参考文献的主要责任者列示方法为：中文著者先姓后名，外（英）文著者先名后姓。列示时不需标明编著形式（如“李光明著”只标“李光明”，但译者需要注明，并用逗号“,”分隔，如“王有明，译”）。一项文献涉及多个责任者时，应分别处理：外文著者只需标注第一个著者的姓名，空一格后附“et al”；中文著者应标注至第一、二、三著者的姓名，三位以后的著者则以“等”字省略，各作者姓名之间以及所列示的最后一位作者姓名与“等”字之间均用逗号“,”分隔。

6.3　硕士学位论文写作要求

硕士学位论文是专业硕士研究生为了申请硕士学位所提交的论文，硕士学位论文表明作者在该专业上掌握了坚实的理论基础和系统的知识，对所研究的课题有新的见解，并具有独立从事科学研究的能力。硕士学位论文里面又可以分为专业学位论文和学术型学位论文。例如：学科教学（化学）专业应完成专业学位论文，而无机化学专业应完成学术型学位论文。本节内容主要指教育硕士专业型学位论文。

6.3.1　教育硕士专业学位论文内容的基本要求

1. 选题

论文选题应坚持理论联系实际的原则，提倡理论指导下的应用型研究。

论文选题应密切结合基础教育及中等职业教育实践，以改善当前基础教育和中等职业教育实践、推动教育事业健康发展为主要价值取向，关注学校教学和管理实践中具有现实意义和应用价值的关键问题，突出时代感和创新性。

论文选题要体现教育硕士专业学位研究生的研究兴趣、专业特点和实践体验，以不断提升其专业水平。

论文选题要明确研究问题的实质内涵，能准确把握研究所具备的可行性条件。论文题目的表述要准确、精练、规范并力求新颖。

2. 研究内容

论文应对基础教育及中等职业教育理论与实践尤其是教育实践中的某个具体议题展开

充分研究，在此基础上提炼出鲜明的观点并进行细致、严密的论证。

学位论文撰写过程需要检索与论文主题相关的文献资料，在深入研读的基础上，综合分析国内外相关领域或专题方面的研究进展，并作出适当述评，以此判断论文选题在特定研究领域的地位与价值；论文的文献综述应紧密围绕论文研究的具体问题，聚集于同类事件或情境，确保所述的已有研究成果与本论文课题直接相关；注意引用文献的代表性、可靠性和科学性；文献综述须以规范格式呈现。

3. 研究方法

论文应注重综合运用相关理论，反映研究者扎实的理论基础；研究者能够灵活运用多种科学方法（观察、访谈、问卷、文献记录分析、视频采集等）获取翔实的第一手资料，并熟练使用定量分析或定性分析方法对所获资料进行处理，以体现研究者科学运用相关理论与方法研究解决实际问题的能力。

4. 研究成果

论文对相关议题应有理论依据和自己的观点；研究方法规范；对相关问题提出自己的对策和措施；有一定的创新性，工作量饱满。

论文作者应恪守学术道德规范；论文格式应符合专业文献撰写标准，凡引用他人观点、方案、资料、数据等，均应详加注释；论文语句通畅，表意准确，无语法、拼写和排版错误。

教育硕士专业学位论文正文字数一般不少于 2.5 万字。外国留学生或学科教学（英语）等领域的中国研究生用外国语撰写的教育硕士学位论文，正文最低字数一般应不少于 1 万单词。

6.3.2 教育硕士专业学位论文形式的基本要求

教育硕士专业学位论文形式可以是专题研究论文、调查研究报告、实验研究报告与案例研究论文等多种形式。

1. 专题研究论文

1）概念界定

专题研究是指运用现代教育基本理论和学科教学或教育管理的基本理论、基本观点，结合所学专业，在对基础教育及中等职业教育理论与实践中某个具体议题既有的研究成果进行综合概括和分析的基础上，有针对性地提出自己的理论或观点，并加以充分论证的研究。选题应有一定的代表性，突出时代感和现实针对性。

专题研究论文要求在准确把握已有相关研究基本动态的基础上，综合运用基础理论和专业知识，全面、准确、深刻地认识研究的问题；能恰当地运用观察、访谈、问卷、文献记录分析、视频采集等方法获取翔实的第一手资料，并通过对第一手资料的整理分析，提出正确、鲜明的观点并进行充分论证。

2）论文格式要求

（1）摘要　摘要是论文的缩影，能概括论文基本内容（包括研究目的、研究对象、研究方法和研究结论），文字要简练、明确、流畅；关键词 3～8 个，为概括研究对象、研究问题等词或词组。

（2）目录　是将论文中的各级标题按论文的结构顺序和层次编制而成。

（3）正文　引言部分阐明本专题的研究缘起、研究意义、文献综述、研究思路与方法；主体部分围绕研究问题充分展开，包括课题研究的理论基础，研究问题的现实表现或本质特征、问题产生的主要原因及其对策建议。应用的事实资料准确、翔实；事实资料及数据分析科学、合理；提出的观点正确、鲜明，具有一定的独创性；思路清晰、结构完整、逻辑严谨。

（4）参考文献　是作者在课题研究过程中所参考的文献书目，集中排列在文末。

（5）附录　涉及课题研究过程中应用的研究工具，如观察记录表、调查问卷、访谈提纲等。

（6）结语或后记　阐明课题研究过程中的主要收获、局限以及今后的展望；向给予指导、合作、支持及协助完成研究工作的单位、组织或个人致谢。内容应简洁明了、实事求是，避免俗套。

2. 调查研究报告

1）概念界定

调查研究是指在教育理论指导下，通过观察、列表、问卷、访谈、测验、收集书面材料和开调查会等科学方式，对教育现象进行有计划的、周密系统的了解和考察，并对所收集到的资料进行统计分析或理论分析（包括定量分析与定性分析），从中发现本质，探寻规律，得出结论，并针对可能存在的问题提出建议或解决方案的研究。在此基础上，形成符合论文规范的调研报告。

在调研方法上，要求综合运用基础理论和专业知识对所调研的命题进行分析研究，采取规范、科学、合理的方法和程序，通过实地调查，结合资料收集、数据统计与分析等技术手段开展工作，资料和数据来源可信。

2）论文格式要求

（1）摘要　摘要是论文的缩影，能概括论文基本内容（包括研究目的、研究对象、研究方法和研究结论），文字要简练、明确、流畅；关键词 3～8 个，为概括研究对象、研究问题等词或词组。

（2）目录　是将论文中的各级标题按论文的结构顺序和层次编制而成。

（3）引言　阐明选题的缘由、课题研究的意义以及国内外相关研究的进展动态。

（4）调查设计　针对调查研究课题，主要阐明调查目的、调查对象、调查方法（调查问卷来源、访谈提纲的编制、调查结果的统计处理等）、调查实施等。

（5）调查结果与分析　运用科学合理的方法对调查资料和数据进行汇总、处理（运用数理方法对其进行可信度和效度的检验分析），得出明确的结果，并运用相关理论原理对调查结果进行必要的解释，以揭示事物之间的因果关系。调查结果应描述准确、分析透彻、论证充分、逻辑严密。

（6）问题与讨论　简要阐明调查研究中发现的新问题以及研究者对这些问题的思考。

（7）结论与建议　系统地概括调查研究过程中涉及的相关工作及其主要结论；提出相应的改进策略建议。概括研究结论准确、精练；策略建议具体、明确，具有较强的理论与实践依据，具有可操作性及实用性。

（8）参考文献　是作者在课题研究过程中所参考的文献书目，集中排列在文末。

（9）附录　涉及课题研究过程中应用的研究工具，如调查问卷、访谈提纲等。

（10）结语或后记　阐明课题研究过程中的主要收获、局限以及今后的展望；向给予指导、合作、支持及协助完成研究工作的单位、组织或个人致谢。内容应简洁明了、实事求是，避免俗套。

3. 实验研究报告

1）概念界定

实验研究是指运用科学实验的原理和方法，以一定的教育理论及假设为指导，有目的地操纵某些教育因素或教育条件，观察教育措施与教育效果之间的因果关系，从而验证假设、探索教育规律的研究。在此基础上，形成符合论文规范的研究报告。

在研究方法上，要求对所研究的问题进行说明，确定自变量、因变量及无关变量，明确提出研究假设，并对其进行验证；要求遵循客观、有效、可行等原则，采用科学、规范、合理的研究方法，以提高实验研究的内在效度和外在效度，以期揭示教育现象中的因果关系，并将其运用于实际的教育情境中。

2）论文格式要求

（1）摘要　摘要是论文的缩影，能概括论文基本内容（包括研究目的、研究对象、研究方法和研究结论），文字要简练、明确、流畅；关键词 3~8 个，为概括研究对象、研究问题等词或词组。

（2）目录　是将论文中的各级标题按论文的结构顺序和层次编制而成。

（3）引言　对全篇起到提纲挈领作用。要求阐明选题的缘由、课题研究的意义以及国内外相关研究的进展动态。

（4）实验设计　阐明实验对象的选择与分组、实验设计的类型（自变量操作、因变量观测与无关变量控制）以及实验程序等。这部分是实验报告的重要内容，要具体明确，目的是告诉人们实验结果是在什么条件下、通过什么方法、根据什么事实得出的，以便他人验证。

（5）实验结果与分析　通过对原始资料的整理分析，揭示实验对象在自变量作用下发生的变化及其原因，阐明事物间的关系。实验结果应分析透彻、论证充分、逻辑严密。

（6）问题与讨论　简要阐明实验的作用、价值，揭示实验中发现的新问题及其思考，并明确指出相关教育改革可能的新思路或新见解，展望实验研究对教育现状的改进前景。

（7）结论与建议　以条文形式简要概括实验结果证实或否定了什么，指出实验存在的缺陷，提出相应的改进策略建议。概括研究结论准确、精炼；策略建议具体、明确，具有较强的理论与实践依据，具有可操作性及实用性。

（8）参考文献　是作者在课题研究过程中所参考的文献书目，集中排列在文末。

（9）附录　涉及课题研究过程中应用的研究工具，如实验方案等。

（10）结语或后记　阐明课题研究过程中的主要收获、局限以及今后的展望；向给予指导、合作、支持及协助完成研究工作的单位、组织或个人致谢。内容应简洁明了、实事求是，避免俗套。

4. 案例研究论文

1）概念界定

案例研究是指以一个或多个特殊的个体（教师或学生）、典型的教育事件或教育团体为研究对象，通过收集、整理、分析与该研究对象有关的资料，来探究某种特殊情况形成和发展的原因，揭示其发展变化的规律，并采取有针对性的帮助措施，促进研究对象良好发展的研究。

在研究方法上，要求开发或搜索典型案例，采用收集、记录、存储的方法，在对研究对象进行真实、立体的描述之后，结合相关理论或借鉴他人的经验，归纳、解释、分析问题，以期对教育实例进行深度解读，描述性地揭示问题的症结所在，提供解决问题的正确策略。

2）论文格式要求

（1）摘要　摘要是论文的缩影，能概括论文基本内容（包括研究目的、研究对象、研究方法和研究结论），文字要简练、明确、流畅；关键词 3~8 个，为概括研究对象、研究问题等词或词组。

（2）目录　是将论文中的各级标题按论文的结构顺序和层次编制而成。

（3）引言　阐述案例研究的背景、意义、国内外相关研究的进展动态以及本案例研究的研究目标与主要内容。

（4）研究方法　阐明选例的方式，即案例是如何选定的；进入现场以及与被研究者建立和保持关系的方式；采用什么方法收集资料和分析资料；关于研究伦理的考虑等。

（5）案例描述　描述整个案例的情景，包括时间、地点、人物、事件发生过程、结果等的详细记述，并针对情景中的某几个问题进行一些理论分析。

（6）案例分析　分为理论分析部分和评议部分。理论分析包括案例分析目的、教育理论依据、教育意义等；评议分析包括案例自评或者专家点评、改进意见等。

（7）总结　对研究中的关键元素及研究结果进行深入讨论，从案例研究的结果中推论出最终的结论，并且对结论的有效性和真实性作出解释，对案例研究问题提出解决方案或策略。

（8）参考文献　是作者在课题研究过程中所参考的文献书目，集中排列在文末。

（9）附录　涉及课题研究过程中应用的研究工具。

（10）结语或后记　阐明课题研究过程中的主要收获、局限以及今后的展望；向给予指导、合作、支持及协助完成研究工作的单位、组织或个人致谢。内容应简洁明了、实事求是，避免俗套。

6.3.3 教育硕士专业学位论文写作的基本要求

参照中国国家标准标准化管理委员会所发布的《学位论文编写规则》（GB/T 7713.1—2006）和《信息与文献　参考文献著录规则》（GB/T 7714—2015）等标准，以及中华人民共和国新闻出版广播电影电视总局和中国国家语言文字工作委员会等机构发布的相关规则，以赣南师范大学为例，结合教育硕士专业特点，阐述教育硕士毕业论文的写作要求

1. 论文封面

封面格式采用学校统一制定的封面（以赣南师范大学为例），要求如下：

（1）学位论文题目应能概括论文的主要内容，切题、简洁，一般不超过两行；

（2）专业名称应严格按照专业目录和培养方案填写；

（3）密级：按《赣南师范大学硕士学位论文保密管理暂行规定》要求填写；

（4）日期：学位论文完成时间。

2. 学位论文原创性声明、授权使用声明

见附件二，附于学位论文中文摘要之前，需研究生和指导教师本人签字。

3. 论文摘要及关键词

硕士论文中文摘要一般在1000字以内。内容包括研究工作目的、研究方法、所取得的结果和结论，应突出本论文的创造性成果或新见解，语言精练。摘要应当具有独立性，即不需阅读论文的全文，就能获得论文所能提供的主要信息。为便于文献检索，应在论文摘要后另起一行注明本文的关键词3~5个。英文摘要与中文摘要对应。中英文摘要的格式如图6–1和图6–2所示。

摘要

正文：1000字以内（五号宋体）

关键词：3~5个，中间用“；”号分开，加粗

图6–1　中文摘要格式

Abstract

Content：与中文摘要同（Times New Roman 字体，10.5pt）

Key words：与中文关键词同，中间用“；”号分开，加粗

图6–2　英文摘要格式

4. 论文目录

论文目录一般列至三级标题，必须标明页码。论文目录含论文正文章节、附录、参考文献、后记等。具体格式如图6–3所示。

目录（三号，黑体，居中）
第 1 章 ××××××（四号，宋体）
……
1.3 ××××××（小四，宋体）…………………………
1.3.1 ××××××（小四，宋体）…………………………………
……
附录（小四，宋体）………………………………………………
参考文献（小四，宋体）…………………………………………
后记（小四，宋体）………………………………………………

图 6–3　目录格式

5. 论文正文

正文是学位论文的主体和核心部分。写作内容可因研究课题的性质而不同，一般可包括：理论分析、计算方法、实验装置和测试方法，经过整理加工的实验结果的分析讨论、见解与推论等。论文中的计量单位、制图、制表、公式、缩略词和符号必须遵循国家规定的标准。

1）正文格式

正文的章与章之间一般另起一页，正文内容字符间距为 Word 默认标准，行距为 20 磅。正文格式如图 6–4 所示。

页眉　赣南师范大学硕士学位论文（宋体、五号、居中）
第 1 章 ×××（三号，黑体，居中，单列一行）
1.1 ××××××（四号，黑体，左对齐，单列一行）
1.1.1 ×××××（小四号，黑体，左对齐，单列一行）
正文：××××××（小四，宋体）

图 6–4　正文格式

2）图、表、公式等

（1）图形要精选，切忌与表及文字表述重复。图形坐标比例不宜过大，同一图形中不同曲线的图标应采用不同的形状和不同颜色的连线。图中术语、符号、单位等应与正文中表述一致。图序、标题、图例说明居中置于图的下方。

（2）表中参数应标明量和单位。表序、标题居中置于表的上方。表注置于表的下方。

（3）图、表应与说明文字相配合，图形不能跨页显示，表格一般放在同一页内显示。

（4）公式一般居中对齐，公式编号用小括号括起，右对齐，其间不加线条。

（5）文中的图、表、公式等一律用阿拉伯数字按章节（或连续）编号，如图 1–1、表 2–2、公式（3–10）等。

3）页码

页码应居中，小五号字，从第一章开始按阿拉伯数字连续编排，第一章之前的页码用罗马数字单独编排。

6. 附录

附录是正文主体的补充。下列内容可以作为附录：

（1）由于篇幅过大，或取材于复制件不便编入正文的材料、数据。

（2）对本专业同行有参考价值，但对一般读者不必阅读的材料。

（3）论文中使用的符号意义、单位缩写、程序全文及有关说明书。

（4）附件：计算机程序清单、软磁盘、鉴定证书、获奖奖状或专利证书的复印件等。

（5）攻读学位期间发表的（含已录用，并有录用通知书的）与学位论文相关的学术论文。

7. 参考文献

（1）在正文内对直接或间接应用、转述的材料要求采用当页注的形式，在引用处加角标（其标注格式为[1][2]……），在当页底部注明引用文献（文献格式范例见图 6–5）。正文后列出的参考文献限于作者直接阅读过的、最主要的且一般要求发表在正式出版物上的文献，列出时中文在前英文在后。

期刊格式： 序号 . 作者 1，作者 2…，作者 *n*. 题（篇）名 . 刊名（版本），出版年，卷次（期次）：页次 .
【例】8. 王毅，陈劲，许庆瑞 . 企业核心能力：理论溯源与逻辑结构剖析［J］. 管理科学学报 . 2000（3）：25–28.
【例】9. CAROL CAMPBELL. Exploring recent developments and debates in education management［J］.Education Policy，1999, 14（6）：656.
图书格式： 序号 . 作者 1，作者 2…，作者 *n*. 书名 . 版本 . 出版地：出版者，出版年：页次 .
【例】6. 陈剑，冯蔚东 . 虚拟企业构建与管理［M］. 北京：清华大学出版社，2002：156.
【例】7. PAUL L DRESSEL. Postmodern Social Theory［M］.San Francisco：Jossey–Bass Publishers，1981.
论文集格式： 序号 . 作者 1，作者 2…，作者 *n*. 论文集名 . 出版地：出版者，出版年：页次 .
【例】2. 中国职工教育研究会 . 职工教育研究论文集［G］. 北京：人民教育出版社，1985.
【例】3. 雷光春 . 综合湿地管理国际研讨会论文集［C］. 北京：海洋出版社，2012.

图 6–5　参考文献格式及范例

（2）硕士学位论文参考文献不得少于 30 篇（本），其中必须有外文文献（不含中文译本），外语专业必须有本专业语种以外的外文文献。

8. 后记

后记主要叙述与学位论文写作工作有关的其他内容，包括致谢等。字体应和论文正文有所区别，篇幅以一页纸为限。后记可以不写。

参考文献

［1］成广兴 . 化学教学概论［M］. 北京：石油大学出版社，2001.

［2］何如涛 . 活用教材内容实施智慧教学——以初中化学“溶液的形成”教学为例［J］. 化学教育，2013（5）：29–30.

［3］王磊苏，伶俐，黄燕宁 . 初中生化学前科学概念的探查——科学学习心理的研究［J］. 心理发展与教育，2000，16（1）：37–42.

［4］王磊 . 基础化学教育课程改革 10 年进展与反思（上）［J］. 化学教育，2010（4）：15–21.

［5］杨承印，韩俊卿 . 义务教育新课标教科书课程难度定量分析［J］. 教育科学，2007，23（1）：32–35.

［6］课程教材研究所 .20 世纪中国中小学课程标准 · 教学大纲汇编：化学卷［M］. 北京：人民教育出版社，2001.

［7］张世勇，闫淑惠．人教版高中化学新课程教材栏目的实证分析［J］．教育理论与实践，2011（6）：11–13.
［8］张世勇．改革开放以来我国初中化学教科书插图的演变研究［J］．内蒙古师范大学学报（教育科学版），2012（6）：104–108.
［9］张世勇．改革开放以来我国初中化学教科书习题的演变研究［J］．教育理论与实践，2012（3）：44–47.
［10］李俊．新中国化学教科书发展简述［J］．中学化学教学参考，2005（7）：7–9.
［11］张世勇，陈琪，李勋．改革开放以来我国初中化学教科书中溶液内容的演变研究［J］．化学教育，2015，36（9）：14–19.

第7章　化学教育研究专题

7.1　化学课程教材研究

7.1.1　赣南地区化学类科技文化资源开发与应用研究

赣南地区化学类科技文化资源开发与应用研究

张世勇

摘　要：科技文化对发展青少年科学素养具有重要的意义，赣南是我国重要的历史文化区域，具有丰富的科技文化资源。以化学科技文化资源为例，探讨赣南地区科技文化资源的开发与应用以及有效管理手段。

关键词：赣南地区；化学类科技文化资源；科学素养

科技文化是科学技术社会功能的理性结晶，它具有并发挥着其他文化所不能取代的特殊的社会功能[1]。国务院发布的《全民科学素质行动计划纲要（2006—2010—2020年）》[2]把提高青少年科学素质看成是21世纪竞争成功的关键。科技文化是科学素质的重要组成部分，因此很有必要加强科技文化建设来推动全民科学素质发展，特别是青少年科学素质的发展。赣南的地方文化丰富，也蕴涵着科技文化。从赣南地方文化中的自然、社会、人文等多种资源中，挖掘科技文化资源，通过传承、教育、传播等方式来推动科技文化建设，有利于落实《全民科学素质行动计划纲要》及相关省市文件精神，这对全民科学素质的发展，特别是青少年科学素质的发展具有重要的意义。

1　赣南地区科技文化资源开发与应用

赣南是我国重要的历史文化区域，人文荟萃，文化底蕴丰厚，五千年前就有先民生息繁衍，因此地方文化资源丰富而多样。对赣南地方文化资源进行分类整理，每类资源中都存在与科技相关的、与各级各类教育相关的资源。下面以赣州地区化学科技文化资源为例，从化学科技文化资源的收集、其在教育中位置的分析、其在教育中的应用及案例分析等环节，开发与应用赣州地方科技文化资源。

1.1　收集与化学内容相关的赣南地区的科技文化资源

地方文化资源一般可分为人文历史资源、自然环境资源、非物质文化遗产资源、文献资源4类[3]。赣州的人文历史资源主要包括博物馆资源、革命根据地资源、窑庙遗址资源、客家文化资源等；自然环境资源包括河流资源、矿产资源（稀土资源、钨资源、非金属物质资源等）、森林资源、野生动物资源、脐橙资源等；非物质文化遗产资源包括赣州民歌、赣州采茶戏等；传统知识技艺包括赣县用传统工艺与现代科技相结合加工而成的沙地板鸭、浓度高和酱香浓郁的梓山酱油、经传统工艺与现代科技结合精制而成的会昌酱干、采用传统工艺精工制作的赣州鱼丝、龙南客家围屋和赣州古城墙的传统建筑营造技艺、赣州七里窑产品的制作工艺、赣州的节庆活动与礼仪等。

找出与化学相关的资源。例如：赣州博物馆里的国家级文物，包括陶瓷、墓砖和金属器皿展品，里面蕴涵了丰富的陶瓷、无机非金属材料和金属冶炼的化学知识；水资源蕴涵着丰富的水化学和微量元素的化学知识，河流和森林资源里蕴涵着丰富的生物化学和有机化学的内容；沙地板鸭加工、梓山酱油制作、脐橙加工成橙汁、龙南客家围屋和赣州古城墙的传统建筑营造技艺、七里窑的产品制作工艺等非物质文化遗产资源里都蕴涵着丰富的化学工艺技术。而与化学相关的人物、历史事件、故事传说也可在赣南地方史籍、地方文献、地方网站和传媒中找到。

1.2　分析与化学有关的赣南地区科技文化资源中与化学有关的具体内容

依据上述收集整理的赣南地区科技文化资源，找出与化学教育相关的内容，确定其在各级各类教育教学中的位置，便于应用。具体内容见表1。

表1　赣南地区化学科技文化资源

地方文化资源类型	赣南地区文化资源表现形式	赣南地区化学科技文化资源	赣南地区化学科技文化资源在教育中的位置
人文历史资源	博物馆、窑庙遗址、革命根据地	博物馆陶瓷、墓砖、陶罐、铁剑、铜钟、铁元宝等资源、火药	含硅矿物、铁铜化合物、合金、金属的冶炼，氮、硫、碳等非金属元素
	风俗习惯	饮食文化中的化学	食品中的有机化合物，食品添加剂
	名胜古迹	宋代古城墙、龙南客家围屋、艺术宝库通天岩	混合土、含硅矿物、岩石、酸雨
非物质文化资源	赣州民歌、采茶戏	化妆中的化学	铁、铜化合物
	传统知识技艺	龙南客家米酒 七里窑产品的制作工艺	乙醇、葡萄糖等有机物，含硅化合物
	礼仪与节庆	服饰文化中的化学，烟花中的化学	高分子材料、复合材料，金属的焰色反应
文献资源	“杨救贫十字街口开井，缢颈卢王”的人物传说	章贡王酒	乙醇
	影视资源	赣州宣传片	水资源的合理利用，环境保护
自然环境资源	水资源	水文化中的化学	水资源的利用、环境的保护
	森林资源	生物中的化学	有机化合物
	矿产资源	稀土王国、世界钨都、非金属资源	有色金属、放射性金属、非金属物质
	脐橙资源	脐橙之乡	有机化合物、物质成分的检验与分析

1.3 赣南地区科技文化资源中与化学相关的内容在化学教育中的应用

以现行新课程高中化学教育为例，人教版《化学 1》的第一单元“从实验学化学”中化学实验安全的学习可以与赣南地区的多家化工厂结合起来，将化工厂的生产安全与化学实验室的实验安全巧妙结合，不仅引起了学生兴趣，更给刚进入高中学习的学生敲响安全做实验的警钟。第四章“非金属及其化合物”中的“无机非金属材料的主角——硅”和选修教材《化学与生活》的第三章“玻璃、陶瓷、水泥”内容教学中，可将赣州的宋代古城墙、龙南客家围屋中的瓦砖的成分和制作工艺，以及博物馆中的古代陶瓷胚体的演变、陶瓷釉色的变化、陶瓷制作工艺的改良等内容引入上述相关化学教育中。这将更利于促进学生理解相关学科知识，促使学生辩证看待化学科技对社会发展、推动人类文明进步所起的作用。

作为素有“世界钨都”和“稀土王国”美誉的赣南，也是全国重点有色金属基地之一，矿产资源非常丰富，其中包括有色金属 10 种（钨、锡、钼、铋、铜、铅、锌、锑、镍、钴），稀有金属 10 种（铌、钽、稀土、锂、铍、锆、铪、铷、铯、钪），贵重金属 4 种（金、银、铂、钯），黑色金属 4 种（铁、锰、钛、钒），放射性金属 2 种（铀、钍）。赣州也蕴藏着 20 多种非金属（盐、硅石、高岭土、黏土、瓷土、石墨、石膏、硫、磷、砷、碘、大理岩和石灰岩等）。结合人教版《化学 1》第三章“金属及其化合物”整章内容的教学，在其中穿插部分赣州所含有的这些金属的性质介绍，不仅可以加深学生对不同金属具有不同性质的理解，也丰富了学生的课外知识，对本土的自然资源有了更进一步的了解。人教版《化学 2》的第四章“化学与自然资源的开发利用”包括开发利用金属矿物、资源综合利用和环境保护，这些内容的教学可与赣州得天独厚的自然矿产资源结合，不仅可以用多媒体展示赣州的金属矿物、赣州矿物的开发现状及环境污染情况，还可以详细地介绍从金属矿石中提炼金属的步骤。因此，在整章的教学过程中，为学生提供了丰富的学习素材，不仅拉近了学生与化学的距离，也拉近了化学与生活、生产的距离，加深了学生的感性认识，在培养学生情感、态度和价值观方面有非常重要的作用。

赣南的饮食习惯是一种极具地方特色的文化。结合人教版《有机化学基础》的第四章“生命中的基础有机化学物质”以及《化学 1》第一章“关注营养平衡”和第二章“促进身心健康”中糖类、油脂、蛋白质等内容，可将赣州地方特色饮食中的化学知识引入教育。如赣州于都久负盛名的梓山酱油，曾作为清朝的贡品，以大豆为原料，酱香浓郁，含有多种人体需要的氨基酸；赣州的沙地板鸭采用传统工艺和现代科技相结合加工而成，可介绍蛋白质、糖类以及化学工艺制作技艺中的化学知识；章贡王酒是赣州的名优白酒，口味醇甜，可介绍葡萄糖水解生成乙醇的过程；赣州处于中亚热带南缘带，农业发达，生产多种水果，是脐橙、桔和烟叶的生产基地，其中蕴涵许多化学知识，如葡萄糖、淀粉、维生素、尼古丁、丙酮等物质的检验与分析等；也可以结合赣州本土的陶氏云片、梅岭剑绿的茶叶中蕴涵的化学知识如单宁酸、咖啡碱等进行介绍。

赣南作为全国重要的矿产开采基地，长久不合理的开发，废水、废气、废渣的大量排放已导致了严重的环境破坏问题。章江、贡江汇合成赣江，赣州正处于两江汇合处，是全国少有的三面环水，一面环山的城市。赣州文化中一张重要名片就是水文化，保护赣州的水资源是生态赣州城市建设的重中之重。结合《化学与生活》的第四章“保护生产环境”整章内容的教学，可引入赣州地区存在的主要大气污染物及其危害、赣州水资源的污染情况及其危害、垃圾的处理、处理这些污染物的原理和方法等一系列与学生的生活息息相关的问题。对这一章的学习，教学方式可以多样化，如观看赣州的宣传片，让学生了解赣州的水资源和矿产资源的整体情况；通过开展课题研究，学生分组对不同的环境问题进行网上查找资料并且适当地进行实地调查；通过图片、音像等介绍赣州的大气质量情况、水资源的利用现状、垃圾的资源化情况以及对应的处理过程的化学方法及原理。通过这些多样化的教学，引导学生不断地认识化学与环境保护密切相关的同时，使他们增强绿色化学和环境保护意识，树立人与环境和谐相处、可持续发展的观念。

赣南有“脐橙之乡”的美称，2010年赣州的首条大型榨汁线投产，以提升赣州脐橙的产业化水平。将赣州丰富而独特的水果资源结合人教版选修6《实验化学》的教学，进行科学探究活动，充分地利用了赣州的这一本土资源。例如：在学生学习了物质的分离和提纯后，开展对脐橙汁中的色素进行分离的实验；学生学习了物质的检验方法后，可进行对脐橙汁是否含有钙、铁、锌、钠、钾等元素的检验的探究活动，并且探究脐橙汁中的维生素C还原性以及进行维生素C含量的定量分析实验。

1.4 赣南地区科技文化资源应用案例分析

将赣南得天独厚的矿产资源与高中化学教育中关于金属知识的教学联系起来，以“赣南矿产资源的调查与分析”为主题，以综合实践活动的形式进行科学探究教学。

将本班的学生分为4个小组，并且分发给每个小组不同的任务。一个小组调查赣州的矿产资源的蕴藏情况，一个小组调查赣州矿产资源的开发利用情况，一个小组跟踪调查赣州矿产资源的开发和加工过程，最后一个小组对赣州因矿产资源开发引起的环境问题进行调查。学生可以网上查阅相关资料，走访有关部门进行面对面的采访，参观矿产加工工厂，有必要的话可以到矿产基地进行实地考察，学生根据自己的任务需要采用不同的方法获得信息，将自己的调查结果以调查报告的形式进行总结。调查结束后，各小组在该主题班会上汇报本组在调查过程中遇到的问题、解决问题的方法和途径以及调查的结果。最后，由老师引导学生对本次的调查结果进行汇总，并且讨论分析调查结果中关于赣州矿产资源出现的问题的解决途径。

这个教学案例是将赣南的自然文化资源作为一个探究主题，采用分组合作探究的方式，学生围绕这个主题展开调查，通过多种途径获取信息，筛选和处理有用的化学信息并且进行汇总，提出相关的处理方案。教学案例充分且有效地利用了赣南的地方科技文化资源，让学生带着学习任务走出课堂，走进社会，将化学的学习与关注自然、社会的发展紧密联系起来。从接受式的学习变为积极主动地学习，也有利于培养学生学习科技的兴趣与态度。在对该主题的调查过程中，学生肯定会遇到各种各样的问题，例如，如何获得信息，如何对繁杂的信息进行筛选、处理，遇到不懂的知识如何处理，小组同伴之间的关系如何处理等。因此，这个探究活动对学生的实践能力，收集、筛选和处理信息的能力，解决实际问题的能力和交流、合作的能力都有提升的作用。学生亲自走近自然，走进社会，激发改造自然的情感，培养和提高学生的创新精神，发展对自然和社会的责任感。

2 赣南地区科技文化资源的有效管理

大量各种各样的赣南地区科技文化资源以不同的载体形式呈现出来，如何让这些资源得到及时开发和高效应用，最关键在于有效管理相关资源，为赣南地区科技文化资源充分开发、建设、应用发展提供方向。当地科普教育单位和科技文化行政部门应有相关政策，重视对科技文化工作人员、科普人员的培训，提高其资源开发意识和能力，发挥科技文化资源的最大效益。这些科技文化资源都可广泛用于现行教育中提倡的校本课程开发，广泛用于各级各类教师的培训，有效的管理可以使课程资源的开发和利用制度化、规范化、合理化和高效化[4]。

3 结语

从文化的视角合理地开发与应用地方科技文化资源，并构建多样化的教学方式和学习方式，打破了传统科学学习封闭的课堂教学模式。这是推动青少年科学素养建设发展的重要举措，对地方科技文化的建设、传承和发展都具有重要的意义。将赣南地区科技文化资源通过传承、教育、传播等方式来推动科技文化建设，利于落实《全民科学素质行动计划纲要》及相关省市文件精神，促进全民科学素质发展。

参考文献：

[1] 夏劲 . 文化强国战略视域下的科技文化研究 . 自然辩证法通讯，2013（1）：122–123.

[2] 国务院印发 . 全民科学素质行动计划纲要（2006—2010—2020 年），2006 年 3 月 20 日 .

[3] 孙叶，王伟群 . 地方文化背景下化学教学资源的开发 . 化学教与学，2010（5）：6–9.

[4] 鲍银霞 . 新课程对课程资源开发和利用的新要求 . 中小学教师培训，2002（11）：37–38.

（本文选自张世勇《化学教育》2014 年第 21 期 1~3 页，略有修改。）

7.1.2 科学素养理念下我国高中化学教科书中 STS 的演变研究

科学素养理念下我国高中化学教科书中 STS 的演变研究

张世勇 刘 华 李 勋

摘　要：应用内容分析法对我国改革开放以来人教版高中化学教科书中 STS 内容进行分析，研究 STS 内容的总体数量、分布、呈现形式等方面的演变，获得我国高中化学教科书中 STS 内容的发展特点，为教科书中 STS 内容的编写与使用提供参考。

关键词：化学课程；高中化学教科书；STS；科学素养

STS是科学、技术、社会三个英文单词首字母的缩写。STS作为科学素养的主题，出现于化学课标中的课程目标和课程内容中，内容不限于联系生产生活实际，涉及科学技术的本质、科学与社会的发展等[1]。可见STS内容在中学化学课程教学具有重要的地位。

在我国一直以来都是以教科书为中心的课程与教学[2]，STS内容在高中化学教科书层面进行到何种程度，其编写与使用直接影响STS教育质量。鉴于人教社出版的教科书的权威性，本文以我国改革开放以来人教社出版的4套高中化学教科书中STS内容为对象，分别是1983年出版的《高级中学化学课本（甲种本）》第一册和第二册、1990年出版的《高级中学化学课本（必修）》第一册和第二册、2002年出版的《全日制普通高级中学化学教科书》第一册和第二册、2004年出版的《普通高中化学课程标准实验教科书》必修一和必修二，即1983版、1990版、2002版、2004版教科书中STS内容。应用内容分析法，对4套高中化学教科书中STS内容的总体数量、分布、呈现形式等方面演变进行分析，以期获得其变化发展特点，为教科书编写与使用提供参考。

1 STS内容的主题分类统计分析

通过对4套教科书中STS内容分析，将STS内容分为六类，分别是化学与工业生产，化学与农业生产，化学与日常生活（包括化学史话、生命健康），化学与材料的应用（建筑材料、生活中常见材料），化学与医学及科技（包括医学、现代化设备等），化学与资源及环保（包含能源、环境污染、环境保护）。对STS内容的统计要求是具体化的内容，没有具体化的无意义叙述不列入统计范围。例如：“在工农业生产、科学技术和日常生活中，我们经常会碰到许多氧化还原反应。”类似这种没有具体化的叙述不列入统计范围。在统计STS内容的主题分类时，若一段叙述中涉及多种STS内容，则分开统计计数。例如：“食盐的用途很广，日常生活中用于调料、腌渍等；医疗上用的生理盐水是0.9%的盐水；食盐是重要的化工原料，用于制取钠、氯气、氢氧化钠等化工产品。”则在化学与工业生产、化学与日常生活、化学与医学及科技三个主题中分别作一次计数。

表1 STS内容的主题分类统计

主题＼版本	1983版 总数（%）	1990版 总数（%）	2002版 总数（%）	2004版 总数（%）	总计（%）
化学与工业生产	43（29.9）	60（30.2）	63（19.3）	44（15.9）	210（22.2）
化学与农业生产	16（11.1）	28（14.1）	21（6.4）	19（6.9）	84(8.9)
化学与日常生活	50（34.7）	53（26.6）	113（34.5）	105（38.1）	321（33.9）
化学与能源及环保	10（6.9）	15（7.5）	39（13.8）	44（15.9）	108（11.5）
化学与医学及科技	14（9.7）	18（9.1）	45（11.9）	36（13.1）	113（11.9）
化学与材料的应用	11（7.7）	25（12.5）	46（14.1）	28（10.1）	110（11.6）
总计	144（15.2）	199（21.0）	327（34.6）	276（29.2）	946

由表1可知：

（1）4套教科书中STS内容数量与比例呈现递增趋势。1983版的STS内容数量为144，到1990版增至199，比例由15.2%增至21.0%，虽然1990版教科书是在1983版基础上改编而成，但其STS内容数量与比例都有大幅度上升；2002版和2004版教科书相比1983版、1990版，出现显著的大幅增加，2002版、2004版的STS内容数量分别为327和276，比例分别为34.6%和29.2%，2004版教科书中STS内容数量与比例低于2002版，是因为2004版为新课标教科书，课程结构体系发生了较大变化，必修模块的化学知识内容总体数量减少，而课程体系的6个选修模块在此未作统计分析。通过对STS内容总体数量与比例的分析，可以发现高中化学教科书对STS教育思想的渗透逐步加强。

（2）STS内容主题重心发生变化。递增方面，首先是化学与日常生活主题的数量与比例在所有STS内容主题中保持第一位置，分别为321和33.9%，随版本年代发展而呈现递增趋势，且化学与日常生活主题的数量与比例在同一版本教科书中保持领先，在2002版、2004版尤为明显，数量分别达到113和105，2004版的STS内容所占比例在各版中达到最大，为38.1%。其次是化学与能源及环保主题的数量与比例随版本年代发展而呈现递增趋势，数量与比例由1983版的10和6.9%，发展到2004版的44和15.9%；而化学与医学及科技、化学与材料应用主题的数量或比例都随版本年代发展而呈现递增趋势。递减方面，化学与工业生产、化学与农业生产主题，都在数量和比例上明显随版本年代发展而呈现递减趋势。STS内容主题重心发生变化，化学与日常生活主题随版本年代发展而呈现递增趋势，化学与工业、农业发展随版本年代发展而呈现递减趋势，这都充分体现时代对教育的要求。七八十年代我国社会大力发展农业、工业建设，化学作为一门自然科学，与工农业紧密联系，因此教科书的内容编制明显受此影响；而90年代后期以来，特别是基础教育课程改革非常重视以学生发展为本，关注学生已有生活经验，从学生身边选材学习化学，注重多学科交叉，因此2002版，特别是2004新课标版高中化学教科书中STS内容的化学与生活主题明显增多，化学与能源及环保、化学与医学及科技、化学与材料的应用等都呈现递增趋势[3]。

2 STS内容的呈现方式统计分析

1983版、1990版2套教科书的内容模块分为正文、实验、例题、插图、小字材料（字号比正文小的阅读性材料）和习题（含章节复习题）。2002版教科书丰富了正文的字体颜色，但正文中的插图仍是黑白系列，教科书内容模块有正文、实验、讨论、思考、家庭小实验、研究性的学习课题、资料、阅读、选学、习题（包括章习题）。2004版教科书与前三版教科书相比，在彩色图文排版基础上，增加一系列的功能性栏目（资料卡片、科学史话、科学探究、科学视野、学与问、思考与交流、实践活动），其内容板块则分为正文、实验、功能性栏目、习题（含章节复习题）。为方便比较4套教科书中STS内容呈现方式的差异，本文统一将呈现方式归为三类：正文、习题、功能性栏目（除正文及习题外的模块）。

1983版、1990版、2002版教科书中除正文的实验栏目外，还专门设置学生实验的专题，而2004新版本教科书则是以科学探究、实践活动及专门的实验栏目呈现。本文不对实验作单独比较研究，只将实验栏目中涉及STS主题的内容纳入统计分析。在统计STS内容的呈现方式时，遇上一段叙述里涉及多种STS内容时，不作多次计数。例如："食盐的用途很广，日常生活中用于调料、腌渍等；医疗上用的生理盐水是0.9%的盐水；食盐是重要的化工原料，用于制取钠、氯气、氢氧化钠等化工产品。”只进行一次计数。将4套教科书中STS内容的呈现方式按照“正文”“功能性栏目”“习题”3种方式进行统计，结果详见表2。

表2　STS内容的呈现方式统计

版本 / 呈现方式	1983版 总数（%）	1990版 总数（%）	2002版 总数（%）	2004版 总数（%）
正文	71（71.4）	101（76.5）	124（50.8）	107（44.9）
功能性栏目	7（7.1）	11（8.3）	67（27.5）	51（21.4）
习题	21（21.5）	20（15.2）	53（21.7）	80（33.7）
总计	98	132	244	238

由表2可知：

（1）1983版和1990版教科书中，STS内容在正文部分的呈现比例都超过70%，到2002版教科书中仍有一半的比例，而发展到2004版新教科书仅为44.9%。旧版教科书以传授化学学科知识为教科书编写目的，其形式主要以正文式的叙述性知识为主，因此其STS内容也主要在正文部分呈现。从2002版教科书开始，多样化学习方式、多学科交叉STS内容，学生学习过程方法情感等方面受到重视，相应地文字性的知识比例有一定程度的下降。

（2）与前两版教科书相比，2002版及2004版教科书中以功能性栏目呈现STS内容的比例增长到20%以上。在2002版中增加“家庭小实验”“研究性的学习课题”“资料”等7个功能性栏目，2004版教科书中也增设“资料卡片”“学与问”等7个功能性栏目。化学教科书栏目作为课程资源的重要组成部分，其内容的设计与编写充分体现科学素养的主旨理念，STS是科学素养的核心理念，新课标教科书中的功能性栏目几乎都涉及STS内容。通过这些功能性栏目使得STS内容与化学教科书有机融于一体，有利于促进学生学习STS内容。

（3）STS内容的习题在4套教科书中均占有超过15%的比例，其数量和比例明显随版本年代发展而呈现递增趋势，到2004版教科书，其比例已达33.7%。课后习题编制是为达到教学目标，要求学生运用化学学科知识解决相关问题。STS内容不仅与日常生活联系密切，与科学技术、社会发展也不可分割，因此成为考查学生习题的重要选材来源，STS内容的习题能帮助学生将化学与科学、技术和社会联系起来，并提高学生应用所学知识解决实际问题的能力[4]。

3　教材中STS内容的发展特点

综上对我国改革开放以来人教版4套高中化学教科书中STS内容的分析研究，可发现其STS内容的发展特点：

（1）高中化学教科书中STS内容数量随着教科书版本的发展而呈现增加趋势，STS教育思想在化学课程中逐步重视，在2004新课标版尤为明显。

（2）STS内容主题重心发生变化，随着教科书版本的发展，化学与工业、农业主题呈现减少趋势；而化学与日常生活呈现递增趋势，且在数量和比例上远远大于其他STS主题；化学与能源及环保、化学与医学及科技、化学与材料的应用主题都呈现递增趋势。同时STS内容体现化学学科的积极价值，化学是新世纪中心地位的自然学科，与其他学科综合交叉、紧密联系，因此教科书中STS内容主题也成为化学新课程高考STS试题命制的重要方向[5]。

（3）STS内容呈现方式多样化。随着教科书版本的发展，STS内容呈现方式除正文、习题、阅读材料外，在2004新课标版教科书中增加较多功能性栏目，如资料卡片、科学史话、科学探究、科学视野、学与问、思考与交流、实践活动等。STS内容呈现方式的改革，对于实施科学探究、创设学习情境、培养新型学习方式及提高学生表达能力等方面具有重要意义，利于推动师生教与学的方式变革，全面发展和提高学生科学素养[6]。

参考文献：

［1］魏冰．科学素养教育的理念与实践——理科课程发展研究［M］．广州：广东高等教育出版社，2006：142.

［2］王磊．基础化学教育课程改革10年进展与反思（上）［J］．化学教育，2010（4）：15-21.

［3］张世勇．我国初中化学教科书中STS的演变研究［J］．化学教学，2014（1）：21-24.

［4］张世勇．改革开放以来我国初中化学教科书习题的演变研究［J］．教育理论与实践，2012（3）：44-47.

［5］张世勇，黄承鑫．科学素养教育下高考化学STS试题特点分析与启示［J］．教育理论与实践，2011（1）：19-21.

［6］张世勇，闫淑惠．人教版高中化学新课程教材栏目的实证分析［J］．教育理论与实践，2011（6）：11-13.

（本文选自张世勇、刘华、李勋《上海教育科研》2014年第12期35~37页，略有修改。）

7.1.3 改革开放以来我国初中化学教科书插图的演变研究

改革开放以来我国初中化学教科书插图的演变研究

张世勇

摘　要：应用内容分析法对我国改革开放以来人教版初中化学教科书插图进行分析，研究插图总体数量、类型、内容、形式、组合方式、STS图等方面的演变，得出我国初中化学教科书插图的发展特点，为教科书插图的编写与使用提供参考。

关键词：初中化学教科书；插图；科学素养

1　前言

教科书插图是帮助学习者理解教科书内容的一种重要工具，随着科教文化的发展，教科书插图更加丰富多彩，丰富了教科书的内涵，提高了教科书的质量[1]。在我国一直以来都是以教科书为中心的课程与教学[2]，教科书是教与学的重要依据，教科书插图的编写与使用直接影响教与学的质量，因此近年来，特别是基础教育新课改的“一纲多本”教科书政策实施以来，越来越多的研究聚焦于教科书插图。回顾我国学者对教科书插图的已有研究，一般是基于多个视角在理论和应用方面展开的研究，如理论层面，插图的分类、从学习者影响角度和认知心理学角度看教科书插图功能；应用层面，教科书插图使用的现存问题调查、插图对各自学科教学的影响作用（如激发学习兴趣、帮助理解记忆、培养能力、思想教育作用等）、怎样利用插图组织教学、教科书编制者对插图的开发、教科书使用者对插图的二次开发等研究[3]。

本研究从另一历史发展角度选择一特定时段，主要采用内容分析法，选取我国化学教科书中权威的人教社出版的教科书，对我国改革开放以来人教版初中化学5套教科书（即1978版、1982版、1987版、1995版和2001新课标版5个版本）插图的总体数量、类型、内容、形式、组合方式、STS图等方面的演变进行分析，在数据处理上，主要运用SPSS软件进行统计分析。以期获得我国初中化学教科书插图的变化发展特点，为教科书的编写与使用提供参考。

2　结果与分析

2.1　插图总体数量统计分析

五个版本教科书插图、字数和页数总量的统计结果见表1。

表1　教科书插图总体数量的统计

版本＼项目	插图	字数/千字	页数
1978版	109	不详	234
1982版	121	178	272
1987版	121	178	273
1995版	200	256	228
2001版	423	285	262

注：①插图统计范围是指从目录前的彩图到附录之前的所有内容；②教科书中一个图标内含多幅图的，按一幅统计（以下除表5外均同）；③1978版的字数数据在相应版本未列出；②1978版、1982版和1987版使用32K纸张印制，1995版和2001版使用16K纸张印制；④“字数”是指相应版本教科书总字数，“页数”指除目录、附录之外的页数总和。

根据表1计算各版本插图/页数、插图/字数的值，如图1所示。

由表1和图1可知：

（1）教科书插图数量随版本更新而逐步增长，1978版、1982版和1987版数量变化不大，1995版增至200幅，2001版较1995版增加逾100%，增至423幅，几乎为1978版的4倍。

（2）1982版和1987版字数相同，1995版和2001版与前述2个版本相比字数总量上

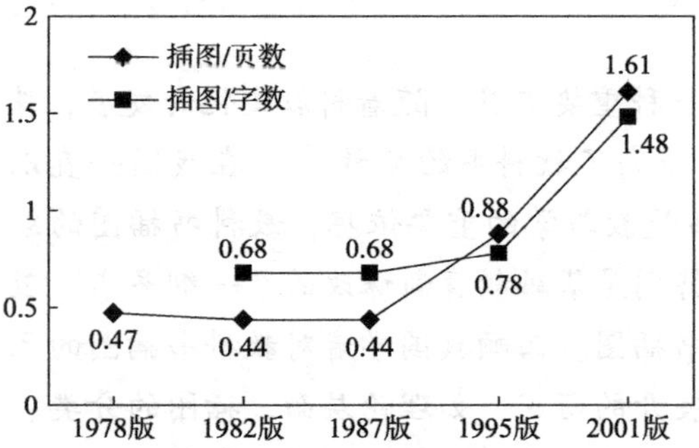

图 1　教科书插图比重的统计

注：本图数据来源于表 1，因此"插图 / 字数"表示每千字的插图的数量，如 2001 版此值的计算为 423/285=1.48。

升较大（上涨 40% 以上）。

（3）各版本页数变化不大，其中 1987 版页数最多，为 273 页；教科书改为 16K 印刷之后，页数有所下降，但内容容量几乎翻倍。

（4）1978 版、1982 版和 1987 版的插图 / 页数变化不大，在 0.45 左右，1995 版升至 0.88，几乎为前 3 版的 2 倍；2001 版骤增至 1.61，接近 78 版的 4 倍。

（5）1982 版、1987 版和 1995 版 3 个版本教科书每千字插图分别为 0.6、0.68 和 0.78，2001 版新课标教科书增至 1.48，较大纲教科书相比变化明显。

2.2　插图类型的统计分析

参阅邓峰、钱扬义等对化学教材的图像系统分类[4]，笔者对初中化学教科书中的插图按表现形式分为图片和表格两类。以图片和表格数量占当年版本教科书插图总量的比重计算可得 5 个版本教科书图片和表格所占比重，数据如下，1978 版至 2001 版的图片所占比例分别为 87.3%、84.3%、85.1%、83%、77.3%，相应地表格所占比例分别为 12.7%、15.7%、14.9%、17%、22.7%。其中图片包括章图、实验图、微观或原理模拟图、知识点结构图、实物图及其他等 5 种，表格可以分为实验探究表格和知识点表格两类。

章图是指在教科书章节之前引入内容的插图；实验图包括实验现象图、实验装置图、操作示意图等；微观或原理模拟图反映的是化学微观反应过程或原理模拟；知识点结构图是反映知识点的联系、区别的图画；实物图及其他包括肖像图、照片以及直接反应生产生活的绘画等。5 个版本教科书插图类型的分类统计见表 2。

表 2　教科书插图类型的统计

项目 \ 版本		1978 版	1982 版	1987 版	1995 版	2001 版
图片	章图	0（0.0）	0（0.0）	0（0.0）	6（3.0）	12（2.8）
	实验图	68（62.4）	75（62.0）	76（62.8）	101（50.5）	94（22.2）
	微观或原理模拟图	12（11.1）	8（6.6）	8（6.6）	4（2.0）	7（1.7）
	知识点结构图	9（8.3）	11（9.1）	11（9.1）	19（9.5）	47（11.1）
	实物图及其他	6（5.5）	8（6.6）	8（6.6）	36（18.0）	167（39.5）
	合计	95（87.3）	102（84.3）	103（85.1）	166（83.0）	327（77.3）
表格	实验探究	4（3.5）	8（6.6）	7（5.8）	8（4.0）	49（11.6）
	知识点	10（9.2）	11（9.1）	11（9.1）	26（13.0）	47（11.1）
	合计	14（12.7）	19（15.7）	18（14.9）	34（17.0）	96（22.7）
总计		109	121	121	200	423

注：表中各项数据前者为插图数目，括号中数据为相应项目占当年版本的百分比（%）（表 3~表 6 同）。

由图片和表格数量占当年版本教科书插图总量的比重数据和表2可知：

（1）5个版本教科书中图片所占比例均高于表格所占比例，均约占当年版本的80%以上，但后者已经由1978版的12.7%增长到2001版的22.7%。表格用于工作、学习、生活等方面时，能很好发挥其作用，能简明表达其意。教科书更重视表格的应用表明教科书条理更加清晰，内容更加简明。

（2）1995版之前的教科书均没有出现章图，而1995版和2001版也不是所有的章节都有章图（如1995版共8章，只有6幅章图）。章图所占比例虽小，但却可以起到引入本章内容的作用，使教科书内容结构更加清晰。

（3）实验图在1978版、1982版、1987版3个版本均占60%以上，1995版下降到50.5%，而2001版陡然下降到22.2%，究其原因，2001版中实验操作、实验现象等图大部分为特殊实物图（表明实验操作、现象的照片）所代替，即可划归为实物图。化学是一门实验科学，照片的编写使学生在学习过程中可以参考教科书中的照片对比自己所做实验，教师也可在教学过程中展示照片，教学过程更加充实、逼真。

（4）5个版本微观或原理模拟图的数量基本呈下降趋势，所占比重也在不断缩小。初中化学课程只在初三（现为九年级）才开设，化学课的内容也大多是比较简单的反应过程、反应现象、物质性质等。微观反应机理和物质反应原理在大纲中要求较低，在教科书插图中所占比例很小就不足为奇了。

（5）知识点结构图在各版本教科书中所占比重较稳定，绝对数量基本呈现逐年递增的趋势，2001版达到47幅。知识点结构图能十分明确地表明特定章节的知识点分布及其结构，利于学生系统掌握知识。

（6）1978版、1982版和1987版实物图及其他的数量和比重均变化不大（数量7幅左右，比重6.6%左右），1995版增至36幅，比重18.0%，而到了2001版更是增至167幅，比重39.5%。实物图数量的增加，一方面表明我国摄影、印刷技术的提高，进而反映我国经济地位的提升，另一方面能更加生动、逼真地表现所要讲述的知识，利于学生接受和掌握。

（7）实验探究表格在前四个版本的变化不大，2001版增至49幅，比重占到此版本的11.6%。新课标理念提出，“让学生有更多的机会主动地体验探究过程，在知识的形成、联系、应用过程中养成科学的态度，获得科学的方法，在‘做科学’的探究实践中逐步形成终身学习的意识和能力”，显然教科书对学生的实验探究能力要求有所提高。实验探究表格数量的增加，符合新课标要求；运用探究式教学，使学生主动参与，巧创激趣情境，激发学生的学习兴趣。

（8）知识点表格在各版本所占比重变化不大，2001版增至47幅。前文已述，表格能清晰简明地表达其意；表格的应用，更能体现知识的逻辑性。

2.3　插图内容的统计分析

依据初中化学教学要求，并融合新课程理念，将初中化学教科书插图按内容分为大纲知识和拓展知识两部分，其中大纲知识包括基础理论和实验。5个版本教科书插图内容总

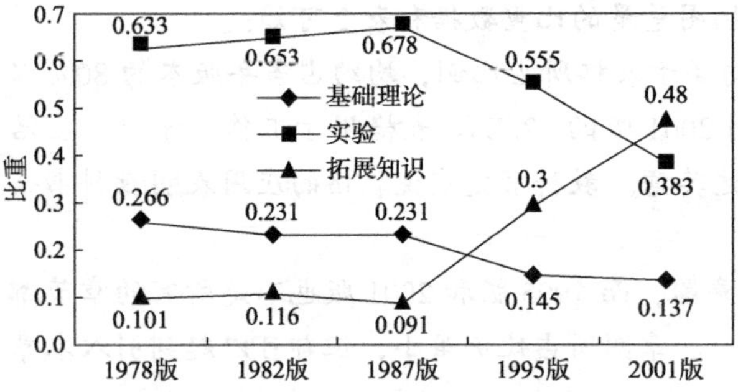

图 2 教科书插图内容总体分类统计

体分类统计如图 2 所示。

（1）基础理论部分主要包括基本概念、物质分类、化学反应原理、微观结构等，按照初中化学的主干知识，将其分为元素原子分子理论、物质理论、反应理论等 3 类。

（2）实验部分是指操作实验、演示实验、探究实验及相关内容，按照实验图的表现内容，分为现象、仪器药品、装置、操作、数据表格及其他等 5 类。

（3）拓展知识部分是指与教学有关但并不在大纲要求范围的内容，按照其表现的内容不同分为人物、科技劳动成果、自然景观和其他。

根据以上分类标准，5 个版本教科书插图内容的分类统计见表 3。

表 3 教科书插图内容的统计

项目		年份	1978 版	1982 版	1987 版	1995 版	2001 版
大纲知识	基础理论	元素原子分子	14（12.8）	13（10.7）	17（14.0）	13（6.5）	16（3.8）
		物质	10（9.2）	12（9.9）	9（7.4）	6（3.0）	24（5.7）
		反应	5（4.6）	3（2.5）	2（1.7）	10（5.0）	18（4.2）
		合计	29（26.6）	28（23.1）	28（23.1）	29（14.5）	58（13.7）
	实验	现象	21（19.3）	18（14.9）	21（17.4）	25（12.5）	36（8.5）
		仪器药品	4（3.7）	5（4.2）	4（3.3）	6（3.0）	9（2.1）
		装置	25（22.9）	32（26.4）	33（27.3）	46（23.0）	49（11.6）
		操作	18（16.5）	20（16.5）	20（16.5）	24（12.0）	25（5.9）
		数据表格及其他	1（1.2）	4（3.3）	4（3.3）	10（5.0）	43（10.2）
		合计	69（63.3）	79（65.3）	82（67.8）	111（55.5）	162（38.3）
	合计		98（89.9）	107（88.4）	110（90.9）	140（70.0）	220（52.0）
拓展知识	人物		0（0.0）	0（0.0）	0（0.0）	3（1.5）	6（1.4）
	劳动成果		3（2.8）	6（5.1）	5（4.2）	23（11.0）	76（18.0）
	自然景观		0（0.0）	1（0.7）	1（0.7）	7（3.5）	43（10.2）
	其他		8（7.3）	7（5.8）	5（4.2）	27（14.0）	78（18.4）
	合计		11（10.1）	14（11.6）	11（9.1）	60（30.0）	203（48.0）
总计			109	121	121	200	423

由图2和表3可知：

（1）各版本大纲知识所占比重均高于拓展知识，但大纲知识所占比重呈现下降趋势，到2001版大纲知识只占52.0%，较1978版下降了近40%；相反拓展知识所占比重的逐年增加，对学生的情感态度价值观教育起到了积极的作用。笔者查看各版本教科书，并对比表3数据得出以下结论：1978版教科书基本只是传授大纲知识（占到89.9%），而1982版、1987版和1995版则更注重双基的培养，注重对学生的科学素养教育，2001版以全面提高学生的科学素养为根本宗旨，更加注重提高学生的科学探究能力、实践能力和其他各方面的能力[5]。

（2）基础理论在各个版本教科书中所占比重呈下降趋势，从1978版的26.6%下降到2001版的13.7%，几乎下降了一半；实验所占比重先升后降，且1987版及之后3个版本下降幅度较大，到2001版只占38.3%。综合（1）所述，拓展知识增加，大纲知识相对减少，其原因有两点：首先，大纲要求学生掌握的知识点有所变化，如1978版要求学生掌握化学反应的微观原理，之后的版本则不要求学生掌握等；其次，大纲知识的减少，并不表示大纲要求降低，而是编者对大纲要求的知识点进行整合、归类，将不需要的知识点删去，减轻学生负担，同时增加的拓展知识的结果，这有利于学生科学素养发展。

（3）基础理论插图中，原子分子元素理论所占比重呈现下降趋势，物质理论基本也呈现下降趋势，反应理论的比重大体呈现上升趋势，三者在5个版本教科书中所占比重趋于均衡。

（4）实验图中，表征实验现象的插图数目呈现上升趋势，所占比重基本呈现下降趋势；仪器药品插图数量和比重都变化不大；实验装置的插图数量逐步增加，比重先升后降；实验操作的插图数量基本呈现逐年增加的趋势，在1978版、1982版和1987版中所占比重均为16.5%，随后下降，到2001版只占5.9%；数据表格及其他插图在前4个版本中的数量和比重都很小，2001版陡然增至43幅，占当年版本插图总数的10.2%。综合表1，总体而言，大纲教科书中探究实验插图的比重很小，符合大纲要求；而2001版新课标教科书的实验探究插图比重增大，符合新课标对学生实验科学探究的要求。

（5）拓展知识插图中，1978版、1982版和1987版3个版本均没有人物图，1995版和2001版适当出现了人物图。人物图多是为了展示化学发展过程中具有巨大贡献的科学家（如拉瓦锡），有些是能引起民族自豪感的人物（如侯德榜）。人物图的出现，一方面有助于学生了解化学史，另一方面利于培养学生的科学态度、科学精神、正确价值观。劳动成果图的数量和比重均呈现逐年上升的趋势；随着我国改革开放政策力度加大，我国经济增长方式已逐步由粗放型向集约型转变，进而带动劳动生产方式的转变，高新科技劳动成果不断涌现；自然景观的数量和比重基本呈现增加趋势。“其他”图的类型较多，数量和比重基本呈现增加趋势。教科书引用这些插图，有助于教师将STS的课程理念融入教学。

2.4　插图形式的统计分析

综观5个版本教科书，插图所采取的形式主要包括照片、卡通、写实、表格、线图等5种。

表 4　插图形式的统计

项目＼年份	1978 版	1982 版	1987 版	1995 版	2001 版
照片	8（7.3）	8（6.6）	9（7.4）	20（10.0）	168（39.7）
卡通	0（0.0）	0（0.0）	0（0.0）	0（0.0）	26（5.4）
写实	83（76.1）	92（76.0）	92（76.0）	142（71.0）	106（25.1）
表格	14（12.9）	19（15.7）	18（14.9）	34（17.0）	109（25.8）
线图	4（3.7）	2（1.7）	2（1.7）	4（2.0）	14（4.0）
总计	109	121	121	200	423

由表 4 可知：

（1）照片所占比重呈逐年上升趋势：2001 版近 40% 的插图都采用照片的形式。

（2）1978 版到 1995 版的大纲教科书均未出现卡通的形式，2001 版新课标教科书出现 26 幅卡通插图。卡通插图通过归纳、比喻、变形的手法来塑造各种形象，对表现知识有独特的效果。

（3）写实类插图在 1978 版到 1995 版 4 个版本中所占比重一直较高，在 70% 以上，但 2001 版只占 25.1%，原因是 2001 版将很多大纲教科书（指 1978 版至 1995 版 4 个版本的教科书）的写实类用照片代替。

（4）表格所占比重在前 4 个版本变化不大，2001 版占到总数的 25.8%。

（5）线图所占比重在 5 个版本均不大，不超过 4.0%。线图一般表示数量关系，如“常见盐的溶解度”插图等。由于初中化学课程出现的一般是化学基础知识，对计算要求不高，对有关化学物质的物理、化学性质数据的要求也大都是定性了解，因此线图在初中化学教科书的比重合理。

2.5　插图组合方式的统计分析

本文前述所有表格和图表均将教科书插图中一个图标包含多幅图的按照一幅图统计，现将单图和组图数量及比重统计见表 5。

表 5　插图组合方式的统计

项目＼年份	1978 版	1982 版	1987 版	1995 版	2001 版
单图	89（81.7）	104（86.0）	102（84.3）	158（79.0）	316（74.7）
组图	20（18.3）	17（14.0）	19（15.7）	42（21.0）	107（25.3）
总计	109	121	121	200	423

由表 5 可知：

（1）各版本单图数量均占当年版本的 70% 以上，其中 1982 版单图所占比重最大，为 86.0%；各版本组图数量均约占当年版本的 10%~30%，其中 2001 版组图比重最大，为 25.3%。

（2）各版本单图数量总是大于组图数量，其中 1982 版单图 / 组图比例达到最高的

6.62，1982版之后单图 / 组图比重下降，说明组图所占比重上升（2001版组图比重达到25.3%）。组图能更简明地反映出化学反应历程的各个阶段、物质转化过程等；相比单图而言，组图的信息更加丰富，逻辑性更强。

2.6 STS类插图的统计分析

STS是科学素养的重要主题，以下就五个版本教科书STS类插图进行统计，结果见表6。

表6 STS类插图的统计

项目 \ 年份	1978版	1982版	1987版	1995版	2001版
STS类插图	1（0.9）	5（4.1）	3（2.5）	42（21.0）	143（33.8）

由表6得知，由于科技、科教事业的发展，教科书中直接联系社会生产生活的插图也越来越多，也更加贴近中学生的生活实际。1978版化学教科书大部分笔墨重知识的传授，强调学科知识的系统性，强调"双基"以学科为中心，联系社会生产和学生生活实际的内容很少；教科书发展到1982版，教科书中除包含1978版中"氧炔焰"这个与实际生活直接联系的内容外，还增加了防毒面具、灭火器、煤炉取暖、沼气利用等四幅图；此后1995版乃至2001版，编者逐步认识到，化学教育除要加强"双基"外，还要培养学生的能力，要加强科学态度、科学方法教育等，大量STS插图的出现，加强了学生自主学习、研究性学习的力度，体现了注意培养和提高学生科学素质的目标[6]。

3 研究结论

综上分析可知，改革开放以来我国人教版初中化学教科书插图有较大的变化发展，且从插图演变这一侧面反映了我国化学课程"由双基教育转向全面发展学生科学素养"这一取向变化，体现了我国改革开放以来初中化学课程经历了一个从精英教育到大众教育的转变[7]。对改革开放以来我国人教版初中化学五套教科书插图演变研究，可得出如下结论：

（1）插图的数量显著增加。相比大纲教科书，新课标教科书插图的绝对数量、相对比例都成倍增长，插图在新课标教科书中的比重越来越大，插图 / 页数更加合理，增强了教科书的美学效果。

（2）插图的质量显著提高。新课标教科书强调化学内容与STS内容相互关联，具有很强的时代性，插图的准确度有了很大提升，从侧面反映了我国科技、经济、科教事业发展水平越来越高。

（3）插图的内容更加充实。插图涵盖自然科学、人文社会科学等多方面，融入更多新新理念，使学科间联系更加紧密。

（4）插图的形式更加多样。插图应用卡通、写实等多种表现形式，使教科书显得生动、活泼，利于调动学生学习、思考的积极性，提高教学效果。

（5）插图的功能更加完善。进一步发挥和完善教科书插图的功能，体现新课程改革"提高学生科学素养"这一宗旨。即发挥和完善教科书插图不仅仅激发学生学习兴趣、传授学生知识，也使学生从化学角度去认识科学、技术、社会和生活方面的有关问题，运用化学的原理和方法参加与科学技术有关的社会问题的讨论或作出相关的个人决策，而且可以逐步培养学生解决实际问题的实践能力和创新精神。

参考文献：

[1] 曾天山. 国外关于教科书插图研究的述评 [J]. 国外教育研究，1999（3）：20–23.

[2] 王磊. 基础化学教育课程改革 10 年进展与反思（上）[J]. 化学教育，2010（4）：15–21.

[3] 唐翔. 中小学教科书插图研究综述 [J]. 教学与管理，2010（12）：70–72.

[4] 邓峰，钱扬义，柴颂刚，等. 高中化学新教材（必修）图像系统的教学功能初步研究 [J]. 课程. 教材. 教法，2006（3）：78–81.

[5] 王开荣，刘珊，邓嘉莉. 我国中学化学教育发展中的课程演变 [J]. 四川教育学院院报，2008，24（2）：108.

[6] 李俊. 新中国化学教科书发展简述 [J]. 中学化学教学参考，2005（7）：7–9.

[7] Wei，B. &Thomas，G. P. An examination of the change of the junior secondary school chemistry curriculum in the People's Republic of China：In the view of scientific literacy [J]. Research in Science Education，2006（4）：403–405.

（本文选自张世勇《内蒙古师范大学学报（教育科学版）》2012年第6期104~108页，略有修改。）

7.2 化学实验研究

7.2.1 科学素养理念下我国初中化学教科书中化学实验的演变研究

科学素养理念下我国初中化学教科书中化学实验的演变研究

张世勇　李永红

摘　要： 运用内容分析法分析改革开放以来我国人教版初中化学教科书中化学实验内容在研究化学实验的总体数量、类型、比例等方面的演变，可以看出我国初中化学教科书中化学实验的发展特点，为教科书中化学实验的编写与使用提供参考。

关键词： 初中化学教科书；化学实验；科学素养

化学是一门以实验为基础的自然科学，实验则是化学学科发展的动力和源泉。在我国，课程与教学一直以来都是以教科书为中心的[1]，教科书是教与学的重要依据。化学实验内容在教科书层面进行到何种程度，其编写与使用直接影响化学教学质量，因此有必要对教科书中的化学实验内容进行系统分析。本文对改革开放以来我国人教版初中化学 5

套教科书中化学实验内容的演变进行分析，以期得出其发展变化特点，为我国中学化学教科书中化学实验内容的编写与使用提供参考。

1　研究对象与方法

鉴于人教社出版的教科书在我国基础教育界的权威性、代表性，因此，本研究以我国改革开放以来人教社出版的5个版本初中化学教科书中化学实验为对象，即1978版（中小学通用教材化学编写组）、1982版（梁英豪、张健如）、1987版（梁英豪、张健如）、1995版（程名荣）、2001新课标版（胡美玲）5个版本教科书中的化学实验内容。

本研究主要采用内容分析法，从化学学科维度和活动方式维度统计分析教科书中的化学实验。其中，基于化学学科维度的实验包括4个亚类，即物质的制备（或合成）实验、物质的分离与提纯实验、物质的表征（检验、鉴别与鉴定）实验、物质的性质及其变化规律的探究实验；基于活动方式维度的实验包括5个亚类，即感知实验、探索实验、验证实验、训练实验和活动实验[2]。全研究采取定性与定量相结合的研究方法，统计所需数据，将数据归纳整理，然后分析数据之间的对比，对改革开放以来我国人教版5个版本初中化学教科书中化学实验内容在化学学科维度、活动方式维度方面的演变进行研究。

2　结果与分析

2.1　化学学科维度下的各类实验统计分析

对改革开放以来我国人教版的1978版、1982版、1987版、1995版和2001新课标版5个版本教科书中化学学科维度下的各类实验［即物质的制备（或合成）实验、物质的分离与提纯实验、物质的表征（检验、鉴别与鉴定）实验、物质的性质及其变化规律的探究实验］的数量和比例进行统计，结果见表1。

表1　教科书中化学学科维度下的各类实验的数量和比例

版本	数量/个	物质的制备（或合成）实验		物质的分离与提纯实验		物质的表征实验		物质的性质及其变化规律实验	
		数量/个	比例/%	数量/个	比例/%	数量/个	比例/%	数量/个	比例/%
1978版	106	6	5.7	8	7.5	11	10.4	81	76.4
1982版	93	8	8.6	7	7.5	11	11.9	67	72.0
1987版	90	7	7.8	6	6.7	11	12.2	66	73.3
1995版	115	7	6.1	10	8.7	18	15.6	80	69.6
2001版	88	4	4.5	10	11.4	10	11.4	64	72.7

从表1统计情况来看，教科书中化学学科维度下的各类实验的数量和比例在1982版和1987版基本一致，因为1987版是在1982版的基础上稍作修改的修订版，而其他版本均为第1版。2001新课标版实验数量最少，而实验内容不少，因为此版教科书中的实验多为综合性的，整合了多个知识点，比前几版化学实验的内容知识更丰富。

物质的制备（或合成）实验的数目变化不大，1978版6个，1982版升至8个，随后

1987版和1995版降至7个，而2001新课标版中的实验却降至4个。实验的比例变化较大，1978版为5.7%，1982版上升至8.6%，1987版、1995版、2001新课标版的实验比例有所下降，分别降为7.8%、6.1%和4.5%。物质的分离与提纯实验的数目变化不大。1978版为8个，1982版和1987新课标版降至7个和6个，1995版升至10个，2001新课标版中的实验继续保持10个。实验比例变化较大，1978版和1982版都是7.5%，1987版降至6.7%，而1995版突然升至8.7%，2001新课标版继续升至11.4%。物质的表征（检验、鉴别与鉴定）实验的数目变化不大。1978版、1982版、1987版均为11个，而1995版升至18个，但2001新课标版却突然降至10个。实验比例的变化不是特别大，1978版、1982版、1987版比较稳定，在10.4%~12.2%之间浮动，而1995版升至15.6%，到了2001新课标版又降至11.4%。

物质的性质及其变化规律实验的数目变化较大。1978版与1995版基本相同，分别为81个和80个；1982版和1987版的基本一致，分别为67个和62个；2001新课标版为64个。实验比例变化不大，1978版为76.4%，1982版和1987版下降至72%和73.3%，1995版继续降至69.6%，2001新课标版又上升至72.7%。第一，物质的制备（或合成）实验的数目变化比较稳定，数量较少（4~8个），主要是因为初中化学课程文件中规定的学科内容范围比较小。物质的制备（或合成）实验，其内容的选择与组织从单一的化学学科转向多学科综合，突出化学学科知识在社会生产生活中的应用，特别是2001新课标版对该项实验内容进行了更新，注重突出STS教育理念。例如，“自制汽水”，学生在此过程中综合应用化学实验原理和方法解决日常社会生活中的问题，学以致用，体现在生活引入化学的教育理念。

第二，物质的分离与提纯实验在同一版本教科书中与其他类别化学实验的数量和比例相比数量较少，所占比例较低，这在1978版、1982版、1987版尤为明显，1995版、2001新课标版有明显增加。物质的分离与提纯实验，其内容的选择与组织由过分注重化学实验基本操作技能转向体现“过程方法”的综合科学探究能力培养。如改革开放初期的几个化学课程文件中都提出“学科能力”培养，强调化学实验技能的专门化训练。1978版、1982版、1987版教科书中实验明显有此体现。而随着基础教育改革的推动，改变过去仅仅是实验基本操作训练的状况，综合运用成为了化学实验技能强调的目标。作为科学探究的一部分，实验技能融入具体的化学科学探究活动中，所以在1995版特别是2001新课标版教科书中，物质的分离与提纯实验的数量、比例都提高了。

第三，物质的表征（检验、鉴别与鉴定）实验的比例变化较大，在10.4%~15.6%之间。物质的表征实验主要是化学基本概念原理的应用，如检验、鉴别和鉴定实验，突出化学学科知识的应用价值。初中5个版本教科书中，其实验内容的选择与组织由注重化学学科本体转向注重学生经验、学生生活实际，通过从学生日常生活方面选择与化学相关题材，用化学实验原理和方法解决生活中遇到的现实问题，来提高学生的创新能力和实践能力，全面发展和提高学生的科学素养。

第四，相对于同版本中其他类型的实验而言，物质的性质及其变化规律实验的数目与比例最大，物质的性质及其变化实验主要是常见无机元素化合物的性质及规律，其内容的选择与组织从关注化学学科本身知识转向化学基本概念原理的应用，突出化学学科的科学本质，突出科学探究理念，将验证性实验改为科学探究实验。如在2001新课标版教材中将“CO_2和O_2的性质”实验变为“探究CO_2和O_2的性质”实验，引导学生从提出问题、假设猜想、设计实验、探究实验、结果处理和推理结论等方面探究CO_2和O_2的性质，在科学探究的体验中获得知识，同时培养学生的科学态度和科学精神。

2.2 活动方式维度下的各类实验统计分析

对改革开放以来我国人教版的5个版本教科书中活动方式维度下的各类实验的数量和比例进行统计，结果见表2。

表2 教科书中活动方式维度下的各类实验的数量和比例

版本	数量/个	感知实验		探索实验		验证实验		训练实验		活动实验	
		数量/个	比例/%	数量/个	比例/%	数量/个	比例/%	数量/个	比例/%	数量/个	比例/%
1978版	106	69	65.1	11	10.4	1	0.9	24	22.7	1	0.9
1982版	93	61	65.6	8	8.6	1	1.1	22	23.6	1	1.1
1987版	90	60	66.7	8	8.9	1	1.1	20	22.2	1	1.1
1995版	115	69	60	9	7.8	1	0.9	23	20	13	11.3
2001版	88	35	39.8	28	31.8	1	1.1	15	17	9	10.2

感知实验数目有变化。1978版和1995版数目一样，1982版和1987版数目基本一致，而2001新课标版却下降到35个，感知实验变化较大。感知实验比例的变化不大。1978版、1982版、1987版、1995版其比例比较稳定，均在60%~66.7%之间，随后2001新课标版的比例降到了39.8%。探索实验数目稍有变化。1978版、1982版、1987版、1995版数目比较稳定，其中1982版和1987版数目一致，而2001新课标版却升到28个。探索实验比例的变化较大。1978版、1982版、1987版、1995版比例比较稳定，均在7.8%~10.4%之间，2001新课标版的比例升到了31.8%。验证实验的数目没有变化，其比例也几乎没有变化。

训练实验数目稍有变化。1978版、1982版、1987版、1995版数目比较稳定，均在20~24之间，而2001新课标版却降到15个。训练实验比例的变化不大。1978版、1982版、1987版、1995版的比例比较稳定，均在20%~23.6%之间，2001新课标版的比例降到17%。

活动实验数目有较大变化。1978版、1982版、1987版的数目没有变化，都是只有1个，而到了1995版数目却突然增加到13个，2001新课标版比1995版少4个。活动实验比例的变化较大。1978版、1982版、1987版其比例几乎没有变化，均是1%左右；而1995版其比例升到了11.3%，2001新课标版是10.2%。

第一，感知实验和训练实验变化趋势相似，1978版、1982版、1987版、1995版都是比较稳定的，而2001新课标版突然下降，说明在化学新课程理念的实施下，针对让学生感知实验现象而增进感性认识，以便学习并牢固掌握元素及其化合物基础知识的要求发生了变化，但感知实验还是占有较大比例，是化学实验的重要组成部分。对学生掌握基本仪器的性能、使用方法及使用注意事项、掌握化学基本实验操作方法和技能的要求也降低了，但训练实验还是占了一定比例。

第二，验证实验在初中5个版本教科书中数量与比例几乎没有变化，验证实验的教学目标是验证物质的性质或给理论提供事实依据。而单独为此目标开设的实验几乎很少，从教学和学生培养发展来看，此类实验都应该是和其他类型实验整合在一起，应该是综合化的，以实现多维教学目标。

第三，探索实验的数目、比例在1978版、1982版、1987版、1995版的值都较小，而2001新课标版却大幅度增加，这体现了在化学新课程理念实施下对运用实验探索化学基本知识基本技能、化学原理、揭示科学本质的要求较高，也体现了将实验科学探究作为课程改革的突破口转变教与学方式的重要手段。探索性实验从问题提出到知识获取、问题解决，使学生能尝试科学探索的乐趣，激发学习兴趣，训练思维能力，培养他们进行科学研究的方法和态度，给学生更多的探索空间，有利于提高学生的科学素养。

第四，活动实验（主要是家庭小实验）在1978版、1982版、1987版间只有一个，而1995版上升到13个，2001新课标版为9个。家庭小实验选材非常贴近生活，更容易激发学生的好奇心和探究欲望，培养学生综合运用所学基础知识、基本技能解决化学实际问题的能力，学生甚至还会因实验过程中出现的新问题而发现新的知识。

3 结论与启示

3.1 化学实验目标全面化

化学实验是基础教育化学课程的重要内容，是学生学习化学的主要工具，对发展学生科学素养的功能地位是其他化学学科内容无法代替的。传统教科书中化学实验往往只注重化学学科本体知识、化学实验本身的基本概念原理、操作技能、相关仪器等知识，对双基以外的教学目标关注不够。化学新课程改革以发展学生科学素养为主旨，这就要求教科书中化学实验的编写与使用都应尽量全面化，尽量体现科学素养三维目标，即化学实验的教学目标不仅指知识与技能，还包括过程与方法、情感态度价值观。在化学教学中，应充分发挥化学实验的教育功能，通过化学实验激发学生的探究欲，为学生后续发展学习奠定基础知识、基本技能，培养学生科学探究的方法和能力，使其养成良好的科学态度，形成正确的价值观。

3.2 化学实验内容综合化

化学实验目标不仅仅是基础知识和基本技能，还包括科学素养的各个维度。因此，教科书中化学实验内容不能仅出现某个化学学科本体知识，还应考虑综合化的内容和选材。初中化学课程标准中就提出教材的编写应提供多样化内容，教科书中化学实验的编写与使用可结合化学学科本体概念原理，选取学生周围的化学物质、生活和社会中的化学现象、与化学有关的社会问题进行综合设计，注重化学学科与其他学科之间的交叉，渗透STS教育理念，突出化学实验的生活化、趣味化、绿色化、简易化和微型化等，通过化学实验培养学生的科学素养。

3.3 化学实验方式探究化

科学探究是我国第八次基础教育化学新课程改革的突破口，科学探究也是科学素养的重要主题，其理念作为课程目标、课程内容、教学方式和学习方法等融入新课程标准。化学在一定意义上来说是一门实验科学，因此，化学课程中科学探究的主要形式是实验。传统教科书中的实验多以“按方抓药”式的验证性实验为主，缺少探究性，易于造成学生死记硬背、被动接受，不利于学生实践能力和创新精神的培养，不利于学生对知识的科学本质的理解。因此，教科书中化学实验的编写与使用应尽量突出探究性，要精心编写和使用各种实验，渗透科学探究理念，引导学生通过化学实验进行探究，主动地体验探究过程，使学生在知识的形成、迁移应用过程中学习科学的方法，养成科学的态度，树立科学的价值观，在“做科学”的探究实践中培养学生的实践能力和创新精神，提高学生的科学素养。

3.4 化学实验主体学生化

化学新课程理念倡导自主、合作、探究等学习方式，学习方式的转变则关键是要突出学生的主体性。因此，教科书中化学实验的编写与使用应尽量淡化演示实验和学生实验的界限，倡导教师指导下学生亲自体验实验探究过程，体现“教为主导、学为主体”的原则。我国新世纪初中化学课程就选择了以学生为主的化学实验 42 个[3]。化学实验教学中只有突出学生的主体地位，才能更好地发挥实验教学的功能，促进学生对科学知识、科学过程、科学本质意义的建构。只有化学实验主体学生化，学生获得成就感，才能使学生真正愉快地学习[4]。

3.5 化学实验教学资源的挖掘

教科书中的化学实验是有限的，并且有的实验实施起来还有些难度，因此，学校可结合自身实际情况，挖掘化学实验教学资源，弥补部分教科书中实验教学的困境，将化学新课程实验教学理念有效落实。初中化学课程标准中也提出开发与利用实验课程资源的重要性，可充分利用学校、社区和家庭的学习资源，从化学实验的生活化、趣味化、绿色化、简易化、微型化、低成本耗材化等角度出发，挖掘开发实验资源。例如，厨房中的食醋清洗水壶中的水垢，测定当地土壤、雨水、厂矿生产排除水等的 pH 值，用鸡蛋壳代替 $CaCO_3$，用食用碱代替苏打，用废弃的塑料小管作导管、小饮料瓶作反应容器，等等。

参考文献：

[1] 王磊．基础化学教育课程改革 10 年进展与反思（上）[J]．化学教育，2010（4）：15-21.

[2] 郑长龙．化学实验课程与教学论 [M]．北京：高等教育出版社，2009：100-101.

[3] 阎立泽，韩庆奎，等．化学教学论 [M]．北京：科学出版社，2004：45-46.

[4] 文庆城，张世勇．谈化学愉快学习 [J]．中学化学教学参考，2005（7）：1.

（本文选自张世勇、李永红《教育理论与实践》2014 年第 8 期 31~34 页，略有修改。）

7.2.2 NH_3的制取与性质实验改进研究

NH_3的制取与性质实验改进研究

张世勇　王历先

普通高中课程标准实验教科书（人民教育出版社，2006年10月第2版）化学必修1的第四章第4节给出了NH_3的实验室制法，在该实验中，存在一些不足，如生成的NH_3逸出试管而污染空气；课本中关于NH_3与HCl的反应是通过两根玻璃棒来实现的，现象不太明显，因为挥发出的NH_3也是白色的，会干扰实验现象，同时生成的NH_4Cl白色固体的量又非常少；该实验是在敞开体系中直接进行的，NH_3与HCl都会污染环境等。对该实验进行适当改进则可以避免上述不足。

1　实验装置与用品

实验装置如图1所示。

药品：NH_4Cl，$Ca(OH)_2$，浓HCl，蒸馏水。

仪器：酒精灯，木块，硬质试管，铁架台，导管，具支试管，红色石蕊试纸，止水夹，普通漏斗，烧杯。

2　实验原理

$$2NH_4Cl+Ca(OH)_2 \xlongequal{\triangle} CaCl_2+2NH_3\uparrow+2H_2O$$

$$NH_3+HCl(浓)=NH_4Cl$$

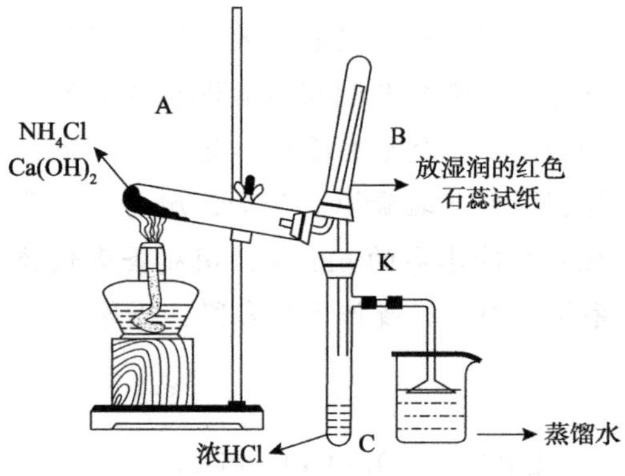

图1　实验装置图

3　实验步骤

（1）按图1组装好实验装置，检查装置的气密性，然后加入相应的实验药品。

（2）关闭止水夹K，点燃酒精灯加热。

（3）熄灭酒精灯，打开止水夹K。

4　实验现象和结论

（1）检查装置气密性的操作是先打开止水夹K，点燃酒精灯微热试管A，然后熄灭酒精灯；如果小漏斗中液面会上升，说明气密性良好。

（2）从实验步骤2中可观察到，试管A中的NH_4Cl与氢氧化钙发生剧烈的化学反应，并且有轻微的响声，反应过程中在试管A的管壁上有水附着。随着反应的进行B试管口的湿润的红色石蕊试纸变成了深蓝色，说明NH_3是碱性气体。在具支试管C中有大量的白烟生成，在具支试管C的管壁上附着白色固体NH_4Cl，能直观地观察到NH_3与HCl反应生成白色固体NH_4Cl。

（3）从实验步骤3中可观察到，在烧杯中装有蒸馏水，吸收多余的NH_3与HCl，并且装置中的普通小漏斗还有防倒吸的作用。

5　改进后的实验优点

（1）该实验装置是收集实验装置和性质实验装置一体化的装置。

（2）整个装置是一个封闭体系，可以防止NH_3的逸出而污染空气，同时湿润的红色石蕊试纸变成了深蓝色，具支试管C中有大量的白烟生成，可以说明B试管中的NH_3收集满了。

（3）NH_3与HCl的反应是在一个封闭的空间中进行，一方面可以直观地观察到白色固体NH_4Cl，另一方面可以防止NH_3与HCl污染环境。

（4）通过改进实验从而解决实验中的问题可以引发学生积极思考，促进学生对科学知识本质的理解，同时还能发展学生的创新思维。

（本文选自张世勇、王历先《教育与装备研究》2011年第9期20页，略有修改。）

7.2.3　月饼盒中的脱氧剂成分探究

月饼盒中的脱氧剂成分探究

黄　璨　张世勇

1　问题提出

化学是一门以实验为基础，与日常社会生活紧密相联系的自然科学，新课改提倡从社会生活中的化学素材入手引导学生开展探究性学习，本例月饼盒中的脱氧剂成分探究就是中学化学探究性学习的好素材。食品保鲜是社会生活中常见的问题，也是倍受关注的问题。食品保鲜的方式有多种，其中脱氧保鲜是指采用还原性物质与氧气发生化学反应，将氧气在短时间内吸收并有效去除，使食品在近似无氧的状态下较长期地保持各项质量指标。用作还原剂的物质有哪些呢？对此，我们对月饼盒中的脱氧剂成分进行了探究（本实验采用婵娟月饼盒中的多连喜脱氧剂）。

2　资料收集

脱氧剂的形态很多，有粉末状、颗粒状等，常见脱氧剂的化学成分主要有：①铁系脱氧剂，即以铁粉为主，以活性炭等为辅的化学成分；②亚硫酸盐系脱氧剂，即以连二亚硫酸盐为主剂，以活性炭、亚硫酸盐、碱为辅的化学成分；③有机系脱氧剂。

3　假设猜想

观察脱氧剂为棕黑色粉末（其中混有少量白色粉末），推断是混合物，并根据其脱氧原理，假设脱氧剂成分为：

（1）Fe粉（含有少量氧化铁，即铁粉部分被氧化）；

（2）C 粉；

（3）Na_2SO_3 粉末；

（4）NaOH 固体粉末（吸收酸性气体，防月饼变酸腐坏）。

4 方案设计

方案设计图如图 1 所示。

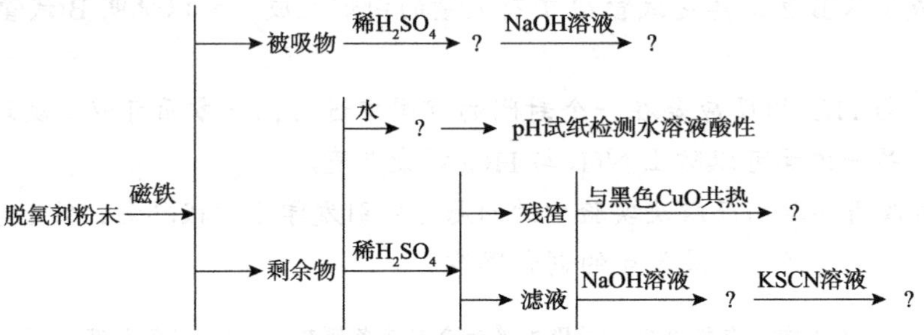

图 1 方案设计图

5 实验探究

取一小包脱氧剂放在滤纸上，用磁铁接近，磁铁吸了部分黑色粉末。

实验一：将被磁铁吸住的部分黑色粉末放入试管中，滴加适量 H_2SO_4，反应后再加入 NaOH 溶液。

现象及解释：黑色粉末溶于稀 H_2SO_4，有气泡冒出，加 NaOH 溶液出现灰绿色沉淀，这即说明黑色粉末为 Fe 粉。

实验二：取磁铁吸后的部分剩余物，放入试管，加入适量的水，观察现象，用 pH 试纸检测水溶液酸碱性。

现象及解释：没有明显现象，pH 试纸测得为 7，即为中性，不存在 NaOH。

实验三：往磁铁吸后的部分剩余物的试管中，加入稀 H_2SO_4，待反应后过滤不溶物，再往剩余滤液中滴加 NaOH 溶液，观察现象，最后加入 KSCN 溶液。

现象及解释：粉末部分溶解，滤液呈浅黄色。没有气泡冒出，也没有刺激性气味，说明不存在 Na_2SO_3。滤液中滴加 NaOH 溶液，出现棕褐色沉淀，加 KSCN 溶液变血红色，即存在 Fe^{3+}，这说明粉末中存在 Fe_2O_3。

实验四：将实验三中滤出的不溶物烘干，再与黑色 CuO 共热。

现象及解释：有亮红色物质生成，即黑色粉末为 C 粉。

6 结论与扩展

从实验过程探究出月饼盒中的脱氧剂粉末中成分有：Fe 粉、C 粉、Fe_2O_3（铁粉部分被氧化）与假设一致。由实验二 pH 试纸检测水溶液酸碱性为中性可以推断出脱氧剂粉末中不存在 NaOH。由实验三没刺激性气体生成推理出粉末中不存在 Na_2SO_3。说明月饼盒中的脱氧剂主要有铁系脱氧剂，其脱氧原理如下：

$$Fe + 2H_2O \xlongequal{} Fe(OH)_2 + H_2\uparrow$$

$$3Fe + 4H_2O = Fe_3O_4 + 4H_2\uparrow$$

$$4Fe(OH)_2 + O_2 + 2H_2O = 4Fe(OH)_3 = 2Fe_2O_3 \cdot 3H_2O$$

C粉主要是起辅助作用，作填充剂，通过脱氧剂的化学反应作用，有效抑制食品劣变，保持食品原有质量。

（本文选自黄璨、张世勇《教学仪器与实验》2006年第6期13页，略有修改。）

7.3 化学教学研究

7.3.1 科学素养理念下以实验为基础的科学教学观

科学素养理念下以实验为基础的科学教学观

张世勇 李永红

1 基础科学教育中的实验概述

基础教育科学课程（包括综合科学、分科科学，如物理、化学、生物）是中小学教育的重要组成部分。科学课程建立在对科学本质认识的基础上，引导学生逐步认识科学的本质，以达到培养和发展学生的科学素养这一宗旨。科学是认识自然最有效的途径，是以多样统一的自然界为研究对象的探究活动，因此以实验为基础是科学教学的主要特征。值得一提的是科学教学中的实验除主要在科学实验室进行的活动外，还广泛包括一切与动手有关的实践性活动。自从科学进入教育课堂以来，实验教学就成了理科课程中的一个重要议题。19世纪后期欧美国家率先在中等学校开始设置科学课程以来，就很重视实验教学。如在英国，首先提倡实验教学的是早期的化学教育工作者，他们认为实验教学有助于教会学生如何学习，后来这种观点拓展到生物学和物理学[1]。而我国早期的科学教育中也注意到了实验教学，比如徐寿在上海格致书院作化学科学问题的演讲时，就用到了“课堂示教实验”教学方法[2]。

在基础科学教育中，实验教学可以为学生提供丰富的感性认识材料，帮助学生从感性到理性形成科学概念，获得科学原理；可以让学生通过亲自操作和实验探究，培养学生的实验技能和能力，尤其是实验能力、观察能力、思维能力和探究能力；可以培养学生尊重客观事实、实事求是、一丝不苟、严谨求实的科学态度，以及训练学生的科学方法；可以让学生尝试和体验实验过程的乐趣和实验成功的喜悦，激发和发展学生的学习兴趣；可以培养学生的辩证唯物观，形成正确的价值观。可见，实验在科学教学中具有十分重要的作用。

然而现行的基础教育科学实验教学往往不尽如人意，笔者通过对某校教育实习基地科学实验教学的调研和对来该校参加省级教师培训的科学教师访谈，发现不少的学校对实验在教学中的功能认识不全，把实验只是作为训练实验操作技能、验证科学知识的工具，未能发挥实验更多的教学功能；更有不少学校认为实验费工、费物、难做，不安全，做实验不如讲实验、背实验、画实验，因而黑板实验代替了整个实验。究其原因，除了实验经费不足和片面追求升学率外，主要是对以实验为基础的科学教学认识不到位，没有构建起以实验为基础的科学教学观。基础教育科学课程改革的一个亮点就是重视发挥实验教学的育人功能，增加实验数目，提高实验内容占整个课程内容的比例。教育部发布的《高中理科教学仪器配备标准》，要求各校根据标准，加快普通高中理科教学仪器的配备，切实保障普通高中新课程实验的顺利实施。为了落实推广新课程，更好地发挥科学实验的教学功能，全面发展和提高学生的科学素养，我们认为很有必要在科学素养教育理念指导下构建起以实验为基础的科学教学观。

2 以实验为基础的科学教学观的构建

科学素养是当今国际科学教育的中心议题，其一直作为一个口号代表着理科课程改革的一面旗帜，我国第八次基础教育科学课程改革，课标研制者将科学素养引入科学课程，将发展和提高学生的科学素养作为科学新课程的主旨[3]。科学素养作为来源于西方国家的专有名词，其概念是动态变化的，不同时代不同学者对其有不同的定义。从美国2061计划和国家科学教育标准中提到的科学素养文本来看，科学素养包括两方面，一是科学学科内容，二是与学科相关的社会、政治、文化、历史、哲学等内容[4]。结合我国当前基础教育中的科学课程，科学素养内容至少包括知识与科学素养理念下以实验为基础的科学教学观技能、过程与方法、情感态度价值观、科学探究、科学史等，下面就这五个方面构建以实验为基础的科学教学观。

2.1 知识与技能教学以实验为基础

科学教学中的知识与技能主要包括科学基本事实、概念、原理和科学实验基础知识、基本技能等。知识与技能是科学素养的重要组成内容，也是现行基础科学教育十分强调的“双基”。形成统一的科学概念和原理，可以通过科学实验，借助实验仪器、设备和实验条件的控制等实验手段，使物质发生物理的和化学的变化，通过直观、生动、鲜明的宏观现象表现出来，让学生观察和体验。高度概括的科学基本概念和基本理论的获得，更需要通过科学实验，让学生先获得感性知识和体验，然后对感性材料进行分析、比较、归纳、抽象，概括出事物的本质和规律。科学实验操作技能只能在科学实验的具体操作实践中获得，是其他教学形式不可代替的，故在知识与技能教学中应以实验为基础开展教学。如金属钠的性质，教学中通过从煤油中取出钠，切割钠，将钠放入滴加酚酞的水中等实验，观察钠的颜色，体验钠的质地硬软，观察钠在水中的现象，从而分析推理出钠的性质。这种以实验为基础的知识与技能教学利于学生科学基本概念和基本理论的获得，利于学生知识的构建。

2.2 过程与方法教学以实验为基础

科学教学中的过程与方法主要是包括对生命科学、物质科学及其变化等进行探究的基本过程，以及问题意识、科学方法和问题解决能力、交流评价能力等。基础知识、基本技能加上科学方法才能有效转化为能力，可见科学过程与方法在科学教学中具有相当重要的地位，因此新课程对过程与方法教学的改革力度相当大。科学学习过程是从感性到理性，由具体到抽象，由现象到本质的特殊认识过程。通过科学实验探究，可以使学生亲身体验探究过程，学习实验探究方法。科学实验过程既包括感性认识的获取，更包括理性认识的获取，实验过程中既训练了感性认识、观察与实验的方法，以及与实验有关的实验条件控制、测定、实验记录、数据处理等科学方法，又训练了以比较、分析、综合、归纳、演绎、推理、科学抽象、假说、模型为主的理性认识的科学方法，从而培养了学生的观察能力、思维能力和问题解决能力，故在过程与方法教学中应以实验为基础开展教学。

2.3 情感态度价值观教学以实验为基础

科学教学中的情感态度价值观主要是包括热爱科学学习，乐于探究物质奥秘，认识社会、科学、技术的联系，树立科学态度和科学学习的责任感等。情感态度价值观教学是教学观中片面关注学科知识转向关注学生科学素养发展的重要体现。科学实验中经物理、化学、生理变化产生的新奇、生动、鲜明的各种实验现象，以及实验对象本身和实验仪器设备的新奇、鲜明性都可引发学生的好奇心理，激发学生的认识兴趣和强烈的求知欲，发展和深化学生的科学学习兴趣，使他们的科学学习由兴趣向乐趣、志趣转化；实验过程对实验现象的观察、实验操作和数据的记录处理等都要认真仔细、实事求是，这样利于培养学生的科学态度和辩证唯物观。科学在社会生产生活实践方面的实验能让学生体会到科学对社会发展的巨大贡献，激发学习兴趣和责任感，故在情感态度价值观教学中应以实验为基础开展教学。如开展环境保护研究性学习，学生分小组对学校附近的水质进行监测分析，采点抽水样，使用multilogpro数据采集分析仪器（学生科学探究仪器）完成对水质的pH值、电导率这两个指标的分析。从pH值分析江河水质的酸碱性，从电导率判断水体中无机盐离子含量的情况和富营养化状况。这样让学生设计实验，参与科技活动，利于激发学生的学习兴趣，体会科学的力量和作用，培养科学的态度，树立正确的价值观和学好科学的责任感。

2.4 科学探究教学以实验为基础

科学探究是基础教育科学新课程改革的突破口，如化学课程基本理念提出，“通过以化学实验为主的多种探究活动，使学生体验科学研究的过程，激发学习化学的兴趣，强化科学探究的意识，促进学习方式的转变，培养学生的创新精神和实践能力”。科学探究是新课改提倡的主要学习方式，科学探究是一种以学生的知识探究活动为主的学习方式，学生根据探究性问题以及与主题相关的学习资料，主动进行假设、探究、验证、归纳、解释以及讨论活动，解决相关的探究性问题。实验是开展科学探究的主要方式，故应以实验为基础开展科学探究教学。如月饼盒中常放一小包脱氧剂，可以利用这一日常生活中学生熟悉的情景，引导学生对脱氧剂成分进行探究，观察其颜色。根据其脱氧原理及颜色进行假设与猜想，进行实验探究，将粉末分别加入水、碱、酸中，观察到前两者没有明显变化，后者冒气泡，过一段时间加硫氰化钾溶液，发现变红，即存在铁离子，逐步引导学生抽象出脱氧剂粉末中存在铁粉这一结论。让学生经历这种以科学实验为主的科学探究活动，学生获得知识方法的同时，体验到了科学探究过程中的快乐与艰辛，获得探究乐趣。

2.5 科学史教学以实验为基础

科学史作为科学素养的重要组成内容，在基础教育科学课程改革中受到了前所未有的重视，这从综合科学和分科科学的课程标准和新教科书中涉及的有关科学史内容可知。如普通高中化学课程的基本理念提出，“结合人类探索物质及其变化的历史与化学发展的趋势，引导学生进一步学习化学的基本原理和基本方法，形成科学的世界观”。人教版初高中化学新教材中涉及的化学史人物有 92 位，呈现方式和教育形式多样化[5]。这表明，基础教育科学新课程改革相当重视科学史在科学教学中的作用。科学史，实际上是一部运用实验方法进行实验探索，建立科学理论的实验发展史。它既包括发现的科学知识和科学方法，更包括科学家为之奋斗的忘我精神、坚韧不拔的创新过程，这些无一不与实验相关，故在科学教学中应以实验为基础开展科学史教学。例如，在“生长素的发现”的教学中，教师首先提问：达尔文所做的实验得出的结论是否可靠？这种推测应如何通过实验来验证呢？有的学生提出可以用仪器来测，有的学生提出可以用化学显色反应的方法，这时提醒学生：在当时的条件下，这些方法可操作吗？如果尖端产生了某种物质，是否有什么材料可以收集它呢？这时再引入温特实验。在温特实验中琼脂的作用是什么？如何知道琼脂是否吸附了尖端产生的物质？在达尔文实验的基础上，学生经过讨论认为应该设计一个对照实验：分别把接触过尖端的琼脂小块和未接触过尖端的琼脂小块放在切去尖端的胚芽鞘上，并观察实验现象，得出结论[6]。这样开展以实验为基础的科学史教学，学生通过亲自探究实验，学会观察、比较、分析、推理及解决一些基本的科学实际问题的能力，获得科学理论知识和科学方法，培养正确的情感态度价值观。

落实以实验为基础的科学教学观，关键应在科学素养教育理念指导下转变传统片面关注客观知识的科学知识教学观，积极倡导关注学生科学素养发展的科学文化教学观。转变基于传统科学观的科学知识教育范式，如将科学教育目标定位于单一的认知领域、将科学教育内容看作是确定的知识系统、将科学教育方式等同于忠实地传授科学知识；积极倡导基于科学观的科学文化教育范式，将科学教育目标定位于发展学生的科学素养、将科学教育内容从科学知识扩大到科学文化、将科学教育方式由授受转变为对话与建构[7]。综上所述，科学素养教育理念下以实验为基础的科学教学观中的“实验”应体现四方面内容，一是实验应作为一种教学手段，为学生提供丰富的感性认识，是学生经过感性到理性、具体到抽象、现象到本质而认识物质结构及其变化规律的前提，应贯穿于科学基本概念、基础理论的学习之中；二是实验应作为一种科学探究活动，让学生处于主体地位，充分发挥学生的主观能动性，是发现与建构知识，训练实验与技能，培养探究意识、实践能力和创新精神的重要实践活动，应贯穿于学生知识、技能、能力、情感、态度、价值观的学习之中；三是实验应作为一种科学方法，使学生的知识转化为真知，真知转化为能力，是实施实验探究过程与问题解决的依据，应贯穿于解决科学问题的实验探究过程之中；四是实验应作为一种科学文化，科学实验本身就是一种科学文化，科学文化分为文化表层和文化内核两部分，表层是科学事实性知识、科学用语、科学理论性知识、科学实验等，内核是指科学共同体成员之间的批判、协商和共同建构知识的方式、基本观点、思想方法、态度等，科学文化的表层和内核是互相联系和作用，不可分割的，因此应将实验作为一种科学文化应用于科学教学中[8]。

参考文献：

[1] 魏冰．中学理科课程中实验教学的若干问题探析［J］．全球教育展望，2010（7）：78-82.

[2] 曹元宇．中学化学史话［M］．南京：江苏科学技术出版社，1979.

[3] Wei，B. Science curriculum reform in post –compulsory education in the People's Republic of China：The case of senior secondary school chemistry curriculum［J］. Science Education International，2005.

[4] Wei，B.&Thomas，G.P. An examination of the change of the junior secondary school chemistry curriculum in the People's Republic of China：In the view of scientific literacy［J］. Research in Science Education，2006.

[5] 关婷婷．中学化学教学与教材中化学史的研究［D］．广州：广州大学，2006.

[6] 袁维新．科学史融入科学课程的原则、方式和策略［J］．课程·教材·教法，2006（10）：68-72.

[7] 袁维新．科学观的文化转向与科学教育［J］．中国教育学刊，2010（10）：42-45.

[8] 许应华．文化视角下化学探究教学案例的反思［J］．化学教育，2010（11）：25-27.

（本文选自张世勇、李永红《教学与管理》2012年第15期119~121页，略有修改。）

7.3.2 "环境保护"专题学习网站的建设应用研究

"环境保护"专题学习网站的建设应用研究

张世勇　闫淑惠　黄　璪

摘　要：随着互联网和网络技术的发展，互联网提供了丰富多样的网络教育资源。本文介绍了"环境保护"专题学习网站的建设过程，并在中学进行教学实践作初步探讨。

关键词：课程整合；专题学习网站；环境保护

1　引言

以计算机技术、网络技术为代表的当代信息技术，已经伸至整个社会的各个领域，目前世界各国都在加强教育信息化，把教育信息化作为整个教育改革的突破口，加大政府投资力度，加快教育信息化过程。我国新一轮基础教育课程改革提出"大力推进信息技术在教学过程中的普遍运用"，"促进信息技术与学科课程的整合，逐步实现教学内容的呈现方式、学生的学习方式和师生互动方式的变革"。专题学习网站的建设与应用作为信息技术与课程整合的新视点，得到越来越多专家以及中小学校的重视，其形式和内容也在不断丰富。实践也证明专题学习网站的作用不仅体现在课堂教学过程中，还体现在综合实践活动和研究性学习活动中，提高了学生发现、分析和解决问题的能力，也提高了学生的创新精神和实践能力[1]。这对于推动我国基础教育教学改革、促进教育信息化具有重要的意义。

2 “环境保护”专题学习网站选题背景

20世纪以来，随着科学技术的迅猛发展，人类创造了空前丰富的物质财富。与此同时，自然资源的过度开发和消耗，污染物的大量排放，导致全球性的资源短缺、环境污染和生态恶化，诸如酸雨、温室效应、臭氧层变薄及地面臭氧污染、物种灭绝、淡水危机、废物处理问题。保护环境、保护地球已成为人类共同的呼声。在中小学开设环境保护教育，让学生掌握环保知识、树立环保意识、建立环保观念，这种教育对提高我国国民素质、建设人类和谐生存环境有着十分深远的意义。

新一轮的化学基础教育课程改革相当重视环境保护教育，在高中化学新课程《化学与生活》中专门设置“环境保护”专题内容，引导学生“从生活走向化学，从化学走向生活”，让学生深化对环境污染危害的认识，并利用化学知识对生活中的问题作出判断与解释，寻求解决的途径，体会化学在环境保护中的积极作用，树立可持续发展的观念[2]。“环境保护”专题内容的学习强调学生主动参与学习活动，关注学习内容与生活的经验相关，注重探究能力、问题解决能力、团队合作能力与交流能力的培养。而现代信息技术能够提供多元的信息资源支持学生的学习活动，基于上述情况，我们提出构建“环境保护”专题学习网站，促进信息技术与“环境保护”学习整合。

3 “环境保护”专题学习网站的设计

专题学习网站就是指根据教育学、心理学、学习论等理论围绕某一专题为学习者开发设计的资源型学习网站。它强调从学生自身的兴趣和学习经验出发，在教师的指导下，学生选择确定主题，主动学习或模仿科学研究的过程，亲自体验获取知识、运用知识、解决问题的学习过程，以此来完成主题的学习，从而培养学生的创新精神和提高学生的实践能力；同时让学生学会合作与分享，培养学生科学意识和科学品质及对社会的责任心和使命感[3]。

3.1 专题的选定与设计

专题的选择直接决定了整个专题学习网站知识的组织结构以及在专题网站上展开的教学应用的范围，因此确定专题是关键。一个好的专题应由不同的知识（专题）单元所组成，这些不同的知识单元又由相应的知识点构成[4]。遵照以上原则，以化学新课程标准为指导，我们将《化学与生活》课程中的“环境保护”内容确定为本网站建设的专题，在“环境保护”专题下，我们设置了三个主题为“改善大气质量”“爱护水资源”“垃圾资源化”，三个主题各自又由不同的知识点构成，此外我们还设置了“更多的探究主题”，以满足学生的不同兴趣爱好和开展进一步的研究性学习。“环境保护”专题学习网站的建设坚持“学生为本”，以新化学课程标准理念和专题学习网站的理论为指导，在内容设计上转教师的“教”为学生的“学”。网站整体架构清晰明了、操作简单、易于使用；体现出“丰富的媒体资源、多向互动与协作、交互性、界面直观友好等原则”[5]。

3.2 开发流程

“环境保护”专题学习网站的设计，主要是针对人教版高中新课程《化学与生活》中环境保护内容进行设计，面向的主要是高二的学生，当然其他年级的学生也能参与其中学习交流。在实际的开发过程中，经历了项目分析→网站设计→网站制作→上传测试→维护更新五个步骤，具体流程如图1所示。

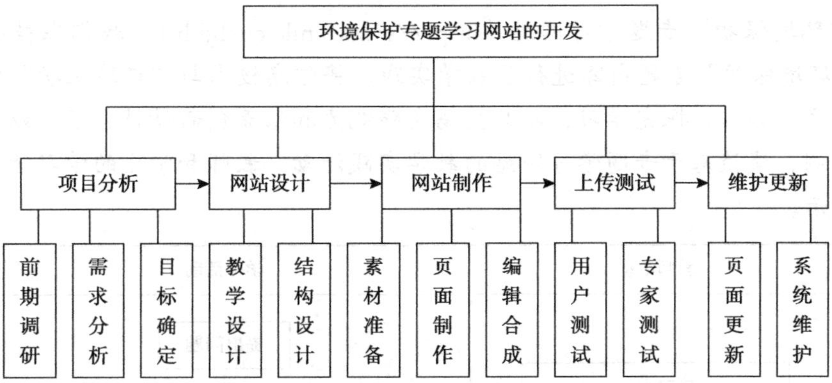

图1 环境保护专题学习网站的开发流程

3.3 技术环境

“环境保护”专题学习网站开发设计采用了Microsoft公司推出的Windows 2003 Server操作系统平台；服务器为IIS（Internet Information Server）；数据库方面选用了Microsoft公司的Access数据库；在基本页面及BBS论坛制作过程中，主要使用了Dreamweaver MX2004应用程序、ASP技术、HTML与VBScript语言。依托中国微型化学实验研究中心的服务器平台在互联网上运行（网址为：http://www.cmlc.cn/hjbh 或 http://www.cmlc.gxnu.edu.cn/hjbh）。

3.4 内容结构框架

华南师范大学现代教育技术研究所李克东教授认为：专题学习网站至少应包括专题基础知识、专题拓展资源、讨论交流学习工具和专题学习评价四部分。我们根据这四部分和“学习专题网站”的指导思想，设计了如图2所示的架构。

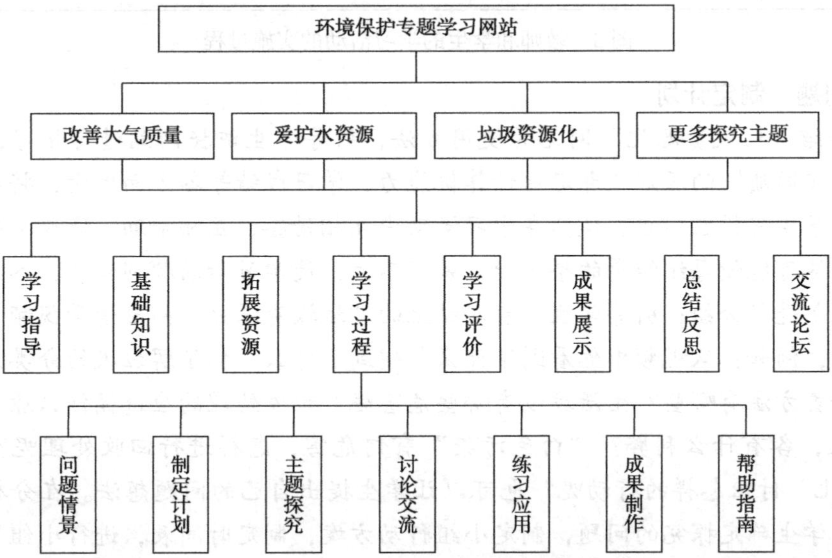

图2 网站内容结构框架

4 “环境保护”专题学习网站的应用实践

依托“环境保护”专题学习网站（http://www.cmlc.cn/hjbh），我们在桂林中学高二243班对“环境保护”专题内容进行了教学实践，将信息技术与“环境保护”学习整合，引导进行自主、合作、探究学习，以此提高实践能力和培养创新精神。下面以“垃圾资源化”主题为例，谈谈基于专题学习网站的教学实践活动。教师和学生的学习活动的实施过程如图3所示。

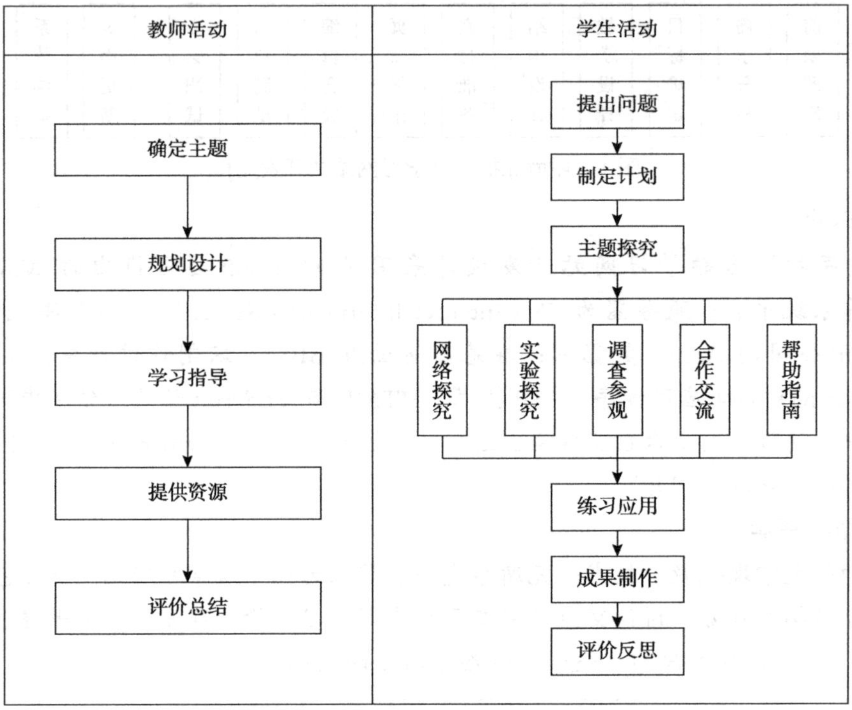

图3　教师和学生的学习活动的实施过程

4.1 提出问题、制定计划

首先介绍“垃圾资源化”网站的使用方法，引导学生依托网站进行学习，按照“同组异质，异组同质”的原则（即考虑计算机能力、学习成绩等各方面因素，将各方面能力不同水平的学生安排在同组，使其在学习活动中互相借鉴，互相帮助，取长补短，共同进步；同时，尽可能使每组组员的整体能力差距不大，使学习活动顺利开展，各组间的成果具有可比性）进行分组；引导学生观看网站上的“垃圾资源化”问题情景视频，提出有关垃圾的问题，例如：从视频中你看到了什么，想到了什么？你了解垃圾的分类方法吗？常见的垃圾分类方法有哪些？生活垃圾有哪些危害呢？垃圾处理的应遵循什么原则，常用什么方法处理，各有什么利弊？“白色污染”有何危害，怎样进行回收处理呢？你准备为“垃圾资源化”付出怎样的行动呢？也可以让学生提出自己的问题想法。在分析问题情景的基础上，学生确定探究的问题，制定小组行动方案，制定时间表，进行小组协作分工，明白各自任务、目标分析所需资源。

4.2　主题探究

在教师的指导下，学生通过网络探究、调查参观、实验探究等途径进行主题探究。第一、网络资源利用探究。教师提供与学习主题相关的资源目录、网址和资料收集方法和途径（包括与主题相关课件、图片、视频、文字学习资源、学习工具、网站等）；学生在网络环境中，通过浏览器浏览相关网页和资源。学生对所获得的信息和资源进行思考、分析、加工、处理、去伪存真、选优除劣，从而获得垃圾资源化的基础知识，例如：将生活垃圾分类；垃圾资源的再生利用；垃圾的无害化处理；白色污染的危害及处理，直接用作材料，或采用化学方法将废弃塑料转化为有用的物质进行回收利用等。第二，调查参观，亲身体验。学生为了加强对污水处理知识的理解，获得一些实践性知识（这些知识往往是通过其他途径无法获取的，如网上搜索、查找书籍等），我们组织学生参观考察了桂林市七里店污水处理厂，对有关污水厂设计、规划、建设、投入生产全过程进行了解，接着在技术员的解说下对污水处理各个环节进行考察。了解了生化法、物理法、处理污水的全过程，见识了污水变清的变化过程。同学们组织成立"环保活动小组"，在学校宣传环保思想，带头爱护和保护环境，从小事情做起，从身边做起，将环保意识转为实际行动，同时写环保小论文，写心得体会。第三，实验探究。化学是一门以实验为基础的自然学科，实验探究是化学学习的重要学习方式。让学生亲自体验实验探究的过程，加深对科学本质的认识，培养创新精神和实践能力。实践活动一，将废弃的塑料碎片（如透明三角板、牙刷柄等）放入圆底烧瓶中，加入碎玻璃渣和适量氧化铝作催化剂，用酒精灯加热，可发现生成能使高锰酸钾或溴水褪色的有机物质，引导学生从这些现象比较中科学地抽象出聚苯乙烯进行热裂解生成简单小分子乙烯、丙烯等的化学原理。实践活动二，常用于冰箱、彩电等家电的包装材料体积大，作为垃圾运送时不方便，如何用科学方法减少泡沫塑料的体积便于回收呢？把我们平时吃的橘子、橙子的皮弄破，挤出液体，在塑料上，可发现塑料溶解。

4.3　练习应用、成果制作

学习活动完成后，学生主动完成网站上提供的相应作业习题，看是否能顺利解答，否则需要继续学习，完成主题探究。学生分小组将探究的主题、收集的资料、得出的结论、学习体会等制作成为电子作品，展示成果的形式不限，实物、Word 文档、PowerPoint 幻灯片、网页、动画均可。电子作品应体现以下指标：思想性，内容积极、健康向上；主题明确，能够科学表达完整的意义；创造性，题材新颖，构思独特，设计合理，原创成分高；艺术性，版面设计生动活泼，色彩搭配协调，表现风格引人入胜；技术性，能够根据作品内容的需要选用恰当的制作工具和制作技巧，合理充分地运用特效处理。

4.4　交流评价

学习活动结束时，以小组为单位进行成果汇报。各个学习小组互相交流学习过程中的经验、分享作品制作的成果和喜悦。成果的交流形式可以多种多样，如报告会、展览会、辩论会等。参加成果交流的参与者可以是本校老师、学生，家长、教育科研院所专家等。在评价时应强调定性与定量、形成性与终结性、自评与他评良好结合。

5 结束语

利用专题网站结合化学新课程内容“环境保护”进行教学，无疑给化学新课程教学注入了新的活力，它不仅为学习者提供了丰富的学习资源，还为学习者提供了功能强大的协作平台和专题研讨区，为学习者开展协作学习、交流和探讨相关问题、展示自己的学习成果提供了良好的舞台，通过教学实践分析可得出“环境保护”专题网站教学对学生能力提高、知识获取、合作情况、学习态度、任务完成、环保知识、环保意识、环保行为等方面效果良好。信息技术与课程整合中“整合”的实质与落脚点是变革传统的教学结构，创建新型的、既能发挥教师主导作用又能充分体现学生主体地位的以“自主、探究、合作”为特征的教与学方式，落实创新精神与实践能力培养的目标[6]。所以“环境保护”专题学习网站作为信息技术与课程整合的新模式，其建设与教学都应以实现整合实质这一目标，落实创新精神与实践能力人才的培养。在专题学习网站的建设与教学实践中，还应该重视生活化的问题情境创设；重视各方面的体验学习；加强信息化教学评价系统建设；加强信息技术环境下的教学法研究等[7]。这些举措对推动新课程实施、促进教育信息化具有重要的意义。

参考文献：

[1] 陈庆贵 . 我国中小学专题学习网站建设与应用现状 [J]. 中小学信息技术教育，2006（10）：45-47.

[2] 王祖浩，王磊 . 普通高中化学课程标准（实验）解读 [M]. 武汉：湖北教育出版社，2004：78.

[3] 黄璨，张世勇 . 利用化学网络教育资源开展化学研究性学习 [J]. 天津师范大学学报（基础教育版），2006（3）：69-72.

[4] 周静，赵志靖 . 关于专题学习网站建设的几点理性思考 [J]. 中国电化教育，2006（8）：73-74.

[5] 郑志群 . 中小学专题学习网站的设计策略 [J]. 电化教育研究，2002（6）：72-74.

[6] 何克抗 . 信息技术与课程深层次整合的理论与方法 [J]. 电化教育研究，2005（1）：7-14.

[7] 张世勇 . “环境保护”专题学习网站的设计与实践研究 [D]. 桂林：广西师范大学，2007.

（本文选自张世勇、闫淑惠、黄璨《现代教育技术》2008 年第 18 卷第 4 期 72~74 页，略有修改。）

7.4 化学试题研究

7.4.1 核心素养视角下高考化学实验题的历时分析（2015~2017）

核心素养视角下高考化学实验题的历时分析（2015~2017）

张世勇 宋红玲 黄鑫羽

摘 要：以 2015~2017 年北京、上海、天津、浙江、江苏、广东 6 个省市的高考化学实验题为研究对象，从试卷结构、呈现方式、知识拓展、学科内容、学科思想、核心素养等维度对高考化学实验题进行多角度分析。研究发现：化学实验试题注重基础知识与基本技能的考查，关注学生的社会责任感培养，重视科学探究能力的考查。为了更好地养成学生的化学核心素养，化学实验教学应夯实“双基”，关注学生核心素养的养成；密切化学学科与科技、社会、生活的联系，培养学生的社会责任感；重视探究实验和创新能力的养成，培养学生的实验思想和知识迁移能力。

关键词：核心素养；化学实验；特点与启示

化学核心素养包括“宏观辨识与微观探析”“变化观念与平衡思想”“证据推理与模型认知”“科学探究与创新意识”“科学态度与社会责任”[1]。其中，“宏观辨识与微观探析”强调学生通过观察、辨识一定条件下物质形态及变化的宏观现象，初步掌握物质及其变化的分类方法，能从物质的微观层面理解其组成、结构和性质的联系，形成“结构决定性质，性质决定应用”的观念；“变化观念与平衡思想”指物质是不断运动的，化学变化需要一定的条件，在化学实验中颜色、状态的变化能体现物质的性质，化学反应是一个看似没有变化其实一直在运动的状态；“证据推理与模型认知”指化学实验题通过观察到的实验现象和数据推理出正确的答案；“科学探究与创新意识”在中学化学实验中以探究实验为主，在化学实验试题的命制中提倡勇于创新；“科学态度与社会责任”指化学是以实验为基础的自然科学，学生要有严谨求实的科学态度，同时具备节约资源、保护环境的意识，能够参与有关化学问题的社会实践的活动。

化学是以实验为基础的自然科学，化学实验重视学生实验基本操作和技能的养成，要求他们运用所学知识和技能进行实验装置设计和处理，其对学生学科核心素养的养成有重要的作用，同时，实验题也是高考考查的重要内容。本研究从化学学科素养的视角，以2015~2017年北京、上海、天津、浙江、江苏、广东六个省市（囊括全国卷和自主命题卷）高考化学实验题为研究对象，对化学实验题的特征进行研究，以促进实验教学和化学核心素养的培养。

1 分析框架

文章从试卷结构、呈现方式、内容情境、学科知识、学科思想、核心素养等维度来研究高考化学实验题的特征[2]，具体框架见表1。笔者首先从实验题分值比重统计入手，然后再一一对考查方法、内容、知识点、学科思想、核心素养等进行分析，最后把所有结果进行归纳分析，揭示高考化学实验题的命题特征[3]。

表1 化学实验题的分析框架

分析视角	特征指标	具体说明
试卷结构	试卷结构	试卷类型，试卷总分，小题总数，比重
呈现方式	题型	题型分为选择题，填空题
	信息表达	试题的“文字表述”“化学用语”（元素符号、化学式、化学方程式等）“数据（表）”“关系曲线”“装置图”“流程图”等

续表

分析视角	特征指标	具体说明
知识拓展	科学、技术、社会、环境（STSE）内容	试题与科技、社会、环境相结合。了解与化学有关的资源、能源、材料等问题
学科内容	知识要点	考查的知识点罗列出来，得出命题的一般规律
学科思想	学科思想	结构决定性质思想、平衡与守恒思想、宏观与微观思想、量变与质变、定性和定量、绿色化学思想、实验探究思想
核心素养	核心素养	“宏观辨识与微观探析”“变化观念与平衡思想”“证据推理与模型认知”“科学探究与创新意识”“科学态度与社会责任”

2 结果与讨论

2.1 试题结构

2.1.1 试卷类型和分值比重

表2 化学实验题试卷类型及分值比重统计

省市	年份	试卷		化学实验题		
		类型	满分	小题总数	总分	比重/%
北京	2015	理综	100	2	21	21
	2016	理综	100	3	22	22
	2017	理综	100	2	14	14
上海	2015	单卷	150	4	30	20
	2016	单卷	150	4	30	20
	2017	单卷	150	4	21	14
天津	2015	理综	100	1	18	18
	2016	理综	100	2	24	24
	2017	理综	100	2	24	24
江苏	2015	单卷	120	3	21	17.5
	2016	单卷	120	3	21	17.5
	2017	单卷	120	5	21	17.5
浙江	2015	理综	100	1	15	15
	2016	理综	100	1	15	15
	2017	单卷	100	2	20	20
广东	2015	理综	100	2	23	23
	2016	理综	100	2	20	20
	2017	理综	100	2	20	20

注：① 2015 年北京、上海、天津、浙江、江苏、广东六个省市都是自主命题。

② 2016 年、2017 年广东卷采用全国卷Ⅰ，另外五个省市采用自主命题。

③上海和江苏采用单卷，化学与生物、物理分开，不在同一张试卷中。

表2统计了化学试卷的类型和实验题的分值比重。其中，6个省市2015~2017年高考化学实验题的分值比重变化幅度较小，趋于稳定。大部分省市化学实验试题在理综试卷中，由于篇幅和分数有限，基本上考两题左右，只有江苏和上海是单卷，因为题目数量多，所以考查的题量也相对多一些，但分值比重与全国卷的比例差别不大。

统计显示，实验题的考查数量和分数逐年有所增加，如浙江2015年、2016年实验题的考查比重为15%，2017年增加到20%；天津卷2015年是18%，后两年增加到24%。江苏稳定不变，一直是17.5%。总体来说，化学实验题的分值比重稳中有升，大部分保持在20%左右，说明高考化学实验题越来越得到命题者的重视。

2.1.2 题型结构

化学实验题有两种类型，一是选择题，二是填空题。其中，选择题又分为单选题和多选题。

表3 化学实验题题型结构统计

省市	年份	选择	填空	省市	年份	选择	填空
北京	2015	1	1	上海	2015	2	2
	2016	2	1		2016	2	2
	2017	0	2		2017	3	1
天津	2015	0	1	江苏	2015	2	1
	2016	1	1		2016	2	1
	2017	1	1		2017	2	1
浙江	2015	0	1	广东	2015	1	1
	2016	0	1		2016	1	1
	2017	3	2		2017	1	1

由表3可知，化学实验题考查形式比较简单，多为选择题和填空题，基本上是一道选择题加一道填空题。但也有例外，如2015年天津只考了选择题，浙江前两年只考了填空题，2017年浙江和上海出现3道选择题，不过江苏、广东等省出题形式比较平均，基本没有什么变化。统计显示，填空题的考查概率比选择题大，原因是因为填空题设问多、跨度大、覆盖面广、形式灵活多变，能有目的地把一些看似无关的问题综合起来，既可以体现考生对知识点的灵活应用和基本运算能力，也可以从侧面体现出考生的实验技能。因此，填空题在设计和考查上都有一定的难度。

2.2 试题内容

2.2.1 试题选材

对2015~2017年6个省市试卷中涉及STSE内容的实验题比重进行统计（详见表4），结果发现，高考化学试题背景材料大多来自现实生活情境，内容涵盖医药、材料、能源、生活与日用品、化工、环保、现代技术等范畴。

表4 化学实验题中STSE内容的统计

省市	年份	比重/%	省市	年份	比重/%
北京	2015	0	上海	2015	8
	2016	0		2016	16
	2017	13		2017	8

续表

省市	年份	比重 /%	省市	年份	比重 /%
天津	2015	18	江苏	2015	0
	2016	18		2016	0
	2017	0		2017	12.5
浙江	2015	15	广东	2015	17
	2016	0		2016	14
	2017	10		2017	14

从表 4 可以看出化学实验题涉及 STSE 内容的考查比重：广东卷对 STSE 内容的考查比较稳定，三年来的考查比重均在 15% 左右；天津卷 2017 年未考查，但 2015 年、2016 年的比重高达 18%；2015 年、2017 年上海卷只有 8%，2016 年达到 16%；北京卷和江苏卷从 2017 年开始考查 STSE 的内容，比例达到 12% 以上；浙江卷 2016 年未考查该项内容，但 2015 年、2017 年的考查比例均在 10% 以上。

由科学、技术、社会、环境构成的 STSE 教育强调科学、技术、社会、环境的相互关系，重视科学技术在社会生产，生活环境和社会发展中的作用，是指导和实施学科教育的新理念。科学技术的迅速发展在为人类创造高度物质文明的同时，也带来了能源、资源、材料、环境、健康等问题，这些问题的解决都与化学研究有关。作为自然科学的中心学科，化学与人类生活、社会环境、经济的发展以及新技术领域的关系十分密切，因此，渗透和加强 STSE 教育已经成为化学教学的共识。

高考化学卷对 STSE 内容的考查越来越重视。例如，2016 年天津卷第 9 题以人类生活和社会环境为命题背景，让学生在真实的情景中体验物质含量的测定、滴定实验及相关计算的知识，体验从化学的视角了解与解决问题，体现了“科学探究与社会责任”的化学核心素养。这道题目看似很难，其实所考的内容都是基础知识及其课外延伸[4]。课本上并没有提到物质含量测定的具体方法，需要学生具备灵活运用基础知识的能力和一定解决实际问题的能力。与此同时，化学反应方程式的书写及配平是中学生必须掌握的基本技能，解答本题时，能够顺利地配平方程式并找到物质间的定量关系是计算的基础和关键，解答时还要注意单位的转换，实验题的设计致力于考查学生将基础知识和技能与科学、技术、社会实践的结合。

2.2.2 信息表达方式

对 2015~2017 年 6 省市化学卷中实验题的信息呈现方式进行统计，结果见表 5。

表 5 化学实验题信息呈现方式统计

省市	文字表达	化学用语	数据表	关系曲线	装置图	流程图
北京	2	2	2	1	3	1
上海	2	2	1	0	3	2
天津	1	1	1	0	2	1
江苏	3	3	0	0	3	2

续表

省市	文字表达	化学用语	数据表	关系曲线	装置图	流程图
浙江	1	1	1	0	2	2
广东	2	3	1	0	3	0
比重 /%	20.04	22.22	11.11	1.85	29.62	14.81

从表5可以看出，2015~2017年化学实验题中装置图的比重为29.62%，所占比例最大，考查概率较高；其次为文字表达、化学用语，分别是20.04%和22.22%；再是流程图和数据表；最少的是关系曲线，只有1.85%，6个省市中只有北京卷以这种信息呈现方式命题。采用关系曲线和数据表的考查形式在2017年再次出现，这是一个新的命题趋势，说明命题者更加注重试题呈现方式的多样性。例如，2017年的北京卷第26题第（1）题第一个小问，根据给出的两个方程式，写沸腾炉中加碳氯化生成 $TiCl_4$（g）和CO（g）的热化学方程式；第二问给出了CO和 CO_2 相互转化随温度变化的曲线图，判断 CO_2 生成CO反应的 ΔH。这些题目的呈现方式有流程图、数据表、文字表达、曲线图、化学用语，学生既可以养成分析处理数据、图像识别等多方面的能力，体现了核心素养中“证据推理与模型认知”的要求，还能在众多数据及图表中自主提取有用信息，将其内化为自身素养的能力。

2.2.3 化学学科知识要点的考查

对2015~2017年6省市高考化学实验题知识要点的考查情况进行统计，结果见表6。

表6 实验题考查知识点的统计

省市	年份	仪器及实验装置	试剂的保存及取用	化学实验的基本操作	重要性质的测定	物质的制备、净化、收集	物质的除杂、鉴别	定量分析及产率计算	实验的设计、探究、评价
北京	2015	2	0	6	0	0	0	0	12
	2016	0	0	6	0	0	0	0	16
	2017	0	0	3	0	4	2	0	5
上海	2015	0	3	0	0	0	0	0	15
	2016	0	0	11	1	7	3	1	9
	2017	2	1	8	0	6	0	0	3
天津	2015	2	0	4	6	6	0	0	0
	2016	6	0	4	0	0	2	6	0
	2017	2	2	8	0	0	0	6	2
江苏	2015	0	0	6	0	0	3	0	12
	2016	2	0	9	0	3	2	0	6
	2017	0	0	7	0	3	2	0	10
浙江	2015	2	0	7	0	0	0	3	2
	2016	2	0	6	0	0	2	2	2
	2017	4	0	6	2	0	2	0	4

续表

省市	年份	仪器及实验装置	试剂的保存及取用	化学实验的基本操作	重要性质的测定	物质的制备、净化、收集	物质的除杂、鉴别	定量分析及产率计算	实验的设计、探究、评价
广东	2015	0	0	6	0	0	6	2	7
	2016	4	0	6	0	0	0	0	0
	2017	6	0	6	0	4	0	4	10
比重 / %		9.34	1.64	29.95	2.47	9.07	6.59	7.14	33.8

高考化学实验题一般考查 8 个知识点：仪器及实验装置；试剂的保存及取用；化学实验的基本操作；重要性质的测定；气体的制备、净化、收集；物质的除杂、鉴别；定量分析及产率计算；仿真实验的设计、探究、评价[5]。从表 6 中的数据可以看出，化学实验的基本操作和实验的设计、探究、评价[6]这两类考得最多，均在 30% 左右；其次是仪器及实验装置，物体的制备、净化、收集在 9% 以上；物质的除杂、鉴别、定量分析及产率计算在大约为 7%；试剂的保存及取用，重要性质的测定两种考得最少，大约只有 2%。在高考化学实验题考查的 8 个知识点中，仪器及实验装置、试剂的保存及取用、化学实验的基本操作、气体的制备净化收集、物质的除杂和鉴别大多数属于基本知识的考查，而重要性质的测定、定量分析及产率计算以及仿真实验的设计、探究、评价主要考查学生的思维能力。统计显示，化学实验题考查的知识点多为教科书中的相关知识，但并不局限于书本知识，学生不是简单记忆便可拿分，需要根据书本知识举一反三、触类旁通方可解答。

2.2.4 化学学科思想的考查

《普通高中化学课程标准》并没有对化学思想进行分类，也没有对化学思想概念作出明确的界定，但化学学科思想的学习与考查一直是高考化学关注的要点。化学学科思想是化学学科的灵魂，是人们在认识化学的实践活动中形成的一种思维方法和思想意识，是对化学本质、特征与学科价值的基本认识，是对知识的总结与升华[7]。化学实验现象是物质发生变化的标志，其本质是物质发生了变化，包括物理变化和化学变化，这就需要通过化学学科思想来分析现象、揭示本质。与此同时，化学核心素养与化学思想也有着密切的联系，例如实验探究思想与核心素养中的“科学探究与创新意识”是一致的。现有学者对化学学科思想的分类主要包括：结构决定性质思想、平衡与守恒思想、宏观与微观思想、量变质变、定性和定量、绿色化学思想、实验探究思想[8]。表 7 统计了化学实验题对化学学科思想的考查情况。

表 7 化学学科思想的考查情况

省市	年份	结构决定性质思想	平衡与守恒思想	宏观与微观思想	量变质变	定性和定量	绿色化学思想	实验探究思想
北京	2015	1	2	0	1	0	0	1
	2016	1	0	1	1	1	0	1
	2017	1	0	1	1	0	1	1

续表

省市	年份	结构决定性质思想	平衡与守恒思想	宏观与微观思想	量变质变	定性和定量	绿色化学思想	实验探究思想
上海	2015	1	1	1	1	0	1	1
	2016	1	1	0	1	1	1	1
	2017	1	0	0	0	0	0	1
天津	2015	0	2	1	1	0	1	0
	2016	1	1	0	1	1	1	0
	2017	1	0	0	1	1	0	1
江苏	2015	1	0	0	1	1	0	1
	2016	1	1	1	1	0	1	1
	2017	1	0	0	1	1	2	1
浙江	2015	0	0	0	1	1	0	1
	2016	1	0	0	1	1	0	1
	2017	2	0	1	1	0	1	1
广东	2015	1	1	1	1	0	1	0
	2016	1	0	0	1	1	1	1
	2017	0	1	0	2	1	0	1
比重 /%		18.40	11.50	8.05	20.67	11.50	12.64	17.24

从表 7 可以看出，化学实验题涉及的学科思想中量变与质变为 20.67%，所占比例最大；其次是结构决定性质思想，为 18.40%；最少的是宏观与微观思想，只有 8.05%。值得一提的是，大部分化学实验题考察了学生多种化学学科思想的综合运用，而不是某一种化学学科思想的简单运用。生活中的实际问题大多是复杂问题，而不是只利用某一个知识点或是思想便可解决，采用多思维的命题方式，不仅考查范围广，而且注重学生对知识的综合运用，对他们今后解决实际问题也能有所帮助。

2.2.5　化学核心素养的考查

高考化学实验题对学科核心素养的考查可从五个维度进行统计，内容详见表 8。

表 8　化学核心素养的考查情况

省市	年份	宏观辨识与微观探析	变化观念与平衡思想	证据推理与模型认知	科学探究与创新意识	科学态度与社会责任
北京	2015	0	2	1	1	0
	2016	1	0	1	1	0
	2017	1	0	1	1	1
上海	2015	1	0	0	1	1
	2016	0	1	1	1	1
	2017	0	0	0	1	0

续表

省市	年份	宏观辨识与微观探析	变化观念与平衡思想	证据推理与模型认知	科学探究与创新意识	科学态度与社会责任
天津	2015	1	0	1	0	1
	2016	0	0	0	0	1
	2017	0	0	1	1	0
江苏	2015	0	0	0	1	0
	2016	1	0	1	1	1
	2017	0	0	2	1	2
浙江	2015	0	0	1	1	0
	2016	0	0	0	1	0
	2017	1	0	1	1	1
广东	2015	1	1	1	0	1
	2016	0	0	0	1	1
	2017	0	1	0	1	0
比重 /%		14	10	24	30	22

通过以上的分析可以看出，化学实验题在考查学科核心素养时，科学探究与创新意识所占的比重最大（30%），这与中学提倡培养学生的实验探究能力和创新能力的教学情况相符合。其次是证据推理与模型认知（24%），证据是科学认证的基础证据推理能力的培养，能为学生今后解决社会问题提供帮助，科学态度与社会责任所占比重也不能忽视，具有严谨求实的科学态度是学生进行化学实验的首要条件，与此同时，践行绿色低碳、节约资源的生活方式不是一个人的事情，需要大家共同努力，养成学生的环境保护意识和责任感也是化学教学的当务之急。作为化学学科必不可少的两个部分，宏观辨识与微观探析以及变化观念与平衡思想所占比例却较小，这是因为该部分考查内容比较抽象难懂，难度较大，学生需要有更高层次的理解之后才能更好地掌握。

3 高考化学实验题的特征

基于上文的统计可以看出，核心素养导向下的高考化学实验题有以下四个特点。

3.1 注重化学实验基础知识与基本技能的考查

高考化学实验题很注重学生化学实验基础知识与基本技能的考查，例如，对于实验的基本操作，仪器及实验操作，试剂的存放，物质的分离提纯、蒸馏、萃取等操作考查得较多，作为化学学习中的基本技能，这些实验操作都是以选择、填空的方式进行命题的，要求学生用文字表达平时所做的操作，考查的知识点大部分来源于教科书，内容大多是化学实验基础知识，如氧气的收集与检验、尾气的吸收、酸碱性的检验、滴定管的使用等。例如，2017 年天津卷第 5 题考查了制备乙炔的装置图，蒸馏时的接收装置，除杂、滴定管的读取方法，这些内容注重基础，也比较容易得分，学生需要在平时的学习中不断地积累，熟练操作。

3.2 关注学生的社会责任感培养

“科学态度与社会责任”是高中化学核心素养之一，从近三年的高考化学实验题可以看出，除了考查学生的“双基”，高考化学十分强调并鼓励学生应用化学知识去解决社会相关问题，关注学生科学态度与社会责任感的养成。例如，2015年的天津卷第9题对废旧电路板进行回收利用，从中提取铜和制取胆矾；2016年天津卷第9题以水中溶氧量的测定为载体，考查了物质含量的测定、滴定实验及相关计算的知识；2016年全国1卷第26题对大气污染物氮的氧化物进行处理。这些主题都强调了环境保护、节约资源的重要性，很大程度上加强了学生的社会责任感。

3.3 重视科学探究能力

科学探究既是化学核心素养的重要内容，也是新高考化学命题的趋向。实验题从物质的组成、性质、变化现象等维度展开考查。“科学探究与创新意识”指认识科学探究是进行科学解释和发现、创造和应用的科学实践活动；能发现和提出有探究价值的问题；能从问题和假设出发，依据探究目的，设计探究方案，运用化学实验、调查等方法进行实验探究；勤于实践、善于合作、敢于质疑、勇于创新[1]。为了考查学生的探究能力，命题人员在设计化学实验题常见的思路是，要求学生根据题目给出的信息，提出假设与猜想，并根据探究的目的，设计出合理的实验方案，运用简单的实验仪器与药品完成实验，验证提出的假设与猜想是否正确[9]。通过探究实验，既能提高学生的实验能力和操作能力、信息处理能力、综合分析能力，又能促进化学实验的教学功能由单纯的知识传递转化为学生核心素养的培养。

3.4 重视试题背景材料的创新以及学生思维开发性的考查

高考化学实验题的创新之处主要体现在：试题背景材料注重多学科交叉，选取生产和生活、自然与社会、科学与技术等方面素材作为题干内容；试题注重考查学生思维的开放性、方法的多样性，提倡考生通过分析判断、演绎推理、联想转化、尝试探索、猜想验证等多种思维方式，从多个角度、多个层次回答问题。例如，2016年上海卷第6题以乙酸乙酯广泛应用于药物、染料、香料等工业为素材，引出所要提问的问题和内容，需要考生通过分析判断、联想转化、尝试探索、猜想验证等多种思维方式，从多个角度、多个层次回答问题。与此同时，实验题的呈现方式也更加多样化，如文字表达、化学用语、数据表、关系曲线、装置图、流程图等，这样不仅能考查学生对知识的掌握程度，还能体现学生思维的转化。例如，2015年广东卷第33题展示了制备氨气的装置图，要求考生在进行氨气的性质检验时绘制表格，并作数据统计，以此考查学生对化学思想、科学方法的掌握，能够培养学生的创新意识。

4 启示与建议

随着高考改革的深入与普通高中化学课程标准的修订与实施，考试内容将更加注重对学生学科核心素养的考查与培养。高考化学实验题的考查除了关注基础知识与基本技能的综合应用，更注重学生科学探究能力与社会责任感的养成；除了要求学生具备实验探究能力，更注重学生全面、可持续发展意识的培养。为了更好地提升学生的化学核心素养，化学实验教学应回归教科书，夯实“双基”，密切联系学科与社会生活，培养学生的实验思想和知识迁移能力。

4.1 夯实“双基”，重视科学素养的教育

化学教学不仅是化学知识的教学，更重要的是进行科学方法教育和科学探究能力的培养，“化学学科的基础知识、基本技能”和“科学方法的基础知识、科学探究的基本技能”构成了化学教学“双基”的重要组成部分。学生无论是体验科学探究过程、掌握科学方法，还是形成科学态度和价值观都离不开化学学科的基础知识和基本技能，学生一旦掌握了科学方法，形成了科学探究技能以后，又可以促进学生对化学学科基础知识和基本技能的掌握以及科学态度和价值观的养成[10]。

在以往的化学教学中，实验教学常游离于“双基”教学之外，其多停留在少数演示实验的简单展示或分组实验的机械模仿上，学生多习惯于验证性实验，对基础知识和基本技能没有形成系统性的认识。中学化学实验总共有183个，主要包括有机实验、无机实验、概念原理实验三大类，涉及的知识点和技能包括：仪器及实验装置的使用；试剂的保存及取用；实验的基本操作；重要性质的测定；气体的制备、净化、收集；物质的除杂、鉴别；定量分析及产率计算；仿真实验的设计、探究、评价等。基于繁杂的知识点和技能操作要求，教师可以设计模式多样的实验，将化学实验各个知识点和操作要求串联起来，依据化学核心素养的要求，着力培养学生的化学学科素养、化学信息素养、化学语言素养、化学思维素养、跨学科合作综合素养以及情感、态度和价值观等，帮助学生构建化学实验知识和技能体系。

4.2 密切化学学科与科技、社会、生活的联系，培养学生的社会责任感

《普通高中化学课程标准》明确提出：化学教学要使学生体验科学探究的乐趣，教育学生珍惜资源、爱护环境，关注与现代社会有关的化学问题，增强对自然和社会的责任感。化学实验教学应该渗透STSE教育理念，提高学生对科学相关社会问题的判断力，培养学生节约资源、保护环境、低碳生活等可持续发展意识。教师应该多关心社会热点问题和社会信息，把这些与化学实验结合起来，鼓励学生从已有的经验和认知的角度去解决与化学有关的社会问题[11]，如水资源匮乏、新型环保电池、有机高分子材料的合成等。教师需要对教科书中的实验内容和操作进行拓展，引导学生了解化学在日常生活中的重要性，学会利用化学知识去解决社会生活中的一些问题。

4.3 重视探究实验和创新能力的养成

化学实验教学传统的模式是“传授知识—演示实验—观察实验—验证结果—概况总结”，这种重视知识传授的实验教学忽视了学生学习的主动性和探究性。《普通高中化学课程标准》指出：通过实验探究活动掌握基本的化学实验技能和方法，进一步体验实验探究的基本过程，体验和了解化学科学研究的一般过程和方法，认识实验在化学科学研究和学习中的重要作用。由此可见，探究能力和创新能力是化学实验教学不可忽视的内容。

作为近几年高考化学实验题考查的热点，实验探究和创新能力的养成并非一蹴而就，除了验证性实验，教师应该合理安排探究性实验的教学内容，让学生自己设计实验、动手实验、观察现象、分析数据，在化学实验中探寻现象的本质和问题的解决方案，提高学生

化学实验操作的积极性；同时鼓励学生注意观察生活中的化学现象，对日常生活中的化学现象产生好奇心，激发学生对化学学习的探究兴趣，带领他们用化学实验解决生活中的实际问题，感受到化学的实用性和价值，提高实验教学的实践性与应用性。

参考文献：

[1] 中华人民共和国教育部 . 普通高中化学课程标准 [S]. 北京：人民教育出版社，2017：3.

[2] 龚伟，王祖浩，谢安琪 . 新课程高考"化学反应原理"试题特征的比较研究 [J]. 化学教育，2012（1）：33–38.

[3] 周小红 . 新课程高考化学实验命题走向及应对策略——以江苏新课程高考卷为例 [J]. 中小学教学研究，2011（1）：43–44.

[4] 陈宗荣 . 关注 STSE 课程理念 凸显格物致知学科本质——2017 年福建省初中毕业和高中阶段学校招生考试物理卷评析 [J]. 福建教育，2017（33）：43–45.

[5] 蒋小钢 . 立足实验素养考查的高考"评价型"实验题的命题特点 [J]. 化学教育，2014（1）：41–43.

[6] 周将军，王翔 .2014 年高考物理实验题的统计分析及启示 [J]. 教育测量与评价（理论版），2014（9）：59–64.

[7] 朱立峰 . 论中学化学的学科思想 [J]. 中小学教师培训，2012（4）：53–55.

[8] 梁爽爽，李艳灵，刘敬华 . 化学学科思想研究文献的统计分析——基于中国知网中文数据库的分析 [J]. 化学教育（中英文），2018（3）：15–19.

[9] 王澍，陈裕民 . 学科核心素养视域下 2017 年高考化学实验题的分析与启示 [J]. 化学教与学，2017（10）：74–77.

[10] 盖立春，胡进勇，王克勤 . 对中学化学的"双基"及教学模式的重新审视 [J]. 中学化学教学参考，2005（Z1）：4–6.

[11] 张世勇，胡乔生，钟蕾 . 新课程背景下高考化学实验题特点分析与启示 [J]. 教育理论与实践，2010（20）：15–17.

（本文选自张世勇、宋红玲、黄鑫羽《教育测量与评价》2018 年第 6 期 12~19 页，略有修改。）

7.4.2 科学素养教育下高考化学物质推断试题的特点分析及启示

科学素养教育下高考化学物质推断试题的特点分析及启示

张世勇

摘 要： 本文对 2004~2010 年的高考理综（全国卷）化学部分和 2007~2010 年的新课程高考化学卷物质推断试题进行统计，从考查形式、考查方向、考查内容三个维度分析其试题特点，并在此基础上总结其对高中化学教学的启示。

关键词： 高考化学；物质推断试题；特点；启示

科学素养是当今国际科学教育的中心议题。我国新一轮基础教育课程改革将科学素养引入化学课程，将发展和提高学生的科学素养作为化学新课程的主旨[1]。高考化学试卷中的物质推断试题是考查学生科学推理能力的重要形式。从近年来的高考化学试卷来看，化学物质推断试题的综合应用性很强，不仅具有明显的化学学科特点，也符合由知识考查转向能力考查的高考命题立意。本文拟通过对2004~2010年高考理综（全国卷）化学部分和新课程高考化学卷的物质推断试题进行统计，分析其试题特点，以期获得对高中化学教学的有益启示。

1 2004~2010年的高考化学物质推断试题统计

物质推断试题按考查形式可分为文字表达、数据图表、流程图和装置图等四种[2]；按所属知识板块考查方向可分为无机推断和有机推断；按具体考查内容可分为化学计量比推断，根据元素周期表、元素周期律推断，置换反应推断，根据性质、反应推断四种。

笔者对2004~2010年的高考理综（全国卷）化学部分和2007~2010年的新课程高考化学卷物质推断试题进行统计，具体情况如表1和表2所示。

（1）七套高考理综（全国卷）化学部分中，物质推断试题的分值均超过化学总分的20%，比例较大的达到44.4%。物质推断试题所占分值相对其他类型试题来说，比重越来越大，说明该题型在化学学科中的地位越来越高，也越来越受到高考命题者的重视。

（2）2007~2010年的新课程高考化学卷中，物质推断试题的分值相差较大。究其原因，主要是新课程的实施是多种版本的教材并行使用，多个模块并修实施，而且新课程高考多由所在课改实验区单独命题，各区都在全国统一考试大纲的基础上制定了自己的考试大纲，因而考查侧重点肯定会有所不同。如广东省历年的物质推断试题所占分值比例都不超过20%；山东、江苏两省的物质推断试题所占比重也不大；其他课改区物质推断试题的比重基本保持在15%~44%之间，而且呈现出逐年上升的趋势。

（3）高考物质推断试题主要以必做的非选择题形式出现，新课程卷中也有以必做的选择题或选做的非选择题、选择题形式出现的。高考理综（全国卷）化学部分的物质推断试题主要分布在第Ⅱ卷，即非选择题部分。新课程高考化学卷的物质推断试题也主要分布在第Ⅱ卷的非选择题部分，但2007年的广东卷，2008年的广东、海南卷，2009年的广东、江苏、天津卷以及2010年的广东、浙江卷的选择题中也出现了推断题，且考查内容多为元素周期表（律）；2007年的山东、宁夏、海南卷，2008年的山东、宁夏、海南卷，2009年的宁夏、海南卷，2010年的海南、福建卷中则有推断试题分布在选做题中。

（4）高考理综（全国卷）化学部分的物质推断试题数量基本稳定在2~3题。新课程高考化学卷中物质推断试题的数量则有些差异，少的仅1题，多的有6题，如2008年的海南卷出现了6道物质推断试题，其中包括4道二选一的选做题。

表1 近7年高考理综化学（全国卷）物质推断试题

试卷名称	题号，分值，比重	考查形式，考查方向（考查内容）	总分值，比重
2004年全国理综卷（Ⅰ）	26题，15分，13.9% 28题，14分，13.0%	文字表达，有机推断（根据性质、反应推断） 数据图表，无机推断（根据性质、反应推断）	29分，26.9%

续表

试卷名称	题号，分值，比重	考查形式，考查方向（考查内容）	总分值，比重
2004年全国理综卷（Ⅱ）	26 题，16 分，14.8% 27 题，14 分，13.0%	文字表达，无机推断（根据化学计量比推断） 文字表达，有机推断（根据性质、反应推断）	30 分，27.8%
2005年全国理综卷（Ⅰ）	26 题，13 分，12.0% 27 题，15 分，13.9% 29 题，16 分，14.8%	流程图，无机推断（根据性质、反应推断） 文字表达，无机推断（根据性质、反应推断） 文字表达，有机推断（根据化学计量比推断）	44 分，40.7%
2005年全国理综卷（Ⅱ）	26 题，15 分，13.9% 27 题，15 分，13.9%	流程图，无机推断（根据性质、反应推断） 文字表达，无机推断［根据元素周期表（律）］	30 分，27.8%
2005年全国理综卷（Ⅲ）	26 题，13 分，12.0% 27 题，20 分，18.5% 28 题，15 分，13.9%	文字表达，有机推断（根据性质、反应推断） 文字表达，无机推断（根据性质、反应推断） 流程图，有机推断（根据性质、反应推断）	48 分，44.4%
2006年全国理综卷（Ⅰ）	26 题，15 分，13.9% 27 题，15 分，13.9% 28 题，15 分，13.9%	装置图，有机推断（根据性质、反应推断） 文字表达，无机推断［根据元素周期表（律）］ 流程图，无机推断（根据性质、反应推断）	45 分，41.7%
2006年全国理综卷（Ⅱ）	26 题，9 分，8.3% 27 题，15 分，13.9%	文字表达，无机推断［根据元素周期表（律）］ 文字表达，无机推断（根据性质、反应推断）	24 分，22.2%
2007年全国理综卷（Ⅰ）	26 题，16 分，14.8% 27 题，15 分，13.9% 29 题，15 分，13.9%	文字表达，无机推断［根据元素周期表（律）］ 文字表达，无机推断（根据性质、反应推断） 流程图，有机推断（根据性质、反应推断）	46 分，42.6%
2007年全国理综卷（Ⅱ）	26 题，15 分，13.9% 27 题，15 分，13.9% 29 题，15 分，13.9%	文字表达，无机推断［根据元素周期表（律）］ 文字表达，无机推断（根据性质、反应推断） 流程图，有机推断（根据性质、反应推断）	45 分，41.7%
2008年全国理综卷（Ⅰ）	27 题，15 分，13.9% 28 题，2 分，1.9% 29 题，16 分，14.8%	流程图，无机推断（根据性质、反应推断） 装置图，无机推断（根据性质、反应推断） 流程图，有机推断（根据性质、反应推断）	33 分，30.6%
2008年全国理综卷（Ⅱ）	27 题，15 分，13.9% 28 题，13 分，12% 29 题，17 分，15.7%	文字表达，无机推断［根据元素周期表（律）］ 文字表达，无机推断（根据性质、反应推断） 流程图，有机推断（根据性质、反应推断）	45 分，41.7%
2009年全国理综卷（Ⅰ）	29 题，15 分，13.9% 30 题，15 分，13.9%	文字表达，无机推断［根据元素周期表（律）］ 流程图，有机推断（根据性质、反应推断）	30 分，27.8%
2009年全国理综卷（Ⅱ）	28 题，15 分，13.9% 29 题，15 分，13.9% 30 题，15 分，13.9%	装置图，无机推断（根据性质、反应推断） 文字表达，无机推断［根据元素周期表（律）］ 流程图，有机推断（根据性质、反应推断）	45 分，41.7%
2010年全国理综卷（Ⅰ）	28 题，15 分，7.5% 30 题，15 分，7.5%	文字表达，无机推断（根据性质、反应推断） 流程图，有机推断（根据性质、反应推断）	30 分，30%
2010年全国理综卷（Ⅱ）	28 题，15 分，7.5% 30 题，15 分，7.5%	文字表达，无机推断（根据性质、反应推断） 流程图，有机推断（根据性质、反应推断）	30 分，30%

表 2　近 4 年新课改区高考化学（新课程卷）物质推断试题

试卷	题号，分值，比重	考查形式，考查方向（考查内容）	总分值，比重
2007 年广东	17 题，4 分，2.7 %	文字表达，无机推断［根据元素周期表（律）］	4 分，2.7%
2007 年山东	33 题（选），8 分，10.3%	流程图，有机推断（根据性质、反应推断）	8 分，10.3%

续表

试卷	题号，分值，比重	考查形式，考查方向（考查内容）	总分值，比重
2007 年宁夏	31B（选），15 分，15% 31C（选），15 分，15%	文字表达，无机推断［根据元素周期表（律）］ 流程图，有机推断（根据性质、反应推断）	15 分，15%
2007 年海南	13 题，10 分，10% 15 题，10 分，10% 21 题（选），11 分，11% 25 题（选），11 分，11%	数据图表，无机推断［根据元素周期表（律）］ 文字表达，无机推断（根据化学计量比推断） 流程图，有机推断（根据性质、反应推断） 文字表达，无机推断［根据元素周期表（律）］	31 分，31%
2008 年广东	13 题，4 分，2.7% 25 题，9 分，6%	文字表达，无机推断［根据元素周期表（律）］ 流程图，有机推断（根据性质、反应推断）	13 分，8.7%
2008 年山东	33 题（选），8 分，10.3%	流程图，有机推断（根据性质、反应推断）	8 分，10.3%
2008 年宁夏	26 题，14 分，14% 35 题，15 分，15%（选）	流程图，无机推断（根据性质、反应推断） 文字表达，无机推断［根据元素周期表（律）］	29 分，29%
2008 年海南	13 题，8 分，8% 17 题，10 分，10% 20 题（选 1），3 分，3% 21 题（选 1），11 分，11% 24 题（选 2），3 分，3% 25 题（选 2），11 分，11%	流程图，无机推断（根据性质、反应推断） 流程图，有机推断（根据性质、反应推断） 文字表达，有机推断（根据化学计量比推断） 流程图，有机推断（根据性质、反应推断） 数据图表，无机推断［根据元素周期表（律）］ 文字表达，无机推断［根据元素周期表（律）］	32 分，32%
2008 年江苏	16 题，8 分，6.7% 19 题，12 分，10% 21 题（选），12 分，10%	流程图，无机推断（根据性质、反应推断） 流程图，有机推断（根据性质、反应推断） 文字表达，无机推断［根据元素周期表（律）］	32 分，26.7%
2009 年广东	11 题，4 分，2.7% 25 题，9 分，6%	文字表达，无机推断［根据元素周期表（律）］ 流程图，有机推断（根据性质、反应推断）	13 分，8.7%
2009 年山东	33 题，8 分，10.3%	流程图，有机推断（根据性质、反应推断）	8 分，10.3%
2009 年宁夏、辽宁	27 题，15 分，15% 38 题，15 分，15%（选） 40 题，15 分，15%（选）	流程图，无机推断（根据性质、反应推断） 文字表达，无机推断［根据元素周期表（律）］ 流程图，有机推断（根据性质、反应推断）	30 分，30%
2009 年海南	13 题，9 分，9% 17 题，9 分，9% 18–4 题（选 1），11 分，11% 19–4 题（选 2），11 分，11%	流程图，无机推断（根据性质、反应推断） 文字表达，有机推断（根据化学计量比推断） 流程图，有机推断（根据性质、反应推断） 文字表达，无机推断［根据元素周期表（律）］	29 分，29%
2009 年江苏	8 题，3 分，2.5% 19 题，14 分，11.7%	文字表达，无机推断［根据元素周期表（律）］ 流程图，有机推断（根据性质、反应推断）	17 分，14.2%
2009 年天津	7 题，14 分，14% 8 题，18 分，18%	流程图，无机推断［根据元素周期表（律）］ 流程图，有机推断（根据性质、反应推断）	32 分，32%
2009 年浙江	26 题，14 分，14% 29 题，14 分，14%	流程图，有机推断（根据性质、反应推断） 流程图，有机推断（根据性质、反应推断）	28 分，28%
2009 年安徽	25 题，17 分，17% 26 题，12 分，12%	文字表达，无机推断［根据元素周期表（律）］ 流程图，有机推断（根据性质、反应推断）	29 分，29%
2009 年福建	23 题，15 分，15%	文字表达，无机推断［根据元素周期表（律）］	15 分，15%
2010 年广东	10 题，4 分，4% 30 题，16 分，16%	数据图表，无机推断［根据元素周期表（律）］ 文字表达，有机推断（根据性质、反应推断）	20 分，20%

续表

试卷	题号，分值，比重	考查形式，考查方向（考查内容）	总分值，比重
2010 年山东	33 题，8 分，10.3%	流程图，有机推断（根据性质、反应推断）	8 分，10.3%
2010 年宁夏等（注①）	26 题，14 分，14% 37 题，15 分，15% 38 题，15 分，15%	流程图，无机推断（根据性质、反应推断） 文字表达，无机推断［根据元素周期表（律）］ 流程图，有机推断（根据性质、反应推断）	44 分，44%
2010 年海南	13 题，8 分，8% 15 题，9 分，9% 16 题，8 分，8% 18（Ⅱ）题（选），14 分，14%	流程图，无机推断（根据性质、反应推断） 流程图，无机推断（根据性质、反应推断） 流程图，有机推断（根据性质、反应推断） 流程图，有机推断（根据性质、反应推断）	39 分，39%
2010 年江苏	13 题，4 分，3.3% 19 题，14 分，11.7%	流程图，无机推断［根据元素周期表（律）］ 流程图，有机推断（根据性质、反应推断）	18 分，15%
2010 年安徽	25 题，14 分，14% 26 题，17 分，17%	文字表达，无机推断［根据元素周期表（律）］ 流程图，有机推断（根据性质、反应推断）	31 分，31%
2010 年北京	25 题，14 分，14% 28 题，17 分，17%	文字表达，无机推断（根据性质、反应推断） 流程图，有机推断（根据性质、反应推断）	31 分，31%
2010 年福建	23 题，15 分，15% 31 题（选），13 分，13%	文字表达，无机推断［根据元素周期表（律）］ 流程图，有机推断（根据性质、反应推断）	28 分，28%
2010 年天津	7 题，14 分，14% 8 题，18 分，18%	文字表达，无机推断［根据元素周期表（律）］ 流程图，有机推断（根据性质、反应推断）	32 分，32%
2010 年浙江	8 题，6 分，6% 25 题，14 分，14% 28 题，14 分，14%	文字表达，无机推断［根据元素周期表（律）］ 文字表达，无机推断（根据性质、反应推断） 流程图，有机推断（根据性质、反应推断）	34 分，34%

注①：包括辽宁、湖南、陕西、宁夏、黑龙江、吉林六省区。

2　2004~2010 年高考化学物质推断试题的特点分析

本研究对 2004~2010 年高考理综（全国卷）化学部分和 2007~2010 年新课程高考化学卷中物质推断试题的考查形式、考查方向、考查内容进行了统计，具体情况如表 3~表 5 所示。

表 3　2004~2010 年全国卷与 2007~2010 年新课程化学物质推断试题考查形式的分布

考查形式	全国卷		新课程卷	
	试题数	比重	试题数	比重
文字表达	21	55.3%	24	37.5%
流程图	13	34.2%	37	57.8%
数据图表	1	2.6%	3	4.7%
装置图	3	7.9%	0	0%
总计	38	100.0%	64	100.0%

注：表中的比重是指本类型试卷中该类试题数与总试题数的比值，下同。

表 4　2004~2010 年全国卷与 2007~2010 年新课程化学物质推断试题考查方向的分布

考查方向	全国卷		新课程卷	
	试题数	比重	试题数	比重
无机推断	24	63.2%	34	53.1%
有机推断	14	36.8%	30	46.9%
总计	38	100.0%	64	100.0%

表 5　2004~2010 年全国卷与 2007~2010 年新课程化学物质推断试题考查内容的分布

考查内容	全国卷		新课程卷	
	试题数	比重	试题数	比重
根据性质、反应推断	28	73.7%	38	59.4%
根据元素周期表（律）	8	21.1%	23	35.9%
根据化学计量比推断	2	5.2%	3	4.7%
总计	38	100.0%	64	100.0%

（1）全国卷中，在考查形式上，文字表达和流程图在四类考查形式中占据了主导地位，其占所有考查形式的比例几乎达到 90%；与此形成鲜明对比，数据图表和装置图在命题中的运用较少；命题者的考查方向偏重于无机部分；在考查内容上，命题者主要是根据性质、反应推断，其次是根据元素周期表（律）推断，再次为化学计量比的推断。由此可见，全国卷中，化学主干基础知识与综合应用能力的考查是命题者关注的重点。

（2）新课程卷中，在考查形式上，文字表达和流程图在四类考查形式中依然占主导地位，其占所有考查形式的比例较全国卷有所提升，达到了 95.3%；与此形成鲜明对比，数据图表在命题中的运用较少，装置图更是没有出现；在考查方向上，有机推断所占比例较全国卷有所上升；在考查内容上，命题者主要还是根据性质、反应推断，其次是根据元素周期表（律）推断，再次为化学计量比的推断，而且根据元素周期表（律）推断的考查较全国卷明显增多。

（3）高考物质推断试题在考查形式上，主要是文字表达和流程图。如文字表达在全国卷和新课程卷中所占比例分别达到了 55.3% 和 37.5%，流程图在全国卷和新课程卷中所占比例分别达到了 34.2% 和 57.8%。流程图简明扼要，逻辑性强，是科学使用化学用语的体现。这种考查形式促进了学生科学素养的发展，为学生的学习发展指明了方向。

（4）高考物质推断试题在考查方向上，全国卷中无机推断试题占 63.2%，有机推断试题占 36.8%；新课程卷中无机推断试题占 53.1%，有机推断试题占 46.9%。可以这样说，新课程卷中，有机推断的试题比例升高了。其实，无机推断和有机推断都是化学学科的重点，不能简单地说哪个考，哪个不考，而且，无机和有机是化学学科中两个最基本的大分类，我们必须结合化学学科主干概念、原理、实验、计算等才能完成考查。

（5）高考物质推断试题在考查内容上，重点关注化学学科主干知识的应用，如物质性质反应、元素周期表（律）和化学计量比等基本概念、原理的综合应用，选材既源于教材又高于教材。如2010年福建卷第23题以元素周期表为主线，通过对几种中学常见元素的简单推断，在考查相关元素在周期表中的位置、离子结构示意图、有关化学方程式、有机物结构简式书写的基础上，综合考查盐类的水解、氧化还原反应、热化学反应等内容；2010年山东卷第33题，以一种抗结肠炎药物的合成为载体，对有机化学的重要知识，如结构、官能团的特性、有机反应类型、同分异构现象、有机物的检验方法等进行了综合考查。

3　对高中化学教学的启示

3.1　注重方法，科学推理

化学物质推断试题，顾名思义，就是要求学生在具备一定化学学科知识和能力的基础上，运用科学方法进行科学推理。科学方法是主体与客体发生能动的关系中所采用的主观工具和手段，其担负着科学发现和建立、检验、运用以及发展科学理论等重要职能。高考物质推断试题的解答离不开科学方法的应用，因此，化学教师在日常教学中应注重科学方法教育，这也是化学教育的重点。新课改更是将“过程与方法”作为科学素养的重要维度，列为课程目标之一。科学方法有很多，可分为感性认知方法、理性认知方法、认知实践方法三大类，化学教师可引导学生重点掌握逻辑思维方法，如分析与综合法、对比与分类法、类比法、归纳与演绎法、证明与证伪法、假说法、判断法等及一些化学学科的特殊方法[3]。掌握科学方法，进行科学推理，对于高考物质推断试题的解答能起到事半功倍的作用，从而促进学生科学素养的全面发展。

3.2　重视主干知识，拓宽知识面

不论是全国卷还是新课程卷，高考化学物质推断试题都非常注重考查高中化学的主干知识，主要围绕原子结构与元素周期表（律）、离子问题（离子反应、离子共存、离子方程式书写等）、化学反应、性质等核心内容进行命制。有的试卷还考查了富有新课程模块特色的溶度积常数、化学平衡常数等内容。因此，化学教师在日常教学中，应引导学生理解化学学科的主干概念和原理，掌握化学变化的实质和规律。高考物质推断试题的选材源于教材又高于教材，多数来自实际应用情景和生产、生活实际并与科技成果相结合，内容涵盖了化工、医药卫生、营养食物、材料、能源、环境、生活与日用品等领域。因此，化学教师应引导学生拓宽化学知识面，并在此基础上全方位提高学生的科学素养和化学学科能力。

3.3　找到线索，构建知识网络体系

化学学科的特征之一就是知识点繁多且杂，但有规律可循。物质推断试题的解答就需要学生具备一定的学科知识与综合应用能力，往往许多学生对此感到困难，其实只要找到线索，构建起化学知识网络体系，就能把众多看似零散的知识贯串起来，解答此类试题也就游刃有余了。例如，从上文分析可知，元素周期表（律）是物质推断试题的考查重点，因此化学教师可将元素周期表（律）进行专题复习，引导学生将元素周期表拿出来，先复习元素周期表，根据元素周期表深刻认识元素周期律，重新认识元素周期表中每种元素，复习每种元素的性质、反应，再把同一族元素的性质联系起来，归纳总结主干概念、原

理、知识。例如，元素周期表的排列原则：原子序数递增的顺序、电子层数相同的元素、最外层电子数相同的元素；元素周期表结构："三短三长一不全"各周期元素、周期序数等于核外电子层数、"七主七副第Ⅷ族0族"各主族元素、主族序数等于最外层电子数、金属区与非金属区；性质递变：电子层结构、原子半径、主要化合价。如此，学生便可建构出一个知识网络体系。

3.4 紧扣课标考纲，把握命题方向

在这方面，笔者强调以新课程标准、考纲为重点展开全面复习，认真研究考纲、命题说明，及时掌握高考的最新动向，把握复习方向。新课标是高中学生学习应该达到的标准，是学生学习、复习的基本参考；而新考纲则对命题的形式和要求作出了详细的解释，是学生备考的主要依据[4]。紧扣新课标、考纲，了解命题的趋向和要求，必然会提高复习的针对性和效率。近几年，高考化学物质推断试题保持了相对连续稳定的特点，试题不偏、不怪。化学教师和学生对近几年试题中的热点、重点题型要做到心中有数，复习时不可盲目探测一些不可靠的高考信息，更不可胡乱猜题、押题或是超出课标及考纲随意拓宽、加大试题难度。笔者相信，只要时刻以新课标、考纲为依据，明确复习要求，把握复习方向，突出重点，解决关键，就一定能取得理想的效果。

3.5 加强训练，总结规律

做题是检验学习效果的有效手段，但并非题做得越多越好。教师应引导学生有针对性地选择试题，对于每一道试题，不仅要做对，而且要会做相关拓展，更深层次的要求则是总结命题特点，归纳做题方法，即在掌握基础知识及学科思想的同时进行深层拓展，最终形成完整的能力结构。

（1）研究真题，抓住规律。历年真题是试题精华的体现，而且每年高考试题的命制原则基本保持稳定。研究真题，在真题中寻找规律并抓住规律，对解题的帮助很大。

（2）积累知识，寻找突破。在解答物质推断试题时，"突破口"的寻找往往决定着解题的快慢和成败，而突破口往往是一些特殊的物质或反应。教师应帮助学生尽量地积累这些特点鲜明的知识，熟练掌握常见物质的特殊结构和性质，如颜色、气味、反应条件、数值上的特殊等。如 MnO_4^-（紫色）、Cu^{2+}（蓝色）、Fe^{2+}（浅绿色）、Fe^{3+}（黄色）、Na_2O_2（浅黄色）、S（黄色）、SO_2（有刺激气味、无色、有毒）、NO_2（有刺激气味、红棕色、有毒），乙烯的制备（170℃与浓硫酸加热），特定物质"之最"的性质如密度、熔点、沸点、硬度、导电性、导热性、延展性等。

（3）加强练习，总结得失。俗话说"熟能生巧"，化学学科的学习同样如此。教师应指导学生多加练习，反复研读试题，并总结自己在做题过程中的得失，以求下一次做题的准确科学。

参考文献：

[1] Wei，B. Science curriculum reform in post — compulsory education in the People's Republic of China：The case of senior secondary school chemistry curriculum[J]. Science Education international，2005（4）：294.

[2] 赵宇 . 2009 年高考理综全国卷(1)中化学学科知识点分布统计分析 [J]. 教育理论与实践，2009(8)：28–30.
[3] 濮江，樊敏 . 高中化学科学方法教育的内容——现状及实施建议 [J]. 教育科学研究，2011(1)：58–61.
[4] 张世勇，高杰，李玲 . 2010 年 11 套新课程高考化学卷的特点及启示 [J]. 教育测量与评价，2011(3)：54–58.

（本文选自张世勇《教育测量与评价》2011 年第 6 期 52~56 页，略有修改。）

7.4.3 基于课程标准的中考化学概念原理试题一致性研究

基于课程标准的中考化学概念原理试题一致性研究

张世勇 肖玉华

摘　要：选择内容主题、认知要求两个维度，采用定量方法——SEC 一致性分析对江西省近三年中考化学试题与课程标准的一致性进行研究。研究表明：近三年江西省中考化学试题内容与课程标准之间具有较好的一致性。

关键词：课程标准；中考化学试题；一致性研究

1 前言

一致性是事物之间吻合的程度，学业成就评价与课程标准的一致性就是学业成就评价以课程标准为基准，达到类别、深度、广度的一致性。学业成就评价与课程标准的一致性是基于标准评价的核心，是衡量基于标准的评价执行程度的依据，也体现了基于标准的评价的价值追求。中考试题作为学生学业评价的重要组成部分，其与课程标准的一致性也日益受到重视。

课程标准明确规定了学生进行学校教育后应该达到的知识与技能目标要求，如果考试试题评价与课程标准不吻合，教育标准化就成空谈。概念原理知识作为基础教育阶段化学学习的重点，是义务教育阶段化学课程内容的重要组成部分，是学业评价的重要组成部分。基于课程标准的中考化学概念原理知识的一致性研究能为化学概念原理的考试命题提供深入而准确的依据，推动考试及教育改革；可丰富内容标准与考试之间一致性研究的理论方法。基于此，本研究采用定量方法，从内容主题、认知要求两方面来研究近三年江西省中考化学试题中概念原理知识与义务教育化学课程标准之间的一致性，以期为今后的考试及教育改革提供借鉴。

2 研究方法

2.1 研究对象

本研究以江西省近三年（2010 年、2011 年、2012 年）中考化学试卷中概念原理知识为研究对象。拟通过一致性分析模式，选取江西省近三年中考试题与《全日制义务教育化学课程标准》在概念原理知识主题上的匹配程度进行研究。

2.2 研究工具

刘学智等对“SEC”一致性分析程序与方法进行了介绍，提出建议可将此模型本土化使用[1]。SEC分析模式建立了一套学科标准一致性分析方法，通过一个常规的学科矩阵（或模板），使得课程标准与学业评价可以进行相互比较。这个学科矩阵有两个维度（学习内容主题和认知需求）对学科内容进行分类比较。SEC模型是较为灵活的模式，一致性操作对学生的学业成就有高预测性，同时一致性结果利于学校改进教学策略。本研究选用SEC模型作为一致性研究工具[2]，该模型以“内容主题 × 认知要求”的二维矩阵构建为基础，利用以下公式计算一致性系数：$P=1-\frac{\sum_{i=1}^{n}\left|X_i-Y_i\right|}{2}$。其中，$n$是每个矩阵的单元格数；$i$代表表格中一个具体的单元格，范围是1~$n$。例如，对于一个3×7的表格，总共有21个单元格，则n=21。X_i代表的是X表格中第i个单元格的数值（X表格为学业评价的表格）；Y_i代表的是Y表格中的第i个单元格的数值（Y表格为内容标准的表格）。一致性系数P的范围是0~1。P=0表示差异性最大，P=1表示完全一致。

2.3 分析与编码

1）确定编码框架

编码框架依据为课程标准和中考试题所涉及的概念原理知识和认知水平要求。借鉴王磊等[3]的分类框架，根据化学学科的特点，参考概念知识分类，从分类、组成、原理等角度将义务教育阶段化学课程概念原理知识分为溶液、物质状态、物质分类、物质构成、化学反应、能量、化学用语七个主题。具体如表1所示。

表1　义务教育阶段化学概念原理内容分类框架

一级主题	二级主题
溶液	溶解、溶液的组成、结晶、乳化、饱和溶液、溶解度、溶液质量分数
物质状态	三态变化、熔沸点
物质类别	混合物、纯净物、有机物、无机物、单质、化合物、氧化物、酸、碱、盐
物质构成	微粒性、分子、原子、离子、原子结构、电子、元素、相对原子质量
化学反应	化学反应的特征、化合反应、分解反应、置换反应、复分解反应
能量	化学反应的能量变化、燃烧、爆炸、缓慢氧化
化学用语	元素符号、物质组成的表示（化合价、化学式）、化学方程式

2）编码结果

依据课程标准及考试说明对各部分知识内容要求的程度，将认知水平要求划分为了解、理解、应用三个层次。

其中了解对应于课程标准中知道、记住、说出、列举、找到等行为动词；理解对应于课程标准中认识、了解、看懂、识别、能表示等行为动词；应用对应于课程标准中理解、解释、说明、区分、判断等行为动词。

以微观分析为基础，统计各内容主题中不同认知水平的学习目标的数量，并填入内容矩阵相应的空格中，得到如表2所示结果。

表2　义务教育化学课程标准概念原理知识编码结果（数量）

认知水平 内容主题	了解	理解	应用	小计
溶液	2	5	2	9
物质状态	1	1	0	2
物质类别	3	3	3	9
物质构成	3	2	2	7
化学反应	1	5	4	10
能量	1	2	1	4
化学用语	2	2	1	5
小计	13	20	13	46

以表2中知识点数量为基体，将每个单元格里面的数据除以概念累计总数，得到每个主题下认知水平的比率如表3所示。

表3　义务教育化学课程标准概念原理知识编码结果（比率）

认知水平 内容主题	了解	理解	应用	小计
溶液	0.0435	0.1087	0.0435	0.1956
物质状态	0.0217	0.0217	0	0.0435
物质类别	0.0652	0.0652	0.0652	0.1956
物质构成	0.0652	0.0435	0.0435	0.1522
化学反应	0.0217	0.1087	0.0870	0.2174
能量	0.0217	0.0435	0.0217	0.0870
化学用语	0.0435	0.0435	0.0217	0.1087
小计	0.2826	0.4348	0.2826	1.0000

用同样的思路确定近三年中考试题中的概念原理考查内容与认知要求，以中考试题各内容主题中不同认知水平的分值进行编码统计。最后将编码分值计算得到各内容主题不同认知水平所占分值比重即编码结果比率如表4~表6所示。

表4　2010年江西省中考化学试题中概念原理知识编码结果（比率）

认知水平 内容主题	了解	理解	应用	小计
溶液	0.0139	0.1111	0.0417	0.1667
物质状态	0	0	0	0

续表

内容主题 \ 认知水平	了解	理解	应用	小计
物质类别	0.0556	0.0417	0.0278	0.1250
物质构成	0.0417	0	0.0556	0.0972
化学反应	0	0.1389	0.2361	0.3750
能量	0.0278	0.0139	0.0417	0.0833
化学用语	0.0278	0.125	0	0.1528
小计	0.1667	0.4305	0.4028	1.0000

表 5　2011 年江西省中考化学试题中概念原理知识编码结果（比率）

内容主题 \ 认知水平	了解	理解	应用	小计
溶液	0.0145	0.0725	0.0580	0.1450
物质状态	0.0145	0.0290	0	0.0435
物质类别	0.1232	0.0072	0.0797	0.2101
物质构成	0.0290	0.0290	0.0580	0.1159
化学反应	0	0.0870	0.2029	0.2899
能量	0.0145	0.0580	0.0072	0.0797
化学用语	0	0.1014	0.0145	0.1159
小计	0.1956	0.3841	0.4203	1.0000

表 6　2012 年江西省中考化学试题中概念原理知识编码结果（比率）

内容主题 \ 认知水平	了解	理解	应用	小计
溶液	0.0357	0.0571	0.0286	0.1214
物质状态	0	0	0	0
物质类别	0.0857	0.00714	0.00714	0.1000
物质构成	0.0286	0.0286	0.0429	0.1001
化学反应	0.0286	0.1286	0.2857	0.4429
能量	0.0143	0.0286	0.0286	0.0715
化学用语	0.0357	0.1000	0.0286	0.1643
小计	0.2286	0.3500	0.4215	1.0000

为更清晰地分析，以课程标准的概念原理认知比率为基准，分别用表 4、表 5、表 6 的比率数据减去表 3 对应单元格的数据，由此分别获得近三年中考试题与课程标准在概念原理知识的比率差异，如表 7、表 8、表 9 所示。

表 7　2010 年江西省中考化学试题与课程标准有关概念原理知识比率差异

认知水平 / 内容主题	了解	理解	应用	小计
溶液	0.0296 ↓	0.0024 ↑	0.0018 ↓	0.0289 ↓
物质状态	0.0217 ↓	0.0217 ↓	0	0.0435 ↓
物质类别	0.0096 ↓	0.0235 ↓	0.0374 ↓	0.0706 ↓
物质构成	0.0235 ↓	0.0435 ↓	0.0121 ↑	0.0550 ↓
化学反应	0.0217 ↓	0.0302 ↑	0.1491 ↑	0.1576 ↑
能量	0.0061 ↑	0.0296 ↓	0.0200 ↑	0.0037 ↓
化学用语	0.0157 ↓	0.0815 ↑	0.0217 ↓	0.0441 ↑
小计	0.1159 ↓	0.0043 ↓	0.1202 ↑	0

注：“↑”表示比率增加，“↓”表示比率下降，下同。

表 8　2011 年江西省中考化学试题与课程标准有关概念原理知识比率差异

认知水平 / 内容主题	了解	理解	应用	小计
溶液	0.0290 ↓	0.0362 ↓	0.0145 ↑	0.0506 ↓
物质状态	0.0072 ↓	0.0072 ↑	0	0
物质类别	0.0580 ↑	0.0580 ↓	0.0145 ↑	0.0145 ↑
物质构成	0.0362 ↓	0.0145 ↓	0.0145 ↑	0.0363 ↓
化学反应	0.0217 ↓	0.0217 ↓	0.1159 ↑	0.0725 ↑
能量	0.0072 ↓	0.0145 ↑	0.0145 ↓	0.0073 ↓
化学用语	0.0435 ↓	0.0579 ↑	0.0072 ↓	0.0072 ↑
小计	0.0870 ↓	0.0507 ↓	0.1377 ↑	0

表 9　2012 年江西省中考化学试题与课程标准有关概念原理知识比率差异

认知水平 / 内容主题	了解	理解	应用	小计
溶液	0.0078 ↓	0.0516 ↓	0.0149 ↓	0.0743 ↓
物质状态	0.0217 ↓	0.0217 ↓	0	0.0434 ↓
物质类别	0.0205 ↑	0.0581 ↓	0.0581 ↓	0.0957 ↓
物质构成	0.0366 ↓	0.0149 ↓	0.0006 ↓	0.0521 ↓
化学反应	0.0069 ↑	0.0199 ↑	0.1987 ↑	0.2255 ↑
能量	0.0074 ↓	0.0149 ↓	0.0069 ↑	0.0154 ↓
化学用语	0.0078 ↓	0.0565 ↑	0.0069 ↑	0.0556 ↑
小计	0.0539 ↓	0.0848 ↓	0.1389 ↑	0

将上述标准化表格里的数据代入一致性分析计算公式，由此得出 2010 年、2011 年，2012 年三年的一致性系数（P）分别为 0.699、0.703、0.684。

3 研究结果及分析

3.1 中考“概念原理知识”试题与课程标准间一致性的总体比较

通过计算得到的一致性系数（P）如上述，而95%水平的P参考值为0.54，由此可知近三年中考试题对于概念原理知识的考查与课程标准的一致性系数在0.68~0.71之间，中考试题与课程标准的一致性要高于95%水平的P参考值，一致性较好。表明近三年江西省中考试题中对于概念原理知识的要求已经较好地反映了课程标准的要求。从课程标准的内容主题比率不难看出，课程标准对于概念原理知识强调“物质结构”“化学反应”两大主题，同时关注“物质类别”“溶液”两大主题，“物质状态”“能量”所占比率较低；各概念内容主题的认知要求主要为理解水平，低水平的记忆要求较少。

从近三年中考试题概念原理知识考查分析的内容主题比率来看，主要强调“化学反应”以及“溶液”两大主题，在“物质类别”“化学用语”以及“物质构成”中所占的比重也较大，但在“物质状态”“能量”两大主题所占的比率较低。但从内容主题的比率可以看出，“化学反应”与“化学用语”两大主题内容的考查比率高于课程标准。近三年中考试题中各内容主题在认知水平方面主要强调理解及应用，了解水平较低。“溶液”及“物质构成”两大主题在认知水平要求上总低于课程标准的要求。

从总体上看，中考化学对于概念原理知识的考查与课程标准的一致性系数较为接近，比较稳定，差异主要在化学反应主题内容上以及物质结构的考查。从比率表看出，每年至少有3~4个大主题考查内容低于课程标准的要求，而且每年在了解认知水平的比率偏低。

3.2 中考“概念原理知识”试题与课程标准间内容主题在知识广度比较

知识广度即知识点的数量和范围，是直接影响课程标准与化学试题之间一致性的主要因素[4]。从近三年考查数据可以看出，在主题范畴上中考概念原理试题并未涉及课程标准规定外的学习内容，与课程标准有较高程度的一致性。近三年江西省中考概念原理知识在内容主题知识广度上与课程标准一致性最好的是“能量”这一主题。“物质状态”这一内容主题仅在2011年的中考试题中进行了考查，平均水平明显低于课程标准要求。“化学反应”在江西省中考试题概念原理知识中所占的比重要明显高于课程标准，且其在2010年与2011年试卷中所占的比重较为接近，但2012年的比重明显高于课程标准的要求。“溶液”“物质构成”主题在近三年中考试卷中所占的比重较为接近，但还是未达到课程标准的要求。“化学用语”内容主题在试题中所占的比重要大于其在课程标准中所占的比重，这一点在2010年、2012年的中考试题中体现比较明显。2012年中考试题的均衡性最差，2012年试题中出现五大主题的内容广度低于课程标准要求，但总体水平一致性最好的是2010年试题。“化学反应”和“溶液”是历年中考的重点内容，是在江西省近三年中考试题分布比率较为接近的内容。试卷中所有主题内容所占平均比率高于课程标准的有“化学反应”“化学用语”“能量”，低于课程标准所占比率的有“溶液”“物质类别”“物质状态”“物质构成”。

试题过分集中于核心知识点的考查，使得试题所要求的知识点不够分散。知识点重要性程度本应是一样的，课程标准也没有对知识的重要性程度作特别说明。如果中考考试题内容分布与课程标准的内容主题偏离太大，则学业评价与课程标准产生偏差，也会给教学和课程标准的落实带来阻碍。

3.3 概念知识原理试题与课程标准间内容主题认知水平比较

除了知识点的数量和比重之外，课程标准与中考试题对各知识点的认知要求也是影响两者之间一致性的重要因素。由表7~表9可知，相对于课程标准而言，中考试题关于概念原理知识的认知要求中“了解”和“理解”两个要求的比率一直处于低水平，而“应用”要求的比率则上升。了解和应用这两个认知水平与课程标准相比差异较大，理解水平考查与课程标准相对较为接近。三套试卷都强调应用水平的考查，但应用水平考查远高于课程标准的比率，不符合课程标准的要求。与课程标准相比，认知要求拔高的内容主题主要为“物质构成”和“化学反应”。

过于强调概念原理知识点的应用，偏离课程标准的要求会给教师的教学带来不利的影响，使得教师很难把握相关内容的教学要求。为了达到应试目标，教师只能提高教学要求，会给学生的学习带来了不必要的负担，同时不利于学生的发展。

4 研究结论与思考

本研究表明，近三年江西省中考化学试题有关“概念原理知识”内容与课程标准之间具有较好的一致性，没有出现严重的深广度超标现象，同时从三年中考试题中也可以看到知识点逐年越来越全面，总体有利于新课程改革顺利推进。但是从分析可知在各大主题中考试题与课程标准都存在偏差，且有些主题的偏差较明显。江西省中考试题分为选择题、填空题、说明题、实验探究题以及计算题。在2010年及2012年中考试题中许多知识点综合出现在选择题的选项中，但在2011年中考题选择题的考点较集中，这一点需引起命题者的注意。近几年的考点相对稳定，在内容主题考查的侧重点在2012年中考试题中都出现了偏差，但在认知水平上每年都出现了较大的偏差，因此命题者应关注命题的全面性，同时又不可忽略考点的侧重点。望在呼唤基于标准的今天，能真正使考试评价做到有标可依，这样无论是对于考试评价的科学发展还是整个课程的顺利推进都具有重要意义。

参考文献：

[1] 刘学智，马云鹏.美国“SEC”一致性分析范式的诠释与启示——基础教育中评价与课程标准一致性的视角[J].比较教育研究，2007（5）：64–67.

[2] 陆葆谦，王祖浩，等.化学课程实施的“一致性”分析——基于课程标准的教材、教学及评价研究[M].上海：上海科学技术出版社，2010：292–295.

[3] 王磊，黄琼，刘东方.中考命题与化学课程标准的一致性研究——基于九省市中学学校招生考试概念原理知识的比较[J].基础教育课程，2010（3）：75–80.

[4] 包朝龙，王星乔，滕瑛巧.基于标准的高考化学试题一致性研究——以浙江省新课程高考理综“元素化学”内容为例[J].化学教学，2012（3）：59–61.

（本文选自张世勇、肖玉华《赣南师范大学学报》2013年第34卷第6期121~124页，略有修改。）

7.5 化学教师专业发展研究

7.5.1 新课程实施与教师适应性研究

新课程实施与教师适应性研究

李永红　张世勇

1 新课程实施中教师适应性研究现状

教师是新课程实施的关键，教师能否很好地适应新课程是课程改革的重要因素，它直接影响到课程改革能否顺利落实。随着新课程逐步推广，新课程实施与教师适应性的研究也显得尤为重要。目前国内有关这方面的研究已有一些成果。关于新课程实施与教师的研究，靳玉乐认为，新课程倡导的理念与教学行为，只有转化为教师的思想和行动，新课程改革才能取得实效[1]。余文森认为，实施新课程需要树立先进的教学观念：教学不只是课程传递和执行的过程，更是课程创生与开发的过程；教学不只是传授知识的过程，更是师生交往、积极互动、共同发展的过程；要改变重结论轻过程的教学倾向，注重学生探索新知的经历和获得新知的体验；学科教学要以学生的发展为本，服从、服务于学生的健康全面发展[2]。此外，靳玉乐还提出了课程改革中教师适应性的理论架构与核心议题，认为教师适应性的理论架构包括三个组成部分：①作为适应主体的教师所具有的特征；②作为反映特定情境要求的课程变革；③作为适应中心环节的教师改变[3]。尹弘飚和李子建基于已有的心理学理论，将课程实施与教师心理变化联系起来，分析课程实施中教师信念、教师情绪、教师动机、教师态度四个方面的变化并提出了解决策略[4]。

新课程实施与教师适应性的研究已取得了一定的成果，但也存在着问题。如已有研究中理论性研究较多，实证性研究少；重思辨分析、轻实践；研究停留在宏观层面，而课程改革的核心领域——具体学科的课堂教学，却没有实证性研究，造成了理论与实际两张皮，使研究结果缺乏说服力，操作性不强，对基础教育一线的指导性不强。深入新课程具体学科的课堂教学，开展基于标准的课程实施一致性分析，实证性考察新课程实施程度与教师适应性情况，应成为研究的发展方向。

2 国内外课程实施与教师适应性的检验途径

教师是课程的开发者、促进者和实施者，新课程实施离不开教师的有效落实。因此，实证性考察新课程的实施情况，是检验教师适应性不可或缺的重要途径。

2.1 国际课程实施一致性分析模式[5][6]

从20世纪70年代以来，国际基础教育课程改革均是基于课程标准的教育改革，因此基于课程标准的一致性分析检验课程实施情况成为了基础教育研究的重中之重。目前，国际教育界对基于课程标准的课程实施一致性分析模式主要有 Webb 分析模式、SEC 分析模式、Achieve 分析模式三种。

1）Webb 分析模式

1993 年，美国学者 Norman L. Webb 系统研究了一致性的分析程序和方法，对课程标准和学业成就评价之间的一致性进行了系统深入的研究。其分析框架包括四个维度：知识种类一致性，是判断评价项目涉及的学习内容范围与课程标准中描述的内容主题范畴一致性程度，分完全一致、基本一致、不一致三个层次；知识深度一致性，是评价项目的知识技能、认知要求与课程标准中知识技能在复杂水平上的一致性程度，包括回忆、技能或概念、策略思维和拓展思维四个层次；知识广度一致性，是指课程标准中涉及的概念、观点与评价对象的概念、观点是否一致，分完全一致、基本一致、不一致三个层次；知识分布，主要考察评价项目在各个具体目标之间分布的均匀程度，并构建判断一致性的相应可接受水平。

2）SEC 分析模式

2001 年，美国维斯康辛教育研究中心的 A. Porter 等从教师教学、评价和课程标准之间一致性的视角，共同开发了一致性分析模型，即 SEC 分析模式（Survey of the enacted curriculun model）。其程序为：构建内容矩阵（包括学习内容的描述符、认知要求的描述符）；研究资料统计（即分析学习内容与认知要求的表现水平，填入相应二维矩阵空格）；根据数据计算一致性结果。

3）Achieve 分析模式

2002 年，全美教育高级议会建立的非盈利性组织 Achieve 公司负责人 R. Rothman 等围绕学生学业评价进行了一致性分析，发展成为目前主要的一致性分析模式，其分析框架包括三个维度：内容一致性检验每个测验项目的内容和相关标准的内容之间的一致性；表现一致性标准是代表对学生某一认知类型的要求，从“完全一致”到“不一致”；挑战性标准的目的是确定是否把这些评价项目作为学生要掌握挑战性的学科内容。成功分析模式主要考虑四个因素，即知识来源的挑战性水平、认知要求的水平、整体性挑战水平、平衡性和范围，并对其进行编码，检测评价项目和课程标准的匹配程度，判断评价项目难度，检测知识分布平衡性和评价项目涉及的知识广度。

2.2　我国新课程实施中教师适应性检验视角

2.2.1　基于标准的教材一致性分析

目前，国内基础教育存在学校使用多种教科书、教学辅助用书，乃至新课程实施学校的学生使用新旧两种教科书等现象。教材是课程实施的重要资源，其内容的广度和深度等直接影响了教师的教学质量，是影响课程标准与课程实施之间一致性的重要因素。

对教材内容进行基于标准的一致性分析可从以下三个维度入手：

（1）知识广度　即知识点的数量和范围，是直接影响课程标准与教材之间一致性的主要因素。统计课程标准和教材中每个主题下的知识点个数，并计算其在该主题下的比重，得到课程标准和教材内容的范围与内容的差异。

（2）学习要求比较　将课程标准中课程内容的认知水平要求作为基准，教材的学习要求判定以教学参考书的知识要求为重要依据比较两者之间的差异。

（3）知识延展分析　以内容标准为基准，找出在教材（教学或评价）内容中所出现的超越课程标准内容范围和要求的知识点，并对来源（教材或参考书）与延展程度（简单描述为1，辨析理解为2，理解的基础上能加以应用为3）编码。

2.2.2　基于标准的课堂教学一致性分析

课堂教学是课程实施的最重要环节，教师的课堂教学内容对教学实践改革有直接影响，实证性从课堂教学层面进行了基于标准的一致性分析，更利于分析教师适应性。

对于教师课堂教学，我们可以从知识广度、学习要求、教学延展三个维度来分析课程标准和教学的一致性。但课堂教学是动态的，可根据实际情况作出界定。

（1）增加“学校类别”因素，如省重点高中、市重点高中、普通高中、综合高中、职业高中、民办高中等。

（2）借鉴SEC模式，在知识广度比较中，采用教学时间作为比较变量，并计算其在总课时中的比重，作为比较课程标准和课堂教学的一个指标。具体时间要求每位教师如实填写，只计算新授课时间，练习、复习等课时不计在内。教学总时间为课程标准内容时间及延展时间之和。

2.2.3　基于标准的课程评价一致性分析

课程评价是通过一定的途径对教学活动及教学效果作出价值判断，新课程改革要求改革课程繁难偏旧的内容，改变课程评价过分强调甄别与选拔的功能，发挥评价促进学生发展、全面提高学生科学素养的功能。显然，很有必要从课程评价层面进行基于标准的一致性分析，改进学生在内容标准方面的学习。

基于标准的评价一致性分析方法包括知识广度、学习要求、习题延展度等方法，指选取教材的配套练习（主要指教材中的课后习题和教材配套的练习部分，教材的课后习题具体包括每一节和章后的“复习与思考”）和阶段性测试（主要是指各类学校的期中或期末测试题）等作为课程评价的样本，分别比较这些试题的内容和课程标准内容之间学习水平的一致性。由于试题具有综合性，故比较之前必须分析统计每个试题所包含的知识点及其要求水平，然后将其与课程标准的内容和水平作一致性的比较。

3　新课程实施中教师适应性影响因素分析

依据上述新课程实施中教师适应性检验视角，我们通过问卷、访问、课堂观察等途径实证性地研究新课程实施情况，并从课程材料使用、教师知识、教师信念、学校文化等方面分析新课程实施中教师适应性问题。

3.1　课程材料使用

课程材料对于教师的教学行为实践有很重要的影响，且这种影响很大程度上取决于课程材料的使用本质。决定教师实践的最重要课程材料是教科书。教科书是课程改革中的重要角色，经常是新课程实施中的关键。由于教科书提供了丰富的内容、完整的活动程序和班级探究活动，教师经常将教科书用作教学决策的指南，经常使用教科书来制定课程计划。可见，课程材料特别是教科书的使用影响着教师教学行为的实践，影响着教师对新课程的适应性。我们可基于课堂内外视角调查分析涉及新课程实施的课程材料及使用，如教科书、与教科书配套的教师用书、课程标准、课程标准解读、中等基础学科教育类期刊论文、其他相关官方文件与培训材料、其他辅助教材等，分析其对教师实施新课程的适应性影响。

3.2 教师知识

新课程的实施，教师行为与素质发生与之相适应的变化，会推动教师知识的更新，这也决定着课程改革的进程和成败。范良火根据认知者和认知体的不同，指出研究者使用“教师知识”这一概念通常有三种含义：教师所拥有的知识；关于教师的知识；与教师有关的知识[7]。综合教师的知识研究的相关文献，尽管不同研究者的视角不同，但基本没有超越舒尔曼的分析框架。舒尔曼认为教师的知识主要有七个方面：①学科内容知识；②学科教学法知识；③课程知识；④一般教学法知识；⑤有关教育目的知识；⑥有关学习者的知识；⑦其他课程知识[8]。新课程改革在课程理念、课程目标、课程内容、课程实施、课程评价方面都较传统课程有较大的变化，新课程实施无处不在地体现了教师知识的应用。因此，上述各类教师知识都在不同程度上影响着教师对新课程实施的适应性，如不同类型学校、不同年龄、职称等因素对教师实施新课程适应性是不同的。我们可采用问卷调查、访谈等方法对教师的知识状况进行调查，分析其对教师实施新课程的适应性影响。

3.3 教师信念

教师的信念是影响课程实施的一个重要因素，Pajares（1992）指出，许多证据表明，教师的信念比教师的知识更能影响其教学计划、教学决策和课堂实践[9]。教师信念源自个人信念的研究，所谓信念是指个人在某一特定情境脉络下，对于事物的预设与行为的参照标准。个人往往参考此预设来决定行为与解读新经验，而且个人所持有的信念是多样化且系统的。因此，教师信念可视为教师看待教学以及学习的观点，且教师会据此信念作为教学判断的标准。教师的信念是一个十分复杂的问题。一般而言，教师的信念是教师对与教学有关的一些方面的看法或归因，这些方面常是学生、学科、课程、教学、教师、效能感等。而教师信念在课程材料使用、新课程课堂教学、课程评价方面深深影响着新课程实施，影响实际与课程标准一致性的程度。我们通过多种分析方法如问卷调查、实地观察、访谈等，全方位地捕捉有关教师信念的信息，从其科学本质观、科学课程观、科学教学观等分析新课程实施中的教师适应性问题。

3.4 学校文化

学校文化是个复杂的概念，我们一般可认为学校文化由不同教师的信念、态度和价值观以及学校社会规范、学校情景形成，会对教师教学实践产生影响。结合新课程改革的一线实际情况，学校文化包括每位教师、学校领导对新课程的看法和实际行为；上级教育行政部门对实施新课程的压力；社会、家长对学生学业成绩、升学的压力；教师教学工作评价体系变化；学校组织教师参加新课程培训，组织新课程教研活动；等等。这些都在不同程度上影响着新课程的实施，影响着教师对新课程实施的适应性。我们可采用问卷调查、访谈等方法对教师的知识状况进行调查，分析其对教师实施新课程的适应性影响。

通过借鉴国际教育界基于标准的课程实施一致性分析模式，我们从教材、课堂教学、课程评价等方面实证性地考察了新课程实施中的教师适应性情况；结合实证研究数据，从课程材料使用、教师知识、教师信念、学校文化等方面科学地分析了教师适应性影响因素，并提出了相应对策。这为新课程实施与教师适应性研究提供了全新视角，能促进教师适应新课程、促进其专业发展，为有关教育行政部门组织管理、培训教师、落实推广新课程提供有益参考。

参考文献：

［1］靳玉乐，尹弘飚.教师与新课程实施：基于CBAM的个案分析［J］.课程·教材·教法，2003(11)：51-58.

［2］余文森.树立与新课程相适应的教学观念［J］.教育研究，2002（4）：58-61.

［3］靳玉乐，尹弘飚.课程改革中教师的适应性探讨［J］.全球教育展望，2008（9）：37-42.

［4］尹弘飚，李子建.课程实施与教师心理性变化［J］.全球教育展望，2006（10）：20-25.

［5］陆葆谦，王祖浩.化学课程实施的“一致性”分析［M］.上海：上海科学技术出版社，2010：11.

［6］杨玉琴，王祖浩，张新宇.美国课程一致性研究的演进与启示［J］.外国教育研究，2012（1）：113-121.

［7］范良火.教师教学知识发展研究［M］.上海：华东师范大学出版社，2002：39.

［8］蒋永贵.初中科学新课程实施的现状、影响因素及环境研究［D］.上海：上海师范大学，2008：152.

［9］Pajares，M.F. Teachers' beliefs and education research：cleaning up a messy construct［J］. Review of Education Research，1992，62（3）：307-332.

（本文选自李永红、张世勇《教学月刊·中学版：教学管理》2012年第12期30~33页，略有修改。）

7.5.2　农村初中化学骨干教师培训的实践与思考

农村初中化学骨干教师培训的实践与思考

张世勇　胡乔生

摘　要：立足赣南地区，以赣南师范学院省级教师培训基地的建立为契机，分析参加农村初中化学骨干教师培训的45名学员情况，对农村初中化学骨干教师培训进行实践，并就提高初中化学骨干教师培训成效提出措施。

关键词：农村化学教师；教师培训；课程设置；校本研修

为了在农村基础教育中更好地实施素质教育和落实新课程改革精神，提高农村师资水平、促进农村教师发展是首要任务。我国教育部早在1999年就颁布了《中小学教师继续教育规定》，提出中小学教师必须接受五年一轮训的教师继续教育，以满足教育改革与中小学教师发展需求。理论和实践都表明实施教师培训是促进农村中小学教师发展的一条主要途径[1]。地方高师院校作为主要培养地方基础教育各级各类教师的专业机构，不仅要重视基础教育师资的职前培养，还要注重职后的培养，其优势使得地方师范院校在中小学教师培训中具有重要的地位。2007年7月赣南师范学院经江西省教育厅批准设立省级中小学教师培训基地，以此提高赣南地区中小学教师队伍素质，促进赣南地区教育事业发展。

义务教育化学课程改革要求以科学探究为突破口，以发展学生的科学素养为宗旨，突出知识技能、过程方法、情感态度价值观的三维课程目标，突出基础性、启蒙性、生活化的化学课程内容，改变课程评价过分强调甄别与选拔的静止观，树立评价促发展的发展观，对教师在教育理念、课程观念、教学行为等方面提出了全新要求，这就需要对教师进行系统有效的新课程培训。2008年7月，我校接受赣南地区（赣州市、吉安市）45名农村初中化学骨干教师培训，进行了有益的实践探索。

1　培训学员基本情况

参加本次农村初中化学骨干教师培训的45名学员主要来自吉安13个县（市、区），赣州19个县（市、区），其中吉安20人，赣州25人，通过调查统计得出培训学员的基本情况见表1。

表1　参加培训学员的基本情况

序号	调查项目	选项	人数	比例/%
1	年龄	30岁以下	9	20
		30~50岁	35	77.8
		50岁以上	1	2.2
2	性别	男	40	88.9
		女	5	11.1
3	教龄	5年以下	6	13.3
		5~10年	7	15.6
		10~15年	15	33.3
		15年以上	17	37.8
4	学历	本科	21	46.7
		专科	23	51.1
		大专以下	1	2.2
5	职称	中学高级	7	15.6
		中学一级	23	51.1
		中学二级	15	33.3
6	职务	正副校长	3	6.7
		教导主任	1	2.2
		教研组长	26	57.8
		其他	15	33.3

从表1中可以看出，参加本次农村初中化学骨干教师培训的教师整体上以中青年为主，男性占绝大多数，教龄在10年以上的占多数，学历基本上在大专以上，其中本科占46.7%，他们在职称、职务方面占有优势，是当前农村初中化学教学的骨干力量，他们在化学新课程改革与研究中起着引导和示范的作用。

依据休伯曼提出的教师职业发展阶段理论，参加此次培训的老师基本上处于尝新与自疑期（7~18年教龄）、宁和与积守期（19~30年教龄）两个阶段。处在尝新与自疑期的教师，已经有比较丰富的实践经验的积累，又比较愿意接受一些新的观念、知识和技能；或主动进行教育教学改革，从理论与实践提升自己，促进专业发展。在课程变革中，他们往往会成为推动课程变革计划得到实施的骨干教师。而处于宁和与积守期的教师，有一部分已经担任了学校各级领导职务，即使那些并不享有某种行政职位的人，也往往以其丰富的实践教学经验与成果而成为某课程的负责人和带头人。提供机会，让这一阶段的教师接受高层次的培训后，去承担更多的引领和指导其他教师的职责，有助于他们重唤专业上的热情，推动自身的持续发展[2]。

2 培训的实施

2.1 培训课程设置与教学安排

农村中小学骨干教师省级培训的培训内容采用模块结构，即由理论与技能、实践与考察、校本研修等三个模块组成。培训采用集中学习和分散研修相结合的形式。

课程体系设置如表2所示。

表2 课程体系设置

培训模块	培训子模块	课程内容
理论与技能	新课程	江西基础教育改革与发展报告
		江西省中小学课程改革与现状分析
		国际视野中的基础教育改革
		教育理论新进展与教育热点问题探究
		农村课程资源的开发与利用
		现代西方教育理念对新课程的启示
		新课程与课堂教学技能的变化
		新课程有效课堂教学行动策略
		初中化学课程标准解读
		初中化学新课程教学法
		初中化学新课程典型教例与评析
		初中化学新课程理念下的学科教学设计
		初中化学学科教学中的热点难点研究
		初中化学新课程下学科课堂教学模式研究
		农村化学课改沙龙——农村学科课堂教学诊断

续表

培训模块	培训子模块	课程内容
理论与技能	师德	教师教育与教师专业发展
		教师心理健康与自我调适
		中学生心理健康教育指导
		学习困难儿童的心理与教育
		中小学学校管理问题研究
		新课程背景下的班主任工作研究
	信息技术	信息技术与新课程整合
		现代信息技术与课件制作的技能与应用
实践与考察	微格教学训练	说课竞赛
		微格教学训练
	校外教育考察	南康中学考察
校本研修		如何开展中小学课题研究
		化学科研与结业论文开题
		化学科研与论文写作

1）理论与技能模块

本模块主要由三个子模块组成，即师德模块、新课程模块、信息技术技能模块，所有模块以专题或讲座的形式开展。师德模块旨在提高参训教师的政治思想素质、师德修养水平；新课程模块旨在提高参训教师的专业理论水平和学科教学水平；信息技术模块旨在提高参训教师的信息技术运用能力和操作水平。理论与技能模块采用集中学习15天的方式，一般以专题的形式开展。其师资构成以培训导师团为主，同时聘请省内外知名专家。

2）实践与考察模块

本模块主要是微格教学训练和校外教育考察，时间为5天（训练与考察3天，另2天进行开题报告），就近考察和学习省内具有代表性的学校及其教育教学改革经验。开题报告主要是导师与学员共同就学员拟开展的校本研究项目或课题进行论证。

3）校本研修模块

本模块主要包括选题、开题、校本研究、导师指导、论文撰写、论文答辩等环节。其目的是着眼于提高农村中小学教师的教育科研意识和研究能力，学会反思性地总结教育实践经验，发现和掌握教育教学规律，增强创新意识，提高创新能力。该阶段主要由各导师负责做好跟踪指导工作，其方式包括面谈、函授、邮件、电话等，时间为期3个月左右。校本研修的选题必须是我省农村教育教学改革实际的课题或者有关农村教育问题集中研究；开题是由培训导师团分学科小组负责对学员的选题进行论证；校本研究是学员在开题后自己收集资料、整理资料、开展实证调查或实验研究；整个校本研修由学员在具有丰富基础教育研究经验的导师指导下自主实施；论文撰写阶段，学员在导师的指导下反复研磨和修改论文，完成课题成果的总结与归纳；论文答辩由3~5名导师团成员组成答辩委员会分组对所有学员按照毕业论文答辩的程序与要求严格进行。

2.2 培训模式

培训模式是指在现代教育思想指导下，为完成规定的教学目标和内容，对构成教学要素所设计的简化组合方式及活动程序的总和。为了实现培训目标要求，本次培训以集中培训与分散研修相结合，采取“讲解—接受”“指导—自学”“问题—讨论”“参观—调查”“反思性教学”“课题—研究—应用”等培训模式。并建立了“多元开放”的培训体制，使教师在现代教育理论的指导下，通过亲身实践、切身感悟、深刻反思、自主探究、参与互动，逐步实现教师专业化发展。

2.3 培训考核

为保证培训的质量，全面反映参训学员的学习研修情况，培训实行严格的考核制度，具体考核分培训模块进行。

理论与技能模块，即集中面授阶段，考核由平时成绩、书面作答组成，平时成绩涵盖考勤、课堂表现等各个方面；书面作答包括研究小论文、书面考试等考核形式。理论与技能阶段的考核在该阶段学习研修过程中进行。实践与考察模块，考核以考察表现、考察报告等为考核依据。校本研修模块，考核形式为论文撰写。论文要求观点鲜明、新颖，论据确凿，行文流畅，有实践指导意义，格式参照教育类学术期刊上的论文规范。

凡上一阶段考核为不合格者不得进入下一阶段的学习研修。考核合格者，将各课程成绩记入继续教育证书；同时，由省教育厅师范处专门制作培训证书发给参训且成绩合格的学员。

3 培训后的反思

培训工作结束后，我们通过与学员的交流访谈了解到，学员普遍认为参加教师培训，在师德师风、新课程教育教学理论实践、化学专业知识、化学教育科研能力等方面得到了较大提升。如自身的教育教学知识得到扩展，化学专业知识得到更新，教育科研能力与论文写作水平有较大提升，终身学习的意识与能力得到提高，对新课程有了更深刻的理解与认识，并希望能多次参加教师培训来提升自身水平，促进专业化发展。但学员也认为在培训工作中还有多方面存在不足，就培训课程教学来说，主要表现在：教育理论与初中化学教学实践结合方面；农村初中化学课程资源开发利用的具体案例教学方面；农村初中化学实验教学的困境与对策方面；信息技术与网络资源在化学教学中应用方面；相对大教育理论来说，更希望多开设些学科专业知识和学科教学方面的课程，并突出本土化。

根据本次赣南地区农村初中化学骨干教师培训实践取得的成效和不足，为了切实提高教师培训效果，更好地服务基础教育，我们认为今后的农村初中化学骨干教师培训工作还需更加关注以下问题。

3.1 培训内容理论联系实际

培训内容要加强理论与实践的结合，培训形式要加强专家与学员之间的沟通与交流。培训课程内容应更多地注意对典型案例的收集、分析，并在讲授中与学员共享。对案例的收集应该考虑不同地区、不同类型学校的需要，做到不仅从理论高度给学员以指导，而且能从中学教学实践的角度去考虑和分析问题，使理论在中学教学实践中得到检验，并又指导中学教学实践。

3.2　农村初中化学课程资源开发利用

化学课程资源开发利用是新课程标准的实施建议的主要组成部分，是课程实现三级管理、教材多样化、课程内容特色化的体现。然而传统的化学教学中化学教材都是由上级行政规定，一个版本，教学内容来源教材；新课程改革后，课程资源开发利用就成了教师的困境之处。培训教师要经常接触农村中学实际，根据当地实际开发教学案例提供给学员。如赣南地区矿产资源，赣南脐橙，日常生活和生产中的有用素材，网络资源和其他媒体信息，低成本的实验器材和药品，学校和社区的学习资源等都是课程资源来源，都可设计成化学情景、探究实验、化学故事趣事、化学拓展内容、化学习题试题等而用于化学教学中，如设计探究实验赣南脐橙中有些化学成分的检验、月饼盒中脱氧剂成分探究等。

3.3　农村初中化学实验教学

化学作为一门以实验为基础的自然科学，这就决定了化学实验是科学探究的主要方式。然而实验条件短缺仍是目前农村中学面临的严峻问题，相当多学校由于实验仪器和空间有限，学生动手实验机会少；经济落后的地区，基本的实验仪器都难以满足，化学实验只能是老师讲，学生听。这使化学新课程中实验教学的实施面临很大的阻力。培训过程应开设推广微型化学实验，改日常生活常见的、低成本的、废弃的物品为微型化学实验仪器药品；改难实现的常规实验为微型化学实验；改现象不明显、有毒有害环境实验为微型化学实验；改验证性实验为微型探究化学实验；发挥微型化学实验优势，开发案例教学，应用于初中化学实验，这样既能在一定程度上弥补中学化学实验资源的不足，又能实现化学实验教学功能。

3.4　信息技术与网络资源在化学教学中的应用

信息技术与化学教学整合是培训学员很感兴趣的一门课程，培训中应提供更多理论支持与实践操作的机会，发展培训学员在网络资源的搜寻、获取、整理、应用等方面的能力。建立教师培训网站，提供更多的网络教学资源，同时为学员与学员、学员与教师提供交流平台，建立更广泛的合作资源。通过相互间的交流与思维碰撞，加深对教育教学理论实践的理解应用。

参考文献：

[1] 魏真．基于教师发展的中小学教师培训模式探讨［J］．教学与管理，2006（19）：17–18.

[2] 陆真，赵露露，孙海蓉．现状、需求、困惑与焦点——来自新课程江苏实验区高中化学教师培训的调查报告［J］．化学教育，2006（9）：39–41.

（本文选自张世勇、胡乔生《化学教育》2009年第30卷第7期41~43页，略有修改。）

作者简介

张世勇（1980—），男，赣南师范大学化学化工学院副教授，博士，硕士生导师，全国教育硕士优秀教师，教育部学位中心通讯评议专家，化学（师范）本科专业负责人，学科教学（化学）硕士学位点负责人，中国化学会会员，江西省中小学教师培训中心培训团队核心成员，一直从事化学课程与教学论、无机化学的教学与研究工作。主持完成教育部人文社科研究青年基金项目1项、江西省教育科学规划项目2项、江西省学位与研究生教育教学改革研究项目1项，作为核心成员参与完成国家自然科学基金、江西省自然科学基金项目多项，主持在研江西省教育厅科技项目、省高校教改项目、省学位与研究生教育教改项目各1项。主编《化学教学技能综合训练教程》，独著《基础教育化学教科书变革研究》专著，在《New Journal of Chemistry》《Inorganica Chimica Acta》《Journal of Molecular Structure》《教育理论与实践》《教育学术月刊》《现代教育技术》《上海教育科研》《化学教育》《化学教学》等刊物发表SCI、CSSCI、核心以上学术论文50余篇，多项教学科研成果分别获得江西省自然科学三等奖，江西省社会科学成果三等奖，江西省教育科学成果一等奖、二等奖，江西省高等教育教学成果二等奖。

李勋（1968—），男，赣南师范大学化学化工学院教授，博士，硕士生导师，教育部学位中心通讯评议专家，中国化学会会员，江西省化学化工学会副理事长，江西省有机药物化学重点实验室主任，江西省普通本科高校专业综合改革试点项目（化学）负责人，主要从事血吸虫病防治新技术、化学分析、化学课程与教学论等方面的教学与研究工作。主持完成国家科技支撑计划项目1项、国家自然科学基金项目2项、江西省自然科学基金项目2项、江西省教育厅科技项目2项，同时完成江西省高校教改项目2项。在《Analytical Chemistry》《Biosensors and Bioelectronics》《Anal. Chim. Acta》《RSC Adv.》等刊物发表SCI收录论文30余篇，担任《赣南师范大学学报》编委，参编《物理化学实验》教材，在《化学教育》等刊物发表教学研究论文8篇，获江西省教学成果二等奖2项。